数据科学与工程技术丛书

GUIDE TO HIGH PERFORMANCE DISTRIBUTED COMPUTING

Case Studies with Hadoop, Scalding and Spark

高性能分布式计算系统开发与实现

基于Hadoop、Scalding和Spark

[印度] K. G. 斯里尼瓦沙（K .G. Srinivasa）
阿尼尔·库马尔·穆帕拉（Anil Kumar Muppalla） 著

高辉 李东升 王宏志 译

图书在版编目（CIP）数据

高性能分布式计算系统开发与实现：基于 Hadoop、Scalding 和 Spark/（印）K. G. 斯里尼瓦沙（K. G. Srinivasa），（印）阿尼尔·库马尔·穆帕拉（Anil Kumar Muppalla）著；高辉，李东升，王宏志译．—北京：机械工业出版社，2018.7
（数据科学与工程技术丛书）
书名原文：Guide to High Performance Distributed Computing: Case Studies with Hadoop, Scalding and Spark

ISBN 978-7-111-60153-1

I. 高… II. ① K… ② 阿… ③ 高… ④ 李… ⑤ 王… III. 分布式数据处理 IV. TP274

中国版本图书馆 CIP 数据核字（2018）第 138279 号

本书介绍了如何使用开源工具和技术开发与实现大规模分布式处理系统，涵盖构建高性能分布式计算系统的方法和最佳实践。第一部分（第 1～4 章）介绍了高性能分布式计算编程的基础知识，包括分布式系统、Hadoop 入门、Spark 入门、Scalding 入门等；第二部分（第 5～8 章）给出了使用 Hadoop、Spark、Scalding 的案例研究，涉及数据聚类、数据分类、回归分析、推荐系统等。

本书适合作为高等院校计算机、大数据相关专业的教材，也适合作为软件工程师、应用开发人员、科研人员的参考书。

出版发行：机械工业出版社（北京市西城区百万庄大街 22 号 邮政编码：100037）

责任编辑：谢晓芳	责任校对：殷 虹
印 刷：北京市兆成印刷有限责任公司	版 次：2018 年 7 月第 1 版第 1 次印刷
开 本：185mm×260mm 1/16	印 张：15.25
书 号：ISBN 978-7-111-60153-1	定 价：69.00 元

凡购本书，如有缺页、倒页、脱页，由本社发行部调换

客服热线：（010）88378991 88361066　　投稿热线：（010）88379604
购书热线：（010）68326294 88379649 68995259　　读者信箱：hzjsj@hzbook.com

译者序

随着计算机技术的不断发展和推广，大量的数据随之产生。对这些庞大且不断增长的数据进行存储、处理和分析的需求应运而生。如今，很多高级的 Hadoop 框架（如 Pig、Hive、Scoobi、Scrunch、Cascalog、Scalding 和 Spark）使得 Hadoop 易于操作。本书全面具体地介绍了使用开放源码的工具，如 Hadoop、Scalding、Spark 等来创建和构建分布式处理系统的方法，为读者使用自由及开放源码软件技术（如 Hadoop、Scalding 和 Spark）提供指导和相关实例。

与当下有关的大数据技术书籍相比，本书更具实际应用价值，有着如下鲜明的特色：

第一，从讨论各种形式的分布式系统开始，解析了它们的一般架构，也谈及了其设计的核心，即分布式文件系统。之后，通过相关的示例说明其在发展过程中遇到的技术难题和该领域近年来的发展趋势。

第二，对 Hadoop 生态系统概况进行了讨论，并对系统的安装、编程和实现做了详细说明。书中描述了 Spark 的核心——弹性分布式数据库，并谈及其安装、API 编程和范例。第 4 章重点阐述 Hadoop 流，也涉及了 Scalding 的应用，并讨论了 Python 在 Hadoop 和 Spark 中的应用。

第三，本书并不局限于解释基本的理论常识，它最大的优势在于介绍了程序范例。书中有四类案例解析，内容涉及很多应用领域和计算方法。书中不仅讲述了 K 均值聚类算法的实现，还讲述了使用朴素贝叶斯分类器进行数据分类的问题，进一步阐述了使用 Scalding 和 Spark 的分布式系统中数据挖掘和机器学习的方法，并涉及了回归分析。

在本书的整个翻译过程中，东北林业大学的甄云志老师给予了极大的帮助，并且积极地参与到了翻译工作当中，在此对其表示由衷的感谢。此外，感谢哈尔滨广厦学院的伞颖老师，她对本书的翻译提出了有益的建议，为本书的翻译工作顺利完成提供了积极的帮助。同时感谢机械工业出版社的朱劼编辑，由于她的信任和支持，本书的翻译工作才得以顺利进行。

由于译者水平有限，加之翻译时间紧张，译文中可能存在许多不足，敬请各位同行和广大读者批评指正，欢迎大家将发现的错误或提出的意见与建议发送到邮箱 chongyue1979@126.com，我们今后将不断完善本书的译本。本书相关的信息也会在华章网站及译者的微信公众号“大数据与数据科学家”（big_data_scientist）发布。

译者

2018 年 5 月于哈尔滨

前　言

过去的二十年中，随着计算机的使用越来越广泛，产生了大量的数据。生产与生活中各类设备和工具的数字化也促进了数据的增长。市场中，对这些庞大且不断增长的数据进行存储、处理和分析的需求应运而生。在硬件层面，每秒进行万亿次浮点运算的高性能计算（HPC）系统可以对庞大的数据进行管理。由于单个计算机无法应对其操作的复杂性，因此 HPC 系统需要在分布式环境中运行。可以通过两种趋势实现万亿次浮点的分布式运算。一种是通过全球网络连接计算机，实现复杂数据的分布式管理。另一种是采用专用的处理器，并集中存放，这样可以缩短机器之间的数据传输时间。这两种趋势正在呈现快速的融合之势，必然会为浩繁的数据处理问题带来更为迅捷和有效的硬件解决方案。

在软件层面，Apache Hadoop 在解决庞大数据的管理问题方面已经是久负盛名。Hadoop 的生态系统包括 Hadoop 分布式文件系统（HDFS）、MapReduce 框架（支持多种数据格式和数据源）、单元测试、对变体和项目进行聚类（如 Pig、Hive 等）。它能够实现包括存储和处理在内的全生命周期的数据管理。Hadoop 的优势在于，它通过分布式模块处理大型数据。它还可以处理非结构化数据，这使其更具吸引力。与 HPC 骨干网结合，Hadoop 可以使处理海量数据的任务变得非常简单。

如今，很多高级的 Hadoop 框架，如 Pig、Hive、Scoobi、Scrunch、Cascalog、Scalding 和 Spark，使得 Hadoop 易于操作。它们中大多数都得到著名企业的支持，如 Yahoo（Pig）、Facebook（Hive）、Cloudera（Scrunch）和 Twitter（Scalding），这说明 Hadoop 在工业领域得到了广泛支持。这些框架使用的是 Hadoop 的基础模块，例如 HDFS 和 MapReduce，但是通过创建一个抽象来隐藏 Hadoop 模块的复杂性，为复杂的数据处理提供了一种简单的方法。这个抽象的一个例证就是 Cascading。许多具体的语言是使用 Cascading 的框架创建的。其中一个实例就是 Twitter 的 Scalding，它用来查询存储在 HDFS 中的大型数据集，如 Twitter 上的推文。

Hadoop 和 Scalding 中的数据存储大多基于磁盘。这一结构因其较长的数据寻道和传输时间影响了运行速率。如果数据从磁盘中读取然后保持在内存中，运行速率会提高数倍。Spark 实现了这一概念，并宣称其效率较之 MapReduce 在内存中快 100 倍，在磁盘上快 10 倍。Spark 使用了弹性分布式数据集的基本抽象，这些数据集是分布式的不可变集合。由于 Spark 将数据存储在内存中，因此迭代算法可以在数据挖掘和机器学习方面更有效地发挥作用。

目标

本书旨在介绍使用自由和开放源码的工具和技术（如 Hadoop、Scalding、Spark 等）构建分布式处理系统的方法，关键目标包括以下几点。

- 使读者掌握当前使用 Hadoop、Scalding 和 Spark 构建高性能分布式计算系统的新发展。
- 为读者提供相关理论的软件框架和实践途径。
- 为学生和实践者使用自由及开放源码软件技术（如 Hadoop、Scalding 和 Spark）提供指导和实例。
- 使读者加深对与高性能分布式计算（HPDC）相关的新兴范式在构建可扩展软件系统以供大规模数据处理方面的理解。

本书结构

本书共 8 章，分成两部分，各章内容概述如下。

第一部分　高性能分布式计算编程基础

第 1 章阐述构成现代 HPDC 范式（如云计算、网格和集群系统等）主体的分布式系统的基本知识。从讨论各种形式的分布式系统开始，解析它们的通用架构，也谈及其设计的核心，即分布式文件系统。此外，还通过相关的示例说明其在发展过程中遇到的技术难题和该领域近年来的发展趋势。

第 2 章概述 Hadoop 生态系统，一步步地介绍系统的安装、编程和实现。第 3 章描述 Spark 的核心——弹性分布式数据集，谈及其安装、API 编程，并给出一些范例。第 4 章重点阐述 Hadoop 流，也涉及 Scalding 的应用，并讨论 Python 在 Hadoop 和 Spark 中的应用。

第二部分　使用 Hadoop、Scalding 和 Spark 的案例研究

本书并不局限于解释基本的理论常识，它的优势在于提供了程序范例。书中给出四个案例，内容涉及很多应用领域和计算方法，足以令怀疑论者变成 Scalding 和 Spark 的信众。第 5 章讲述 K 均值聚类算法的实现，第 6 章讲述使用朴素贝叶斯分类器进行数据分类。第 7 章进一步阐述使用 Scalding 和 Spark 的分布式系统中进行数据挖掘和机器学习的方法，并概述回归分析。

当前，推荐系统在诸多领域都非常受欢迎。它自动充当了两个不相交实体的中间人，在购物、检索、出版领域的现代网络应用中正日趋流行。一个可运行的推荐系统不仅需要有强大的计算引擎，还应该能够实时扩展。第 8 章阐释使用 Scalding 和 Spark 创建这样一个推荐系统的过程。

目标受众

本书的目标受众主要包括：

- 软件工程师和应用开发者
- 学生和大学讲师
- 自由和开放源码软件的贡献者
- 研究人员

代码库

书中使用的源码和数据集可以从 https://github.com/4ni1/hpdc-scalding-spark 下载。

致谢

感谢以下人员在本书的准备过程中提供的支持和帮助：

- M. S. 拉迈阿理工学院董事 M. R. Seetharam 先生
- M. S. 拉迈阿理工学院董事 M. R. Ramaiah 先生
- M. S. 拉迈阿理工学院行政主管 S. M. Acharya 先生
- M. S. 拉迈阿理工学院院长 S. Y. Kulkarni 博士
- M. S. 拉迈阿理工学院副院长 N. V. R. Naidu 博士
- M. S. 拉迈阿理工学院教务主任 T. V. Suresh Kumar 博士

感谢 M. S. 拉迈阿理工学院计算机科学与工程系的所有老师在本书的准备过程中给予我们灵感和鼓励。感谢 P. M. Krishnaraj 先生和 Siddesh G. M. 博士的指导。同样感谢 Nikhil 先生和 Maaz 先生在本书编写上提供及时的帮助。感谢 Scalding 和 Spark 社区给予的支持。

感谢家人的支持与理解。

K. G. Srinivasa
Anil Kumar Muppalla

作者简介

K. G. Srinivasa

K. G. Srinivasa 于 2007 年获得班加罗尔大学计算机科学与工程博士学位。现就职于班加罗尔的 M. S. 拉迈阿理工学院计算机科学与工程系，任教授兼主任。曾荣获印度技术教育委员会青年教师职业奖、印度技术教育学会 ISGITS 全国青年教师优秀研究工作奖、工程师学会（印度）IEI 青年计算机工程师奖、2012 年国际教育技术学会（ISTE）拉贾拉姆巴布·帕蒂尔全国杰出工程教师奖、IMS 新加坡访问科学家奖。他在国际会议和期刊上共发表过一百多篇研究论文，曾作为访问学者出访过许多大学，包括美国俄克拉荷马大学、美国艾奥瓦州立大学、中国香港大学、韩国大学、新加坡国立大学。他撰写的两本书《File Structures Using C++》和《Soft Computer for Data Mining Applications》被收录在 Springer LNAI 系列丛书中。由于与墨尔本大学云实验室在云计算领域开展的合作研究，他获得了 DST 的 BOYSCAST 奖学金。他是 UGC、DRDO 和 DST 资助的多个项目的首席研究员，其研究领域包括数据挖掘、机器学习、高性能计算和云计算。他是 IEEE 和 ACM 的高级成员。可以通过以下邮箱和他取得联系：kgsrinivas@msrit.edu。

Anil Kumar Muppalla

Anil Kumar Muppalla 先生既是一位研究者也是一位作家，具有计算机科学和工程学学位。他是很多行业的软件开发者和顾问。他是活跃的研究者，并在国际会议和期刊上发表诸多文章。他的研究方向包括使用 Hadoop、Scalding 和 Spark 进行应用开发。他的邮箱是：anil@msrit.edu。

目　　录

译者序
前言
作者简介

第一部分　高性能分布式计算编程基础

第1章　引言……2
1.1　分布式系统……2
1.2　分布式系统类型……5
1.2.1　分布式嵌入式系统……5
1.2.2　分布式信息系统……7
1.2.3　分布式计算系统……8
1.3　分布式计算架构……9
1.4　分布式文件系统……10
1.4.1　分布式文件系统需求……10
1.4.2　分布式文件系统架构……11
1.5　分布式系统面临的挑战……13
1.6　分布式系统的发展趋势……16
1.7　高性能分布式计算系统示例……18
参考文献……20

第2章　Hadoop入门……22
2.1　Hadoop简介……22
2.2　Hadoop生态系统……24
2.3　Hadoop分布式文件系统……26
2.3.1　HDFS的特性……26
2.3.2　名称节点和数据节点……27
2.3.3　文件系统……28
2.3.4　数据复制……28
2.3.5　通信……30
2.3.6　数据组织……30
2.4　MapReduce准备工作……31
2.5　安装前的准备……33
2.6　单节点集群的安装……35
2.7　多节点集群的安装……38
2.8　Hadoop编程……45
2.9　Hadoop流……48
参考文献……51

第3章　Spark入门……53
3.1　Spark简介……53
3.2　Spark内部结构……54
3.3　Spark安装……58
3.3.1　安装前的准备……58
3.3.2　开始使用……60
3.3.3　示例：Scala应用……63
3.3.4　Python下Spark的使用……65
3.3.5　示例：Python应用……67
3.4　Spark部署……68
3.4.1　应用提交……68
3.4.2　单机模式……70
参考文献……72

第4章　Scalding和Spark的内部编程……74
4.1　Scalding简介……74

4.1.1 安装······74
4.1.2 编程指南······77
4.2 Spark 编程指南······103
参考文献······120

第二部分 使用 Hadoop、Scalding 和 Spark 的案例研究

第 5 章 案例研究 Ⅰ：使用 Scalding 和 Spark 进行数据聚类······122
5.1 简介······122
5.2 聚类······122
5.2.1 聚类方法······123
5.2.2 聚类处理······125
5.2.3 K 均值算法······125
5.2.4 简单的 K 均值示例······126
5.3 实现······128
问题······142
参考文献······142

第 6 章 案例研究 Ⅱ：使用 Scalding 和 Spark 进行数据分类······144
6.1 分类······145
6.2 概率论······146
6.2.1 随机变量······146
6.2.2 分布······146
6.2.3 均值和方差······147
6.3 朴素贝叶斯······148
6.3.1 概率模型······148
6.3.2 参数估计和事件模型······149
6.3.3 示例······150
6.4 朴素贝叶斯分类器的实现······152
6.4.1 Scalding 实现······153
6.4.2 结果······166
问题······168
参考文献······168

第 7 章 案例研究 Ⅲ：使用 Scalding 和 Spark 进行回归分析······169
7.1 回归分析的步骤······169
7.2 实现细节······172
7.2.1 线性回归：代数方法······173
7.2.2 代数方法的 Scalding 实现······174
7.2.3 代数方法的 Spark 实现···179
7.2.4 线性回归：梯度下降法···184
7.2.5 梯度下降法的 Scalding 实现······187
7.2.6 梯度下降法的 Spark 实现······195
问题······198
参考文献······199

第 8 章 案例研究Ⅳ：使用 Scalding 和 Spark 实现推荐系统······200
8.1 推荐系统······200
8.1.1 目标······201
8.1.2 推荐系统的数据源······201
8.1.3 推荐系统中使用的技术···202
8.2 实现细节······204
8.2.1 Spark 实现······206
8.2.2 Scalding 实现······221
问题······230
参考文献······230

索引······233

第一部分

高性能分布式计算编程基础

第 1 章　引言
第 2 章　Hadoop 入门
第 3 章　Spark 入门
第 4 章　Scalding 和 Spark 的内部编程

第 1 章

引　言

分布式计算涉及一系列内容和主题。本章总体上阐明分布式系统的一些属性，简要介绍了在成功构建的分布式系统中较为受欢迎的架构，以及所应用的不同类型的系统。并进一步明确了在一些研究领域面临的挑战和获得的启示。本章结尾预测了分布式系统的发展趋势，列举了在某些领域已经做出了突出贡献的实例。

高性能分布式计算（HPDC）适用于需要大量计算机共同执行某项任务的计算活动。其主程序包括数据存储和分析、数据挖掘、仿真建模、科学计算、生物信息、大数据、复杂网络可视化以及更多方面。

早期高性能计算（HPC）系统更多地用于与分布式系统较为相近的并行体系结构的程序运行。现阶段则转移到结构更明晰且利用更有效的分布式计算架构上实现，例如集群、网格和云计算。

随着使用传统计算机语言硬编码方式设计的 HPC 程序越来越不受青睐，像 Hadoop 和 Spark 这样的分布式软件框架应运而生，推动了适用于大规模 HPC 系统的高效程序的发展。像 MapReduce 这样的函数式编程语言模型可以通过 Hadoop 和 Spark 在 HPC 集群上轻易地实现。这类模式的发展很大程度上受到了分布式计算原理的启发。

3

1.1　分布式系统

分布式计算是研究分布式系统部署中多任务计算的计算机科学分支。它是一种计算机网络化布局，各个（计算机）节点间的信息交流通过复杂的消息传递接口来实现。分布式系统主要用来处理那些往往需要几百台计算机协同才能处理和完成的数据集上的问题。有了这样的系统，我们就能在更广泛的领域中解决更多的难题。分布式计算已成为热门的研究领域，且实至名归。

以上只是对分布式系统的一个概述，当然并不全面。而论及分布式系统的物理特性，既然我们称之为分布式系统，那么就涉及系统 I/O 是否与处理器相距较远，或者与处理器相去甚远的存储设备是否在线的问题。无论哪一种情况，仅仅就物理构件分布一方面而言，它不能完全满足这一方面的要求。目前，能够避免这一矛盾比较认可的系统是从逻辑性和功能性上来定义的分布式系统。逻辑性和功能性通常基于下列标准，当然并不局限于此。

1. **多进程**：系统内不只包含一个顺序进程。这些进程要么是系统指定，要么是用户自定义的，但是每一个进程必须有一个独立的控制线程，无论是外部的还是内部的。

2. **进程通信**：对于分布式系统来说，进程通信信道至关重要，信道的可靠性和信息交互延时取决于某一个节点或者网络布局上连接的物理特性[1]。这里还涉及两个方面：a）内核空间——共享存储、信息传递、信号量等；b）用户空间——后台网络传输、分布式共享存储等。

3. **独立的地址空间**：进程应该具有独立的地址空间。尽管内存共享可以通过通信来完成，但是仅仅是共享内存的多处理器并不符合完全意义上的分布式计算系统的要求[2]。

尽管以上讨论对分布式系统的特性提出了有效标准，但是这些仍然是不够的。比如在分布式布局中，系统进程间通信管理、数据和网络安全同样十分重要。而进程运行时间管理和用户自定义计算控制对于分布式系统特性描述也至关重要。不过，这些内容对于在逻辑上实现分布式计算是完全足够的。系统的物理分布只是逻辑分布的一个先决条件。

计算机和各类网络系统通过网络进行连接。互联网就是一个很好的例子。许多小型网络都与之连接，例如移动电话网络、公司网络系统、制造网络单元、公共机构网络、家庭个人网络，还有公交网络等。这些网络无所不在，并且不断增长，这样的趋势正好满足了许多要突破分布式计算间屏障以形成整体布局的实际情况需求。所有这些网络都具有某些相似的特征，具备成为分布式计算领域研究主体的完整基础条件[3]。图1-1是对上述内容的可视化表现。它呈现了这一过程的基本特征，包括网络计算机在哪一个层面进行运算，通过分布式服务或者由程序模仿出的分布式存储和通信接口的软件结构与其他计算机共同进行计算。

4

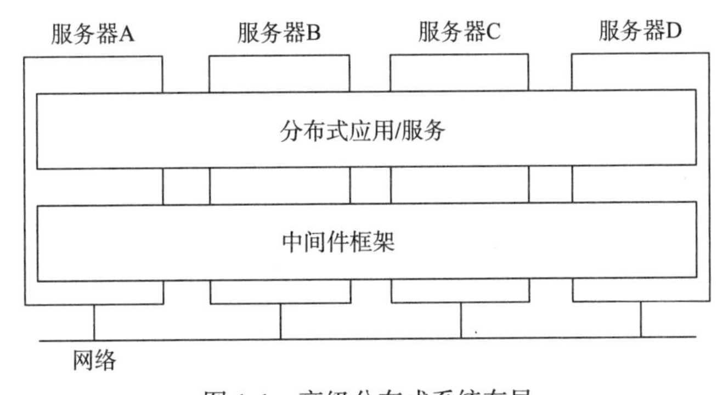

图1-1 高级分布式系统布局

在分布式系统的构建中，无论分布于各个地区还是建在同一座建筑物内，都要面对以下几个挑战。

1. **程序并发**：在执行分布式系统的过程中，并发程序的执行是一个常态。面临的挑战是实现合理的通信以缩短计算机在使用共享资源的过程中的等待时间。程序的并发执行是在处理诸如数据库一类的事务流程方面最为合适的方式。系统解决共享资源的空间问题时，可以通过在网络中增加更多资源（如计算机）的方式来扩充。

2. 缺少中央时钟：当分布于网络的各个程序需要进行合作的时候，它们会通过消息传递接口交换信息。进程间的密切协调需要一个共享时钟来记录程序的状况和进程。观察发现，由于没有全局时钟的概念，就不能提供精确的参照，以供网络中各节点的计算机同步各自的时间。这一结果正是由于只有一种通信方式，即通过网络发送消息造成的。

3. 独立故障：因为基础设施出现故障造成断网的问题最为常见，所以设计者在构建系统时要充分考虑这一因素。计算机系统经常会出现故障，由此出现的问题应及时得到解决。某些故障会造成网络中计算机连接中断，尽管中断连接的计算机仍在运行，但分布式系统将无法运转。同样，如果系统崩溃或某项进程意外终止，且没有向其他与之进行信息交换的组件发出警告，迫使整个运转停滞，系统中的节点也会因此而出现故障。系统中的每一个组件都会在其他组件正常运行的情况下出现故障。这一特性带来的后果需要加以解决，而这一问题的解决方法通常称为容错机制[3]。

创建和维护分布式系统的初衷是实现资源共享。*资源*是对任何事物的一般性描述，从存储盘、打印机到软件定义的数据库和数据对象，还包括数字流媒体，不论是音频还是视频。在过去几年里，分布式系统的重要性凸显，原因是多方面的，主要体现如下。

1. 地理分布环境：分布式系统最显而易见的特点就是计算机遍布全球的物理分布。以银行为例，它们遍布各地以受理客户账户业务。如果能够实现对跨行交易进行监控，对遍布全球的自动提款机资金流向实行监管和记录，并且能够受理全球客户账户业务等，那么银行业就真正实现了互通，也就是所谓的全球化。再比如互联网，它甚至可以把网络运行的最终端变成分布式系统的一部分。另外，网络用户的移动属性进一步为地理分布增加了新的维度。

2. 计算速度：或许正是不断提高的计算速度成为人们对分布式结构思考的最主要原因。单处理器在单位时间内的运算量是有物理上限的。而超标量和超长指令字（VLIM）结构体系通过引入指令级并行的概念，强有力地推进了处理能力的提升，但是这两项技术并没有实现质的飞跃。还有一种方法是将多个处理器进行叠列，并且把问题分割成小块，再分配给单个处理器并发执行。这种方法具有一定的扩展性，处理能力可以随着叠加更多的处理器而逐渐提升，比购买一个更高级的处理器更简单而且经济。时下，大数据计算孕育了软件系统的发展，能够根据数据的可分布性，通过将问题分成更小的单元，并借由网络进行传递，来实现多核运算。

3. 资源共享：*资源*既包括软件也包括硬件。分布式系统能遍及各处归因于设备资源的共享。计算机 A 的使用者可能想要使用连接在计算机 B 上的打印机，或者计算机 B 的使用者需要使用计算机 C 硬盘上可供使用的额外存储。同样地，A 工作站可能需要使用 B 工作站和 C 工作站富余的计算能力来提高当前的计算速度。这些事件构成了分布式系统的理想用例。分布式数据库是共享软件资源方面很好的例证，大型文件可以存储在几台主机里，并由一定数量的进程不断进行检索和更新。

在网络资源已成家常便饭的今天，资源共享也已成平常事。像打印机、文档，甚至具体到功能上，如搜索引擎等硬件资源的共享也习以为常。从硬件资源供给的角度上来说，共享打印机和磁盘一类的资源可以削减成本，但是对于分享，用户的兴趣却来自更高的层面，比如应用程序，还有日常活动，等等。用户更乐于分享网页，而不愿分享个人的硬件设施；同样，他们更热衷于分享搜索引擎和货币转换器这类应用程序，而非它们依托的服务器。这让我们必须意识到，用户之间的合作方式决定了资源共享在不同领域里实现程度的千差万别。例如，搜索引擎向全世界的用户提供服务，而一个封闭的用户群体仅仅通过共享文档进行合作。

4. 容错机制：针对高性能单一处理器构建的软件很容易在处理器出现故障的情况下崩溃，存在一定的风险。最好是当处理元素的某一个微小的部分出现故障但还有机会实现优雅降级或者改善容差时，做出一点让步，通过使用分布式系统进行处理。这一方法还可以通过利用冗余的处理元素来提高系统的可靠性和可用性。很多时候，系统具有三模冗余结构，三个完全相同的功能单元同时执行相同的操作，以多数输出作为正确输出。在其他容错分布式系统中，处理器在预定义检查点对数据逐一进行交叉校验，自动施行故障检测、故障诊断和故障修复。这样一来，分布式系统完美兼容了容错机制和优雅降级。 7

1.2 分布式系统类型

1.2.1 分布式嵌入式系统

以上关于分布式系统的叙述大多关于物理分布层面，固定节点通过相对永久的、高质量的方式与网络相连接。大量的现有技术保证了其稳定性，以至于给我们一种印象，认为故障只是偶尔才会发生。像屏蔽和故障恢复这类技术手段可以有效掩盖节点在分布方面的问题，使得使用者或程序相信系统的可靠性。

然而，近年来，随着移动嵌入式计算机设备数量的增长，之前的假设受到了挑战，换而言之，没有那么绝对了。这些设备绝大多数采用电池供电，可移动，并且使用无线网络连接。这类分布式嵌入系统变成我们周围环境的一部分。这些设备缺乏一般管控，至多需要使用者对其进行设置，再或者需要它们通过自动探测，尽可能接入周围合适的网络环境。下面几条判据可以帮助我们认知：

- 根据环境变化做出反应
- 有利于自组网络构建
- 识别共享

根据环境变化做出反应，指的是这些设备必须不停地对周围环境进行识别。其中最浅显的一点就是发现可用无线网络。

自组网络构建，指的是普适系统的各类用例。这样一来，这些设备就必须由用户在设备上运行一套程序或者通过自动处理来完成配置。设备接入网络并获取信息，这就需要一种便于读写、存储、管理和共享信息的方式与方法。信息驻留的地址始终在变化，因此设备必须能够依据提供的服务及时做出反应。数据、进程和操作控制的分布是这类系统的一方面特性，需要展现，而不是隐藏起来。下面是几个普适系统的具体示例。

- **家庭系统**：家庭网络已经逐渐成为最受欢迎的普适系统。网络中通常至少包括一台计算机，主要把家用电子产品，例如电视机、影音设备、游戏设备、智能手机、掌上电脑，还有其他可穿戴设备连入网络。另外，厨房电器、监控摄像、钟表、照明控制系统等也可以连入一个单独的分布式系统。在家庭网络走进现实之前，还必须着手解决几个问题。自配置和自管理应该是家庭网络系统最重要的两个特征。如果一个或多个设备易出现故障，那么这套系统也就出现故障了。系统的许多问题是通过 UPnP（通用即插即用）规范解决的，在此规范下，家庭设备可以自动获取 IP 地址，彼此间能够识别和交流信息。但是，建立无缝分布式系统，还需要做更多工作。

8

与分布式家庭网络系统有关的问题还包括：我们还不清楚设备的软件和固件如何在没有人工干预的情况下轻易实现更新。考虑到家庭网络系统存在共享设备和个人设备的布局独特性，我们尚不清楚如何管理个人空间，因为其数据在家庭系统中也属于个人空间问题。人们在这一领域的大部分兴趣都在于建立这部分个人空间。值得庆幸的是，问题可能会变得更简单。家庭系统本身就被设想为分布式的，其分散的特点会导致数据同步的问题。不过，通过提升硬盘容量，同时缩减数据量，这些问题终将迎刃而解。配置 TB 级存储单元已经变得容易，而且尺寸也越来越小，上百 GB 的存储单元开始用于移动设备上。这一功能允许我们建立一个主客户机，用单独一个系统存储和管理网络系统上的所有数据，其他所有客户机只作为进入主系统的接口。这种方法并没有解决如何管理个人空间的问题，存储大量数据的能力将问题转移到存储相关数据并能在以后查找的工作上。近些年来，家居系统配备了推荐功能，它可以从存储的数据中识别相似的信息，并随后导出与用户的个人空间相关的内容。

- **医疗保健**：有一类很重要的普适系统，它基于电子医疗保健的需求。随着医疗费用不断增长，人们研发出新型的设备，用于对个人身体状况进行监控，并自动更新相关医生的资料。这些系统的目标是安置在体域网（BAN）中，它对人的妨碍很小。该网络需要具备无线通信能力，而且保证在人体运动状态下能够正常运行。这就要求它包含很明确的两部分构造，如图 1-2 所示。第一部分是主站，作为 BAN 的一部分，在数据生成时负责收集。收集的数据及时存储在数据暂存器内，主站以此对 BAN 进行管理。第二部分中，BAN 通过无线网络不断传送监控数据。管理 BAN 需要用到不同的技术。

9

- **传感器网络**：普适系统的最后一个例子是传感器网络。这类网络很多情况下构成了许多普适应用的实现技术。就分布式系统而言，传感器网络之所以成为关注的兴趣点，是因为它们几乎全部用来处理信息。

传感器网络通常包含几十到几百或者几千个节点。每一个节点都装配了传感器。大多数传感器网络都是用无线网络通信，节点通常由电池供电。因为自身资源不足，通信能力有限而且受到能耗制约，所以在设计标准上要求很高。

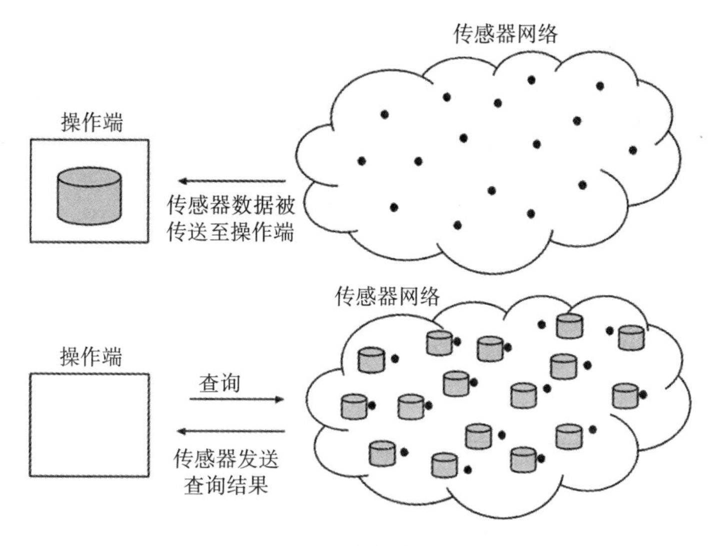

图 1-2 组建传感器网络

可以认为传感器网络是分布式系统的分布式数据库。在这类情况下，操作者乐于通过简单的查询从（部分）网络提取信息，例如“1号高速公路北向交通量如何?”这类查询与传统数据库查询方式类似。在这种情况下，它可能需要通过1号高速公路上许多个传感器的配合才能给出查询结果，而且无须启用其他的传感器。

组建传感器网络作为分布式数据库基本上会遇到两种极端情况。第一种是传感器之间没有实现合作，只是简单地把它们各自的数据传送到位于操作端的中央数据库中。另一种极端情况是向相关传感器转发查询并让每个传感器计算出一个结果，然后，需要操作者精心整理反馈回来的数据。这两种情况并不令人满意。第一种情况需要传感器把它们计算的全部数据通过网络进行传输，这会浪费网络资源和能源。第二种情况浪费了传感器自身的整合能力，它使传回到操作者的数据量大大减少。我们需要的是类似于普适医疗保健系统中网络内部数据处理的设备。 10

网络内部信息处理可以通过很多种方式完成。最显著的方法就是沿着一个包含所有节点的树形结构向各传感器节点转发查询，然后在结果传回到根部后对其进行整合。计算整合在树形结构上有至少两个分支的节点处进行。

1.2.2 分布式信息系统

另外一类重要的分布式系统是主要建立在结构内部的分布式信息系统。这类系统在其内核中几乎没有网络程序。运行程序的服务器与网络相连，网络中其他系统可以通过客户端与其进行对话。这些客户端会向这台服务器发出执行操作的请求，并且接收和处理服务器的反馈。

在较低级别的集成允许客户机将多个请求封装成一个较大的请求，并作为分布式事务予以执行。关键就在于，这些请求要么全部执行，要么无一执行。

随着应用程序变得更加复杂，并逐渐分离成独立的组件（特别是区分数据库和处理组件)，集成应该和组件间的通信一起发生在组件层面。

1.2.3　分布式计算系统

分布式计算系统是高性能计算任务中最重要的一类分布式系统。我们可以把它大致分为两个子组，即集群计算系统和网格计算系统。在集群计算系统中，底层硬件包括一批相似的工作站或者 PC，它们是通过高速网络紧密连接的。每一个连接的节点都运行着同样的操作系统。网格计算系统则与之不同，因为分布式系统常常设计为一个联邦计算机系统，系统会根据不同软件、硬件和网络规范分成不同的管理域。

11

集群计算系统

当 PC 和工作站的性价比提高时，集群计算领域变得更具吸引力。利用现成的技术通过高速网络简单地把计算机连接起来建造一个超级计算机，无论从经济上还是技术上讲都十分吸引人。在几乎所有情况下，集群计算都是并行执行的，它们在整个系统中运行的仅有一个程序。

图 1-3 所示是一个使用基于 Linux 的 Beowulf 集群构建的著名集群。每一个集群包含一组计算节点或工作节点，这些节点可以被主节点接收、控制和访问。主节点主要负责处理并行程序上的工作设备分配，维持作业队列，并向用户提供监控作业的用户界面。通常，主节点运行程序执行所需的中间件，而工作节点只需要一个标准的操作系统。

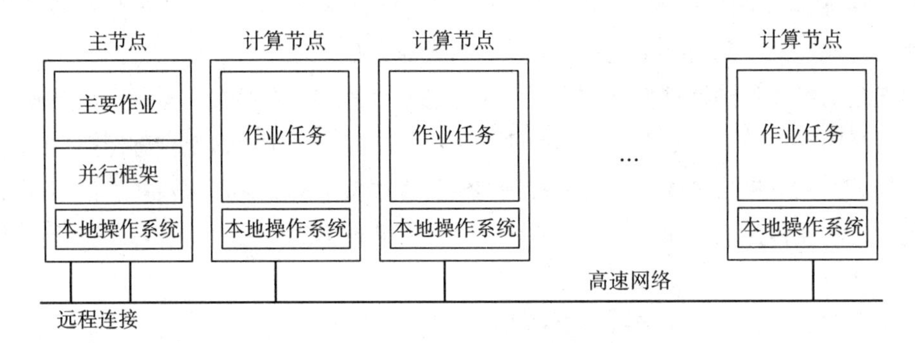

图 1-3　集群概览

网格计算

集群计算的一个重要特征是同质性。多数情况下，集群的节点彼此十分相似，因为它们运行同样的操作系统，接入同样的网络。相反，网格计算系统则具备高度的异构性，其硬件、软件、操作系统、网络、安全规则和管理域很大程度上是缺少说明的 [6]。网格计算面临的主要挑战是，来自不同环境的资源汇集在一起，允许一组人或机构协作。分配给某个组织的资源（指的是协作的示例设置）对于该组织中的所有用户都是可见的，此设置通常称为虚拟组织。资源主要包括计算服务器、存储设备和数据库。此外，特殊网络设备（如望远镜、传感器等）也包括在内。

12

该架构由四层组成 [7]，如图 1-4 所示。从最下层开始，第一层（构造层）是直接连接到各站点资源的接口。这些接口允许虚拟组织内的资源共享，提供有关资源状态和能力的查询服务，也对资源功能进行管理，如资源锁定等。*连接层*扩展通信协议，以支持跨多个资源使用的网格事务。除了通信之外，该层还扩展了安全特性，如验证和授权。很多情况下，不是用户（而是程序）被验证通过，可以访问资源。论及分布式系统安全性，给予具体程序这样的功能是具有广泛性的。

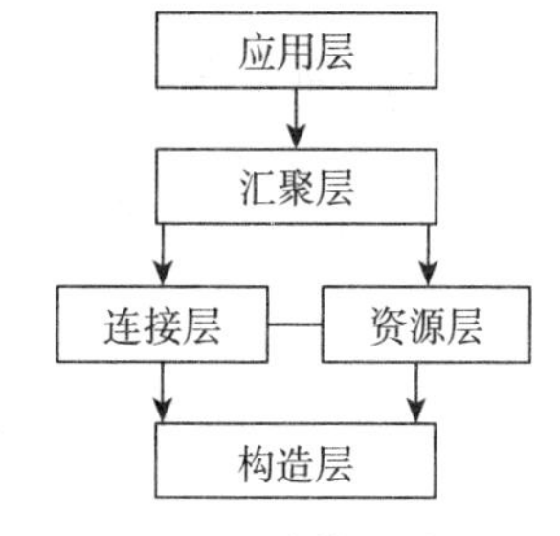

图 1-4 网格计算的分层视图

*资源层*负责管理资源。它在履行给定职能的时候充当媒介的作用，但是连接层直接调用构造层提供的接口。例如，如果你需要获取某一资源的可配置细节，创建一个进程读取该资源的数据，资源层就会向资源实施访问控制，这个过程依赖于连接层的安全和授权规则。

13

*汇聚层*在资源层的协助下，处理多种资源的管理。它提供的服务包括资源的发现、分配、指向多种资源的任务调度，数据复制等。相比于连接和资源层，它具有更多为不同目标定义的协议，可以向虚拟组织提供更广泛的服务。

最后，*应用层*代表用来充分利用网格计算环境的应用和软件。

汇聚层、连接层和资源层构成了网格系统的不可或缺的一部分，所以又称为*网格中间件层*。

1.3 分布式计算架构

从定义上来看，分布式系统是分散在网络中多台机器上的复杂软件组件。这些系统需要进一步组织分工，以求其复杂性能够被理解。有许多方法实现这一组织分工的可视化。其中一种是对软件构件集合的逻辑组织进行区分，另一种是成员系统的物理分布。这些结构可以告诉我们软件组件将如何组织和实现彼此间的通信[8]。还可以通过很多方式将其实现。软件架构的最终实例化也可以称为*系统架构*。不同的组件和连接器可用于不同的配置，归为不同的结构类型。下面是一些重要的架构：

- 分层架构
- 基于对象的架构
- 数据中心架构
- 基于事件的架构

分层架构：通常是单向和简单的，其流向是自上而下的。这样组织，L 层可以调用底层 L_i，但是反过来则不允许。

*基于对象的架构*鼓励形成一个较松散的组织，其中的组件都称为对象，它们通过远程过程调用进行连接。这种类型的排列与客户端服务器架构相匹配。

*数据中心架构*包含通过公共存储库进行通信作为基础的进程。这种类型的架构可能是基于互联网的应用程序中最常见的。依托分布式文件系统已经创建了大量的应用程序，程序之间的通信全部通过该系统实现。同样，大多数具有网络功能的分布式系统都以数据为

14

中心，进程通过基于网络共享的数据服务进行通信。

在基于事件的架构中，进程通过事件处理来进行通信。这些事件偶尔携带数据。通常情况下，如发布、订阅一类的分布式系统使用基于事件原理构建。这类系统的主要想法是，进程在不同的执行阶段发布事件，中间件确保订阅这些事件的进程能够接收到它们。在众多优点中，其中一条是，进程之间松散耦合，之所以这样，是因为它们之间不存在明确的相互依赖。这也称为解耦。

基于事件的架构可以与以数据中心的架构相结合，产生所谓的共享数据空间。共享数据空间的本质是，进程也在时间上适时解耦；在进行通信的时候，它们不需要都激活。

1.4 分布式文件系统

资源共享是分布式系统的重要目标。共享存储的信息是分布式资源共享的一个重要方面。数据共享的机制有很多。在本地，将文件存储在 Web 服务器上，或服务器的文件系统里，或本地网络的服务器上，并通过互联网向所有客户端开放。在设计一个覆盖整个互联网的大规模读写文件存储系统方面，涉及这样几个问题，如负载平衡、可靠性、可用性和安全性。如果程序需要访问存储在系统上的数据，且要求访问的可靠性，但又不能确保系统单个主机的可用性，那么复制存储系统就显得非常适合这类应用程序。

在本地网络共享数据和信息，需要数据的连续存储和所有类型程序数据的一致分布。原本，文件系统是为中央计算机系统和桌面开发的，操作系统在这些地方提供访问磁盘的快捷途径。很快它们就能获得诸如访问控制、文件锁定机制等执行数据和程序共享所必需的特性。一个设计出色的分布式文件系统提供对存储在多台服务器上的文件访问，其性能和可靠性与访问存储在本地磁盘上的文件相似。它们的设计能够适应本地网络的性能和可靠性特点。

15

1.4.1 分布式文件系统需求

分布式文件系统的发展已成为识别分布式服务设计中诸多挑战和陷阱的一个起点。在其发展的早期阶段，已经实现了访问透明和位置透明。性能、可扩展性、并发控制、容错和安全要求也在其后续开发阶段中得以满足。

1. 透明性：在任何分布式部署中，文件系统负载最大，因此它的功能和性能是非常关键的。由于软件透明的复杂度和性能，文件服务的设计必须平衡可扩展性和灵活性。其透明性有以下几种形式。

- 访问透明：文件的分布应该从客户端程序中分离出来，向 API 提供易于修改本地和远程文件的程序。
- 位置透明：由于在不同的计算机上复制和分布数据，因此建立一个统一的名称空间十分重要。文件可以在不需要改变其路径名的情况下迁移。重要的是，客户端程序能在网络的任何地方找到相同的名称空间。

- 移动透明：当移动文件后，客户端程序和系统表不需要改变。它允许文件发生移动。
- 性能透明：当系统负载在一定范围内变化时，客户端程序应该继续提供预期的性能。
- 扩展透明：根据负载和网络大小可以扩展或缩减分布式服务。

2. **并发文件更新**：一个客户端的文件更新不应该干扰其他客户端同时访问或改变相同的文件。这就是众所周知的并发控制。并发控制是一种广泛接受的功能，由几项已知的技术来执行。大多数基于 UNIX 的系统提供块级或文件级锁。

3. **文件复制**：一个文件或数据块由不同位置的多个副本代替。这样有两点好处。第一，它能使多台服务器分担提供访问同一文件的服务负载。第二，这种方法扩展到多个请求，当一台服务器出现故障时，它可以通过定位另一台承载有被请求文件副本的服务器，来增强容错性。很少有文件服务具有完整的复制，许多使用的是文件缓存或复制部分文件。

4. **硬件的异构性**：应该定义服务接口，以便它们可以在不同的操作系统上实现。这形成了开放性的基础。

16

5. **容错**：指的是一旦服务器客户端出现故障，系统服务能够继续工作的能力。如在至多一次调用和至少一次调用中使用的几种容错机制，用一台服务器来确保复制的文件结果不会导致无效的文件更新。服务器可以是无状态的，因此在出现故障后，它们能够进行重启，并恢复到之前的状态。

6. **一致性**：传统的文件系统提供一份 UNIX 样式的更新方案，文件更新处理起来看上去只有一份副本，而更新内容实际发送给所有客户端以供查阅。在分布式文件系统中，文件存在多个副本，同步更新需要花费时间，这可能会导致数据一致性出现问题。

7. **安全性**：分布式系统需要对用户进行验证以保护请求的内容，有时用数字签名和加密数据回复。访问控制列表就是用于执行此项功能的。

8. **效率性**：分布式系统提供服务的效率必须与传统文件系统的效率相同或者总体上具有可比性。

用于实现文件服务的技术在分布式系统设计中非常重要。一般来说，分布式系统提供的服务必须与传统文件服务具有可比性。它必须便于管理，向系统管理员提供易于安装和驾驭系统的操作和工具。

1.4.2 分布式文件系统架构

大多数系统都是按照传统的客户机 / 服务器架构建立的，但也存在分散化解决方案。本节介绍这两种类型的组织。

1. **客户机 / 服务器架构**：客户机 / 服务器架构是组织分布式架构最常用的方法。Sun Microsystems 网络文件系统（NFS）是基于 UNIX 系统最广泛部署的文件服务之一。其基本思想是，每个 NFS 都能提供文件系统的标准视图。换言之，不管文件系统如何实现，每个文件服务器都支持相同模型。这种模型在其他实现中也很受欢迎。NFS 提供自己的通信协议，它允许客户端访问文件，因此，异构进程能够在不同的操作系统和硬件上运行，以共享一个共同的文件系统。

客户端不知道分布式文件服务中文件的存储位置。但是，系统提供了一个与传统本地 [17] 文件系统类似的文件系统界面。例如，Hadoop 提供了命令行界面，便于对 Hadoop 分布式文件系统（HDFS）中的文件进行复制、删除和列表操作。这些界面可以用于文件服务器专门实现的各种操作。这个模型与远程文件服务类似，因此称作远程访问模型 [11]。

另一种模型是上传下载模型，客户端可以通过下载访问文件，在经过更改后将文件上传回文件服务器，这样其他客户端也可以使用该文件。这种模型的一个重要优势在于无论客户端上的文件系统是 UNIX、Windows，甚至是 MS-DOS，只要它的系统与 NFS 提供的系统模型是兼容的，就可以实现。

2. 基于集群的分布式文件系统：尽管 NFS 是基于客户机－服务器的一个流行的分布式系统结构，但是它与集群服务器有一些不同。考虑到集群的并行应用，文件系统也相应调整。一个常见的技术是实现文件分块，使单个文件分布在多个服务器上。这背后的想法相当简单，如果文件分布在多个节点上，那么它的各个部分就可以并行检索。只有在应用程序的组织使并行数据访问可以实现时，这才能起作用。它要求存储的数据具有规则结构，例如，稠密矩阵。对于其他结构而言，文件分块可能不起作用。在这类情况下，最好分割文件系统本身，而不是文件，并将文件单独存储在不同分区中。

当亚马逊和谷歌这样的大型数据中心发布数据时，分配任务变得有趣。这些公司提供的服务导致分布在成千上万的计算机上的大量文件的读取和更新 [10]。在这种情况下，传统的分布式文件系统会不堪重负，因为在任何时候都可能会有一台计算机出现故障。针对这些问题，例如谷歌公司，开发了自己的文件系统，称为谷歌文件系统（GFS）[12]。

GFS 集群包括一个主服务器和多个块服务器。文件分成多个大小为 64MB 的块，分布到整个块服务器上。值得注意的是，GFS 的主服务器只获取元数据信息，等待接收块的联系地址。联系地址上载有关于块服务器及其所携带块的所有信息。主服务器维持了名称空间与映射到块的文件名的一致性。每个块都有一个与它相关的标识符，它允许块服务器对其进行查找。主服务器还跟踪块所在的位置。复制这些块来处理故障，但是仅此而已。主服务器不掌握块的精确位置，而是偶尔与块服务器联系，请求块的位置。这必须周期性地完成，否则如果你要求主服务器的记录是连续的，它就会变得复杂，因为每次一个 [18] 块服务器崩溃或添加一个新的服务器，都需要通知主服务器。相反，通过轮询来更新当前一组块服务器是比较容易的。GFS 客户端知道主服务器认为哪个块服务器存储了请求的数据。因为复制块，所以该块在至少一个块服务器上可用的可能性极高。

*这是一个可扩展的解决方案吗？*一个重要的设计选择目标是主服务器实施主控，而不是不要因为它所需要做的工作而形成瓶颈。实现可扩展性的两种方法如下。

- 由块服务器承担大多数工作。当客户端需要访问数据时，它向主数据库请求所需数据所在块服务器的地址，然后直接与块服务器联系。块根据备份计划进行复制。当客户端执行更新操作时，它与存有该数据的最近块服务器联系，并将更改内容直接推送给该服务器。数据更新一旦成功，就会给本次更新分配一个序列号，并发送给所有备份机，整个流程中主服务器不参与，每一次更新不受限于主服务器的瓶颈。

- 文件的分层名称空间通过使用单级目录实现，文件路径映射到元数据（相当于传统文件系统的索引节点）。该目录与文件块映射保存在主存储器中。把这些数据块的更新记录到持久存储器中。当记录日志变得过于庞大时，就会在主存储器的数据上生成一个检查点，这样就可以在主存储器中立即还原它。因此，GFS 集群的 I/O 就极大地降低了。该组织允许单个主服务器控制几百个块服务器，对于单个集群来说，这个规模是相当可观的。在随后的过程中，通过将谷歌一样的服务重组成更小的服务映射到集群上，不难想象，一个庞大的集群集合是可以一起工作的。

1.5 分布式系统面临的挑战

一些挑战扩展了分布式系统的范围和规模。其中一些特性如下。

异构性：一种用于运行服务和应用程序的分布式系统的因特网异构布局。异构性适用于以下情况：

- 网络
- 计算机硬件
- 操作系统
- 程序语言
- 不同开发者的实现

19

可以看出，互联网有几种类型的网络彼此相互连接，它们通过在互联的计算机上执行因特网协议来实现彼此间的通信。这个共同的接口屏蔽了这些网络的差异。如果计算机通过以太网连接到因特网，则需要在以太网上实现因特网协议。

数据类型（如整数）可以用不同的硬件实例来表示，整数的字节排序有两种方法。如果在不同硬件上运行的程序之间要进行通信，必须解决它们之间的差异。虽然使用不同硬件的所有计算机的操作系统都支持因特网协议，但它们不提供相同的应用程序编程接口（API），UNIX 系统和 Windows 系统的 API 是不同的。

为了进一步讨论程序间的通信，为网络程序编程划定一个标准至关重要。开发者编写的程序除非使用共同的标准，否则它们彼此间不能通信。例如，因特网协议只表示在标准上达成一致，对于在网络上幸存下来的编程应用，还需要一套标准。

开放性：系统的开放性指的是扩展或重实现系统的能力。分布式系统的开放性取决于能够添加更多可以被不同的客户端程序共享的资源的能力。

只要向开发者提供关键软件接口的规范和文档，开放就可以实现。这个过程类似于标准化程序，但通常不像一般方法那么繁琐。然而，接口文档和规范的发布仅仅是扩展服务的开始。真正的挑战是分布式系统的复杂性，它包括很多由不同的人构建的组件。

开放文档的资源共享系统是可扩展的。这些扩展可以通过在硬件层面增加更多的计算机来实现，或者通过在软件层面引入新的服务或者重新实现旧服务来达成。另一个额外好处是，因于其开放性，它们与厂商无关[9]。

其包括以下几个特点。

- 一个重要的特性是接口文档的开放性。
- 开放的分布式系统提供统一的通信机制和供访问共享资源的已发布接口。
- 可以使用异构硬件规格和源自不同的供应商的软件构建开放分布式系统，但是至关重要的是，每个组件都必须按照发布的标准工作。

20

安全性：信息安全对于分布式系统非常重要，因为信息也分布在系统的多个信息存储资源内。安全性的三个部分如下。

- 保密性：保护数据与防范未经授权的泄露。
- 完整性：防止数据损坏。
- 可用性：防止存储信息访问受任何干扰。

对因特网信息的自由访问总是存在一个安全性问题。虽然防火墙能一定程度上形成一个屏障，从而限制因特网的传输，但是对于因特网中那些没有防火墙保护的用户，无法保证他们对资源的正常使用。

在分布式系统中，客户端发送访问服务器数据的请求，封装这些数据并通过网络回复给客户端。举例如下。

- 医疗健康：医生可能会请求访问或更新病人病情进展方面的数据。
- 电子商务：在线购买产品需要你通过因特网发送信用卡机密信息。

在以上情形中，面临的挑战是通过网络发送敏感信息且要保证安全至上。安全问题不只包括保护个人消息，而且包括对发送消息的用户或代理的身份进行认证。第一种情形下，在发送任何消息之前需要先核实医生的证件。第二种情况下，要验证远程代理的授权。解决这一问题的方法之一是使用专为这些目的开发的加密技术。

拒绝服务攻击：这是近些年遇到的最普遍的安全威胁之一，它可以用来破坏因特网上的任何服务。它可以通过向服务器发送大量请求来占用服务器，使服务器处于繁忙状态而无法为真正的用户服务。因此取名为拒绝服务攻击。目前，这样的攻击在发起后会受到惩罚，但是在发起前，并没有提供解决这个问题的机会[14]。

可扩展性：分布式系统运用在不同的范围，从小型的内联网到因特网，因此可扩展性是其力求实现的。当分布式系统可以根据需求增加或减少资源数量和用户数量时，就实现了可扩展性。

21

有趣的是，在此期间，Web 服务器的数量有所增长，并呈现快速饱和状态，可以认为这是提高分布式系统能力，满足移动设备急剧增长需求的趋势带来的结果。而且，通过把一个 Web 服务器托管在多个位置，以增加可用性。可扩展的分布式系统的设计面临以下挑战。

1. 物理资源成本。使用分布式系统的主要优势是，当对资源的需求增加时，系统具有可以扩展的能力。资源的增加必须以合理的成本为基础。当用户数量增加时，对资源的需求也就增长。和单一服务器设置一样，分布式系统允许增加新的计算机以避免性能瓶颈。一般原则是（但不限于此），如果有 n 个用户，那么对于系统扩大的资源量最多可以达到 $O(n)$，它与 n 成正比。多数情况下，会小几个数量级。

2. 极限性能损失： 在一个系统中，其所包含的数据与用户数量成正比，例如，因特网地址查找数据库，即存放的计算机的地址和它们的域名。相比于线性系统，采用层次结构来存储数据的算法更具可扩展性。层次结构的访问时间是 $O(\log n)$，n 是数据的大小。对于一个可扩展的系统，性能不应低于 $O(\log n)$。

3. 防止资源短缺： 在扩展性成问题的情况下，一个情况是可供系统使用的因特网地址规模的问题。早期使用的是 32 位寻址，最近已经达到它的上限，目前划定和正在使用的是 128 位寻址协议，但是采取这种方式需要改变很多面向因特网的软件的组件。老实说，设计师也没有办法解决这个问题，目前也只能是在遇到的时候对需求进行处理。在需求上进行调整比为了适应需求而过度矫正要简单，因为把更大的因特网地址用于在网络中来回发送消息会占用更多的空间。

4. 预防性能瓶颈： 算法需要分散化以避免性能瓶颈。域名系统（DNS）就是一个很好的例子。早期的 DNS 管理包括一个主文件和域名列表。该文件依需求可供下载，对于向几百台计算机提供服务，这个方法完全胜任，但是随着新计算机的加入，性能很快成了一个问题。DNS 管理系统于是删除了单个接入点，在因特网上把数据进行分割，并保存在本地。

故障处理： 计算机出现故障要么是硬件失灵，要么是软件崩溃。程序出错会导致无法完成预期目标。在进程处理过程中，或者在分布式系统的部分网络中，都存在出现一定数量故障的可能性。分布式系统具有特殊性，因为系统中组件的故障只会波及部分问题，但也会导致难于发现故障并进行维修。

22

故障检测： 有一些故障能够发现。比如，可以使用校验和检测到任何信息或者文件中损毁的数据，但有一些故障则很难发现，所以只能进行推测并且做好预防措施。举两个隐秘故障的例子。

- 当传送失败后的消息转发。
- 信息复制，应对磁盘的任何损毁。

故障容忍： 因特网上的大多数服务都容易出现故障，处理和解决这些源自很多组件的故障有些不切实际。有时，在客户端处理故障比较好，那就意味着用户也要对故障进行容忍。比如，当 Web 浏览器无法连接到 Web 服务器时，它不会让用户一直等到连接成功，而是把问题通知到用户，让他们稍后再试。

故障恢复： 故障恢复需要软件设计包含数据回滚功能。这一特性能够实现数据备份，并且一旦服务器崩溃，服务器上的数据能够恢复到之前保存的状态。如果出现故障时运算还没有完成，则之前对数据进行的更新是不一致的，因此会恢复到数据最为一致的状态。

冗余： 冗余是解决故障的重要策略。请看以下例证。

- 在因特网上任何两个路由器之间至少应该有两条不同的路由。
- 在域名系统（DNS）中，每个域名列表至少在两个不同的服务器中复制。
- 多服务器上的数据复制，确保了即使一台服务器出现故障，数据仍可以访问。可以赋予服务器检测对等服务器故障的功能。当检测到故障时，把客户端重新定向到其他服务器。

服务质量（QoS）：用户在所需服务交付后，可以请求服务质量评价。对于任何产品来说，可靠性、安全性和性能是影响服务质量的几个非功能性属性。另外，对于系统配置更改和资源可用性的适应能力是服务质量评价的一个重要方面。

23

系统安全性和可靠性对分布式系统的设计十分重要。最初，服务的性能是从响应性和计算吞吐量方面定义的，但是当前在多台服务器上的复制数据可以确保即使在一台服务器出现故障的情况下，数据仍可以访问。可以赋予服务器检测对等服务器故障的功能。当检测到故障时，把客户端重新定向到剩余的其他服务器。

多媒体应用程序处理时间关键数据，如数据流，它需要经过处理并在程序间以固定速率移动。其场景就像客户端程序从视频服务器接收视频流。为了使用户得到更好的体验，连续帧的视频需要在指定的时间范围内呈现给用户。

系统满足这一条件的能力取决于在相应时间内必要计算和网络资源的可用性。这正是所说的服务质量（QoS）。对于这些系统，为了提供更好的服务质量，要及时提供适当的计算资源和网络资源。

网络发展到今天，它的高性能已经越来越可靠，但是当负载过重时，性能就会遭受重创。同样，对于分布式排列中的个别系统，需要对资源进行管理，以实现所需的服务质量，操作系统配备资源管理器，以确保监控服务质量。资源管理器具有储备资源的能力，在资源不可用时能够拒绝外部请求。

1.6　分布式系统的发展趋势

有一段时间，分布式系统经历了改变。一些原因带来了技术上的变革和分布式工具的快速发展。举例如下。

- 新兴的普适网络技术
- 新兴的普适计算迎合人们对支持用户在分布式系统内的移动性的渴望
- 多媒体服务的兴起
- 基于效用的分布式系统

在以下领域可以看出其主要趋势和变化。

新型网络科技：今天的因特网是一个巨大的、互相连接的、不同类型的计算机系统的集合。类型从有线连接到最近的无线通信技术，比如 WiFi、3G 和 4G。最终，各种各样的系统和设备在任何时候、任何地点都能接入因特网。这些设备上的进程按互联网协议执行，并且建立了一个常用的通信接口来交换消息。因特网是一个最大的分布式系统。它使

24

用户可以享受万维网、文件传输、电子邮件等服务。提供的这些服务是开放的，可以通过向因特网增加新的计算机来增加新的服务。因特网包含由多个公司和组织运营的网络和子网络构成的大规模网络。这些网络受防火墙保护。防火墙通过阻止未授权消息的出入来保护内部网络。它可以在起点或者终点过滤掉传入和传出的消息，只允许电子邮件和Web的访问通过。

内部网络通过主干网彼此连接。主干网是一个具有高传输容量的网络链路，采用卫星连接、光纤电缆和其他高带宽电路。因特网的实现以及它所支持的服务解决了很多分布式系统方面的问题。

普适计算：移动设备技术和无线技术的迅速进步促进了小型可携带计算设备的融合。这些设备包括以下几种。

- 笔记本电脑。
- 手持设备，包括普通手机、智能手机、GPS设备、寻呼机、掌上电脑、摄像机和数码相机。
- 可穿戴设备，例如带有类似掌上电脑功能的智能手表。
- 嵌入式设备，比如洗衣机、hi-fi系统、汽车和电冰箱。

便携性和接入无线网络的便易能力使得移动计算成为可能。移动计算亦即在移动中计算，其中，设备能够访问自己内部网的信息或通过无线通信访问因特网。诸如打印机一类的资源可以通过移动设备远程使用。移动计算开辟了研究的新领域，包括位置感知和情景感知计算。

普适计算中的“普适”这个词所要表达的意思是，小型可移动设备将会越来越流行，以致它们可能不会被察觉。这样就可以在当前的用户环境中，利用用户设备的小的、廉价的计算能力。计算行为将是其物理位置的函数。 25

普适计算只有通过在网络上设备间的通信才能真正体现价值。例如，用户可以很方便地通过他们的手机控制洗衣机或者娱乐系统。同样，洗衣机可以向用户回传信号报告运行状态。

用户可以根据需要使用三种无线通信形式。第一种，使用无线LAN，它可以将信号向外传送100m（同一楼层）。这种LAN通过接入点或网关连接到因特网。第二种，使用移动电话（手机），连接到信号塔，再连接到互联网。移动电话可以通过这样的方式访问因特网上的信息，有时甚至可以通过内置的GPS模块显示设备所在位置。最后一种，使用家庭或单位的自组建网络，移动设备可以通过某个设备（比如打印机）连接至一个私人的无线网络。

通过适当架构的支持，用户可以在移动中通过移动设备浏览网页信息，使用内置GPS规划至目的地路线，等等。用户可以直接把手机里的文件和照片打印出来，也可以用一个连接到本地无线网络的投影仪把它们投射出来。

效用计算：近些年来，分布式计算资源更多地被看作公用资源，用户能够根据需求租用和使用，而无须拥有类似于水电等公用事业的基础设施。这产生了更多新的商业领域。

该效用模型既适用于物理资源，也适用于网络上的逻辑服务。

- **物理资源**，比如用户不需要拥有存储和计算，但根据需要可以向其提供。有的时候，用户可以请求设备来存储或者备份他们的多媒体数据，比如音乐、图片或者视频。可以通过服务定制向存储提供一定的运算能力。在其他情况下，用户可以向数据中心提出存储和处理带有体量和计算需求的大数据处理需求，如亚马逊和谷歌这样的公司能够为分布式处理需求提供这样的服务。

  虚拟化构成了所需资源扩展的基础，这意味着资源的提供可以是虚拟的，而不必是一个物理节 点。这在资源管理方面为服务供应商提供了更大的灵活性。

- **软件服务**，也可以在互联网上依据需求而使用。许多公司提供诸如电子邮件和日历的租赁服务。比如，谷歌公司捆绑了一系列商业服务，并称之为*谷歌应用*。这一服务是由软件服务的商定标准促成的。

“云计算”这个词用于作为公共设施代表分布式计算。云覆盖了一套足以支持大多数用户需求并且基于互联网的应用程序、存储和计算服务。这就允许用户摒弃本地存储和计算资源。云也可以把任何资源（无论是软件还是硬件）提升为一项服务。云的有效性源于易于销售的付费使用模式。另外，云在用户侧降低了对资源的要求，鼓励用户根据需求使用小型移动设备来实现所需的更大的计算和存储服务（见图 1-5）。

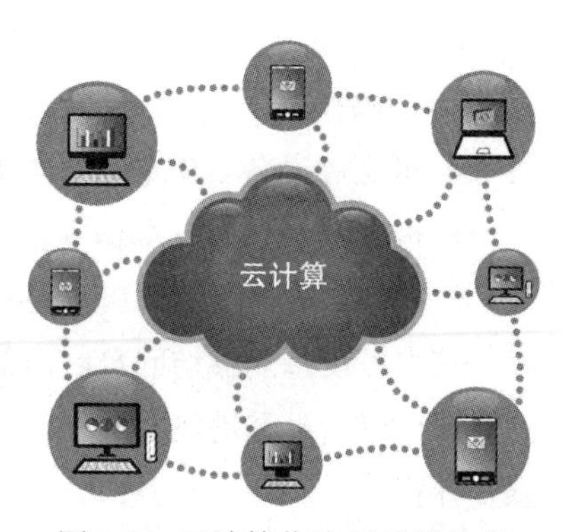

图 1-5 云计算作为基础设施 [8]

云是在计算机集群上实现的，计算机彼此之间相互连接，紧密合作，以提供单个高性能的大规模计算能力。它由运行标准系统（如 Linux）的商用硬件组成，通过本地网络彼此相连。像 HP、Sun 和 IBM 这样的公司提供高端的刀片解决方案。刀片服务器通常包含最低限度的运算和存储能力。刀片系统由许多刀片服务器组成。出于这个原因，很多刀片服务器的生产成本比商用计算机低得多。集群计算机的总体目标是提供一系列的云服务，包括高性能计算能力，大量存储（例如通过数据中心），以及更丰富的应用服务，如网络搜索（例如，谷歌依赖于一个庞大的集群计算机架构，以实现其搜索引擎和其他服务）。

1.7 高性能分布式计算系统示例

网络的无处不在，以及它们所提供的分布式服务，已成为我们日常生活的一部分，比如因特网、万维网、Web 搜索、在线游戏、电子邮件、社交网络、电子商务等。分布式系统的领域见证了近年来一些最重要的技术发展。了解底层技术的细微差别是学习现代计算的核心。

分布式计算系统越来越多地应用于一些解决大型数据问题的市场。在一些领域里可以看到分布式系统靓丽的身影。

金融与商业：由巨头亚马逊和易趣网主导的电子商务市场使得采购变得更加容易，增加了用户的购买能力。贝宝、谷歌钱包等服务彻底革新了支付技术。金融交易市场和网上银行解决方案也带来了因特网金融革命[15]。

信息社会：一直在增长的全球信息库万维网；网络搜索服务的兴起，比如谷歌搜索和微软必应；新兴的图书信息数字化，如谷歌图书；在媒体和信息库上迅速增长的用户生成的内容，如Youtube、维基百科和雅虎网络相册；社交网络服务，如载有用户相关内容的Facebook、Myspace和Twitter。

创意产业：在线游戏的兴起带动了游戏产业的发展，在线游戏具有更高的交互性和定制功能。通过因特网或家庭网络设备收看流媒体音乐和电影。在Youtube一类服务上的用户生成内容被视为用户创意的一种表达。这种创意得益于网络技术的鼓励。

医疗健康：与健康相关的信息学的发展，包括存储病人数据和相关私人问题；远程提供诊断和治疗的远程医疗，还支持高级远程医疗服务，如远程手术；迅速增长的网络和嵌入式系统生活辅助类解决方案，例如，在家庭监测老年人健康状况，并自动将相关情况通知给医生[17]。支持卫生团队之间的协作。

教育：新兴的网络学习工具，如虚拟教室、大规模开放在线课程（慕课）；远程学习支持；跨地区的协同学习支持。

运输与物流：使用GPS寻找路线的基于地理位置的服务，或者更为通用的交通管理系统；分布式系统的一个复杂例子则是无人驾驶机动车；基于网络和移动地图服务的兴起产生的有：谷歌地图、诺基亚地图、公开地图和谷歌地球。

科学：把诸如网格计算和云计算等分布式系统的原理应用于解决复杂的科学问题。这些服务为存储和处理大型科学数据提供解决方案。分布式计算还增强了世界范围内科学小组间的合作。

28

环境管理：把传感器技术与分布式系统相结合，使对自然环境的监测与管理更易于实施。这可用于灾害监测领域的应用，比如地震、洪水和龙卷风，并与应急响应协同；整理和分析全球环境参数，以更好地了解气候变化等复杂的自然现象。

Web：在过去的十年，每月有超过100亿的搜索请求，网络搜索已经成为一个主要的增长行业。网络搜索引擎应该索引Web的全部内容，其中包含各种信息的体系，包括网页、多媒体、书籍等。这是一项复杂的工作，因为产生的数据每一分都在保持增长，目前的统计显示，网络中有630亿个网页，1万亿个Web地址。搜索引擎对这个庞大的网络内容数据集进行复杂的处理。这个任务是分布式计算研究人员面临的主要挑战。作为Web搜索技术的领导者，谷歌已经投入了大量的努力，设计了一个支持搜索的复杂的分布式系统基础设施。在计算机的历史上，它们已经实现了一个最为复杂的分布式系统的安装。

- 大量连接的计算机构成了位于世界各地数据中心的底层物理基础设施。
- 为支持大型文件而设计的专用的分布式文件系统。（该系统已经经过优化，可持续高速读取文件。）
- 基于结构化分布式系统的支持，可以对庞大的数据集实现快速访问。

- 锁服务提供分布式锁和协议设施。
- 支持整个底层物理设施上庞大的并行和分布式计算的编程模型。

网络文件服务器：局域网由很多通过高速链路连接的计算机组成。在许多局域网中，通常分配一个单独的机器作为文件服务器。当用户请求访问一个文件时，服务器上的操作系统就对这一请求进行验证和检查授权，随后给出通过与否的处理。请求文件和服务器进程的用户进程必须共同执行文件访问 / 传输协议。

银行网络：分布式 ATM 网络使账户持有人可以从设置在不同的城市的不同账户进行取款。根据银行的一项最新协议，可以在一家银行的 ATM 上使用另一家银行的银行卡。这些借记业务由各自银行进行记录并重新进行结算。

29

对等网络：P2P 网络的发展可以归功于纳普斯特（Napster）的成功。纳普斯特系统分享的音乐直接来自用户的计算机上，而不是其系统内部。用户之间形成网络，并共享带宽下载文件。纳普斯特使用中央存储库存储文件目录列表。后来的系统（如 Gnutella）则避免使用中央服务器或中央目录。P2P 网络从那以后一直应用于共享文件之外的领域。比如，美国加州大学伯克利分校（UCB）创建了海量存储方案，它是一种底层 P2P 网络上的数据归档机制。

过程控制系统：网络也广泛应用于工厂，以监督生产和维护的过程。设法让控制器保持室内压力在 200psi ⊖，随着蒸汽压力增加后，温度也有增加的趋势，所以还需另一个控制器控制冷却剂的流动，冷却剂可以确保室内温度不超过 200°F ⊜。这是一个简单的分布式系统示例，由独立控制器进行监视和控制，以保持系统参数间关系恒定。

参考文献

1. Stevens, Richard. *UNIX Network Programming, Volume 2, Second Edition: Interprocess Communications*. Prentice Hall, 1999. ISBN 0-13-081081-9.
2. Patterson, David A. and John L. Hennessy (2007). *Computer architecture : a quantitative approach, Fourth Edition*, Morgan Kaufmann Publishers, p. 201. ISBN 0-12-370490-1.
3. Jean Dollimore, George Coulouris, and Tim Kindberg, *Distributed Systems: Concepts and Design*, Addison-Wesley Publishers Limited 1988.
4. Sukumar Ghosh, *Distributed Systems: An Algorithmic Approach*, Taylor & Francis Group, LLC, 2007.
5. Buyya, Rajkumar. *High performance cluster computing*. New Jersey: F'rentice 1999.
6. Berman, Fran, Geoffrey Fox, and Anthony JG Hey, eds. *Grid computing: making the global infrastructure a reality*. Vol. 2. John Wiley and sons, 2003.
7. Joseph, Joshy, Mark Ernest, and Craig Fellenstein. *Evolution of grid computing architecture and grid adoption models*. IBM Systems Journal 43.4 pp. 624-645, 2004.
8. Lampson, Butler W., Manfred Paul, and Hans Jrgen Siegert. *Distributed systems-architecture and implementation, an advanced course*. Springer-Verlag, 1981.
9. Tanenbaum, Andrew, and Maarten Van Steen. *Distributed systems*. Pearson Prentice Hall, 2007.
10. Barroso, Luiz Andr, Jeffrey Dean, and Urs Holzle. *"Web search for a planet: The Google cluster architecture."* Micro, Ieee 23.2 pp. 22-28, 2003.

⊖ 1psi=6.895×10^3Pa。——编辑注

⊜ $\frac{t}{℃}=\frac{5}{9}\left(\frac{\theta}{℉}-32\right)$，其中 t 表示摄氏温度，F 表示华氏温度。——编辑注

11. Bernstein, Philip A. *"Middleware: a model for distributed system services."* Communications of the ACM 39.2 pp. 86-98, 1996.
12. Ghemawat, Sanjay, Howard Gobioff, and Shun-Tak Leung. *"The Google file system."* ACM SIGOPS Operating Systems Review. Vol. 37. No. 5. ACM, 2003.
13. Thain, Douglas, Todd Tannenbaum, and Miron Livny. *Distributed computing in practice: The Condor experience.* Concurrency and Computation: Practice and Experience 17.24 pp. 323-356, 2005.
14. Mirkovic, Jelena, et al. *Internet Denial of Service: Attack and Defense Mechanisms* (Radia Perlman Computer Networking and Security). Prentice Hall PTR, 2004.
15. Sarwar, Badrul, et al. *"Analysis of recommendation algorithms for e-commerce."* Proceedings of the 2nd ACM conference on Electronic commerce. ACM, 2000.
16. Dikaiakos, Marios D., et al. *"Cloud computing: distributed internet computing for IT and scientific research."* Internet Computing, IEEE 13.5 (2009): 10-13.
17. Coiera, Enrico. *"Medical Informatics, the Internet, and Telemedicine."* London: Arnold (1997).

30 ~ 32

第2章

Hadoop 入门

Apache Hadoop 是一个软件框架，它能够通过使用简单的计算机编程构造 / 模型，对计算机集群上的大型数据集进行分布式处理。它能够从单一服务器扩展到上千个节点，可以检测应用层面的故障，而不是依靠硬件的高可用性在易于出现故障的商用硬件节点集群顶部提供高可用的服务[2]。Hadoop 可以在单一机器上运行，而它的真正实力在于它可以扩展到几千台计算机，每台计算机都有多个处理器内核，而且它能在整个集群上有效地分配工作[1]。

Hadoop 范围的底端很有可能是 GB 级规模，但是它起初是用来处理 TB 级甚至 PB 级指令网络规模的。这个规模的数据集甚至不适合单个计算机的硬盘驱动器中的数据处理，更不用说内存了。Hadoop 的分布式文件系统将这些数据分成块，把它们分配给几台计算机。所有数据块上的进程计算都是并行进行的，从而尽可能高效地计算出结果。

因特网时代已经过去，现在我们正在走进数据时代。以电子方式存储的数据量无法轻易测量；据互联网数据中心（IDC）估计，2006 年数据空间的总规模为 0.18ZB，到 2011 年增长 10 倍，达到 1.8ZB[9]。1ZB=10^{21} 字节 =10^3EB=10^6PB=10^9TB。这大致相当于全世界每个人有一个磁盘驱动器[10]。这么大量的数据有很多来源。从以下几方面进行考虑。

- 纽约股票交易每天大概产生 1TB 的交易数据。
- 脸书网（Facebook）大约有 100 亿张照片，占用了 1PB 的存储空间。家谱网（Ancestry.com）存储了大约 2.5PB 的数据。
- 因特网档案馆存储了大约 2PB 的数据，并且正在以每月 20TB 的速度增长。
- 瑞士日内瓦附近的大型强子对撞机每年产生大约 15PB 的数据。

2.1 Hadoop 简介

Hadoop 是由 Apache Lucene 的创始人 Doug Cutting 开发的，是一种广泛使用的文本搜索库。开源的 Web 搜索引擎 Apache Nutch 项目对 Hadoop 的构建起了重大的作用[1]。

Hadoop 不是一个缩略词，它是一个自造的名字。项目的创建者 Doug Cutting 揭示了名字的由来：

> 它是我的孩子给一只黄色的毛绒大象起的名字。非常短，比较容易拼写和发音，没有任何意义，别的地方都没有用过：这就是我命名的标准。孩子对这种事很擅长。

从零开始建造一个网络搜索引擎很有挑战性，因为这不仅要面临开发一个软件对网页进行抓取和索引的挑战，而且由于很多方面还没有成型，所以要在没有操作团队的情况下运行也是个难题。据估计，建设一个 10 亿页的索引将耗资约 50 万美元，每月的维护费用是 3 万美元 [4]。尽管如此，这仍然是一个值得追寻的目标，因为搜索引擎的算法已经面向全世界接受检视与改善。

Nutch 项目开始于 2002 年，时值爬虫和搜索系统正在迅速发展。然而，他们很快意识到他们的系统无法扩展到 10 亿页。2003 年谷歌公司及时发布了谷歌文件系统架构，即 GFS，它正好派上了用场 [5]。GFS 或类似的系统足以解决它们在网页抓取和索引过程中产生的超大型文件的存储需求。GFS 尤其节省了它们原本花在维护存储节点上的时间，可以致力于 Nutch 分布式文件系统（NDFS）的研究。

2004 年，谷歌又发表了一篇论文，将 MapReduce 介绍给全世界。2005 年年初，Nutch 的研发者在 Nutch 上有效地实现了 MapReduce，到年中，大多数的 Nutch 算法被移植到 MapReduce 和 NDFS 上。

NDFS 和 Nutch 上 MapReduce 的实现，在 Nutch 以外的领域得到了应用。2006 年 2 月，它们从 Nutch 中剥离出来，形成了独立的子项目，叫作 Hadoop。与此同时，Doug Cutting 加入了雅虎公司，这让他有机会接触到专门的团队和资源，并将 Hadoop 建成可以在网络范围运行的系统。Hadoop 的产品搜索索引宣称是由 10 000 个节点的 Hadoop 集群生成的 [6]。

34

2008 年 1 月，Hadoop 被提升为 Apache 的顶级项目，确立了它的成功地位和多样的活跃社区。此时，除了雅虎之外，还有很多其他公司使用 Hadoop，如 Last.fm、脸书网和《纽约时报》。

当《纽约时报》使用亚马逊的 EC2 计算云将该报 4TB 的扫描档案转换成可供 Web 使用的 PDF 文件时，Hadoop 的能力得到了证明，并被公认为分布式计算领域的杰出代表 [7]。这个项目正是在 Hadoop 和云备受关注的时候出现的。如果没有来自亚马逊公司流行的按小时付费的云模型，就不可能尝试这个项目了。《纽约时报》使用了大概 100 台计算机以及 Hadoop 易于使用的并行编程模型 24 小时处理该任务。

Hadoop 的成功没有止步于此，2008 年 4 月，它打破了世界纪录，成为 1TB 数据排序最快的系统。它用 910 个节点的集群，耗时 209s 完成 1TB 数据的排序，打破了 2007 年纪录保持者 297s 的纪录。一切并没有结束，同年，谷歌不久便发布，该公司的 MapReduce 实现了用 68s 就完成 1TB 数据的排序 [8]。之后，雅虎公司宣布打破了谷歌的纪录，用了 62s 完成排序。

2.2 Hadoop 生态系统

Hadoop 是一个通用的处理框架，用于在 TB 级到 PB 级存储规模的数据集上执行查询和批量读取操作。其生态系统如图 2-1 所示。HDFS 和 MapReduce 提供了一个用于处理大型通用硬件集群上大量并行数据的可靠容错软件框架（拥有扩展到数千个节点的潜能）。

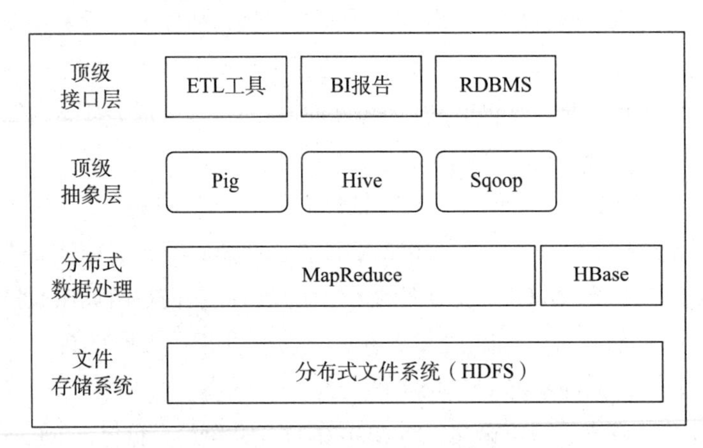

图 2-1 Hadoop 生态系统 [14]

Hadoop 以无可比拟的价格 – 性能曲线，满足了很多机构对灵活数据分析能力的需求。数据分析功能的灵活性使其可以适用于各种格式的数据，从非结构化数据（如原始文本）到半结构化数据（如日志）再到具有固定模式的结构化数据。

在应用大规模服务器场收集多种来源数据的运行环境中，Hadoop 可以在同一服务器后台运行批处理作业的情况下，处理并行查询。这样一来，就不需要附加硬件来运行传统数据库系统了（假设该系统能够扩展至要求大小）。将数据加载到另一个系统花费的时间与精力也减少了，因为它可以直接在 Hadoop 上处理。这一点在超庞大数据集上就不适用了 [14]。

35 Hadoop 生态系统还包括其他解决特定需求的工具。

Common：分布式文件系统的一组组件、接口和通用 I/O（序列化、Java RPC、持久性数据结构）。

Avro：高效、跨语言 RPC 和持久性数据存储的序列化系统。

MapReduce：在商用机大型集群上运行的分布式数据处理模型和执行环境。

HDFS：在商用机大型集群上运行的分布式文件系统。

Pig：开发大型数据集的数据流语言和执行环境。在 HDFS 和 MapReduce 集群上运行 [6]。

Hive：分布式数据仓库。管理 HDFS 中的数据存储，向数据查询提供基于 SQL 的查询语言（由运行时引擎翻译成 MapReduce 作业）[7]。

HBase：一个分布式的、面向列的数据库。使用 HDFS 作为底层存储，同时支持使用 MapReduce 的批处理计算和点查询（随机读取）[18]。

36

ZooKeeper：一个分布式的、高度可用的协调服务。提供原语，如可用于构建分布式应用程序的分布式锁 [19]。

Sqoop：一种在关系数据库与 HDFS 间移动数据的有效工具。

Cascading：MapReduce 是一种强大的通用计算框架，但是因为 API 的低级抽象、Java 的冗长和 MapReduce 的相对僵化，不利于有些普通算法的表示，所以很难在 Hadoop Java API 中为 MapReduce 编写程序。Cascading 是最流行的高级 Java API，它可以把 MapReduce 编程的很多复杂性隐藏在更直观的管道和数据流抽象之后。

Twitter Scalding：众所周知，Cascading 使用管道和自定义数据流为 Java 的大量 API 提供了接近的抽象。它还会受到 Java 的局限性和冗长性的影响。Scalding 是 Cascading 之上的 Scala API，除去大部分的 Java 样板代码，实现类似 SQL 和 Pig 的简洁通用数据分析和操作函数。Scalding 还提供了代数和矩阵模型，在实现机器学习和其他线性代数相关算法方面十分有用。

Cascalog：Cascalog 以类似于 Scalding 的方式将 Java 的局限性隐藏在一个强大的 Clojure API 后面。它包括受 Datalog 启发的逻辑编程构造。这个名字源于 Cascading 加上 Datalog。

Impala：它是 Hadoop 的可扩展并行数据库技术，在没有任何数据移动或变换的情况下，它可以用来对 HDFS 和 Apache HBase 中存储的数据启动 SQL 查询。它是一个在 Hadoop 本地运行的大规模并行处理引擎。

Apache BigTop：它原本是 Cloudera 的 CDH 分布，用于监测 Hadoop 生态系统。

Apache Drill：它是 Google Drell 的一个开源版本，用于大型数据集的交互分析。Apache Drill 的主要目标是实现大型数据集的实时查询和将集群扩展到大于 10 000 个节点。它用来支持嵌套数据，但是也支持其他数据模式，比如 Avro 和 JSON。主要语言 DrQL 是 SQL 类语言 [20]。

Apache Flume：它负责“源”和“汇”之间的数据传输，可以在事件发生时调度或触发。它用来收集、聚合、移动 Hadoop 内外的大量数据。它支持源、Avro、文件、汇、HDFS 和 HBase 的不同数据格式。它有一个查询引擎，数据在源与汇间移动前，用户可以对数据进行转换。

37

Apache Mahout：它是一套在 Java 上实现的可伸缩型数据挖掘和机器学习算法。四组主要算法是：

- 产品推荐，又称协作筛选
- 分类，又称归类
- 聚集
- 频繁项集挖掘，又称并行频繁模式挖掘

它不仅仅是一组算法，因为许多机器学习算法是不可扩展的，所以 Mahout 算法天生就编写成分布式的，并执行 MapReduce 范式。

Oozie：用来管理和协调在 Hadoop 上执行的作业。

2.3 Hadoop 分布式文件系统

Hadoop 分布式文件系统（HDFS）用来在通用硬件上运行。尽管它和其他分布式系统有很多相似之处，但是区别是非常明显的。它具有极高的容错能力，而且运行在低成本硬件上。它还能提供高吞吐量信息存储，因此可以用来存储和处理大型数据集。为了保证数据流，它放宽了一些 POSIX 标准。HDFS 原本是为 Apache Nutch 项目建立的，后来被分流到 Apache 的一个独立项目中[21]。

HDFS 在设计上能够为大数据集提供可靠存储，允许用户使用高带宽数据流应用。通过在服务器间分配存储和计算，资源可以根据要求扩展或缩减，从而保持其经济性，不浪费成本。

从某种意义上说，HDFS 不同于其他的分布式文件系统，它使用一次写入多次读取模式放宽并发的要求，提供了简单的数据一致性，并实现高吞吐量的数据访问[22]。HDFS 的优势在于其原理，它在数据附近完成处理过程，而不是将数据移动到应用空间，这样做被证实效率更高。数据写入限于每次允许一个编写者写入。把字节附加到流的末端，并存储在已写入的序列中。HDFS 具有许多重要设计目标。

38

- 通过故障检测和快速恢复的方法确保容错性。
- MapReduce 数据流访问。
- 简单而稳固的一致性模型。
- 计算移动而不是数据移动。
- 支持异构商用硬件和操作系统。
- 存储和处理大量数据方面的可扩展性。
- 低成本实现跨集群数据分布和处理。
- 通过在节点间复制数据和重新部署进程处理故障，以确保可靠性。

2.3.1 HDFS 的特性

HDFS 的特性如下。

硬件故障：硬件故障在集群中较为常见。Hadoop 集群由几千台机器组成，每台机器都存储一部分数据。HDFS 由数量庞大的组件构成，因此在任何时间点都很有可能出现故障。对于这些故障的探测和迅速恢复的能力是这一架构的核心部分。

流式数据访问：在 HDFS 上运行的程序需要访问流式数据。这些程序无法在通用文件系统上运行。HDFS 允许通过高吞吐量数据访问实现大规模批量处理，放宽 POSIX 要求以满足高吞吐率的特殊需要。

大型数据集：基于 HDFS 的应用主要用于大型数据集。一个典型的文件大小在高 GB

和低 TB 级之间。需要提供高带宽以支持一个集群中几百个节点上数以百万计的文件。

简单的一致性模型：文件的一次写入多次读取访问模型使高吞吐量数据访问成为可能，因为数据一旦写入就不需要改变，从而简化了数据的一致性问题。基于 MapReduce 的一个应用程序就利用了这一模型。

计算移动而非数据移动：如果在数据附近运行，那么任何计算都是高效的，因为它避免了网络传输的瓶颈。把计算向数据移动是基于 HDFS 编程的基本条件。在执行之前，HDFS 提供所有必要程序接口，以便在执行之前将计算移动到数据附近。

39

异构硬件和软件移植：HDFS 适于在商用硬件上运行，它可以拥有多个平台。这一特点使这一平台被广泛应用于大规模计算。

HDFS 的缺陷如下。

低延时数据访问：高吞吐量数据访问是以延时为代价的，延迟敏感的应用程序不适用于 HDFS。已经证明 HBase 在处理低延迟和大规模数据访问方面具有应用前景。

大量的小文件：文件系统的元数据存储在名称节点（主节点）的内存中。它对文件数量的限制取决于名称节点的内存大小。通常每个文件、目录和块占据 150 字节。比如，如果你有 100 万份文件，每个文件占据一个块，就需要至少 300MB 的内存。存储数以百万计的文件似乎是可能的，但硬件无法容纳数十亿的文件 [24]。

2.3.2　名称节点和数据节点

HDFS 架构是基于流行的主从架构建立的。一个 HDFS 集群包含一个主服务器，主服务器负责管理文件系统名称空间和控制文件访问，称作*名称节点*。还有一些类似于从属节点的*数据节点*。通常每个集群节点只有一个数据节点，用来管理存储在节点上的数据。HDFS 文件系统独立于主文件系统，允许数据存储在自己的名称空间里。名称节点通常允许文件系统操作，比如打开、关闭和对文件及目录进行重命名。它也维护数据块和数据节点映射信息。数据节点处理读写请求。根据名称节点的指令，执行块的创建、删除和复制操作。HDFS 架构的示意图如图 2-2 所示。

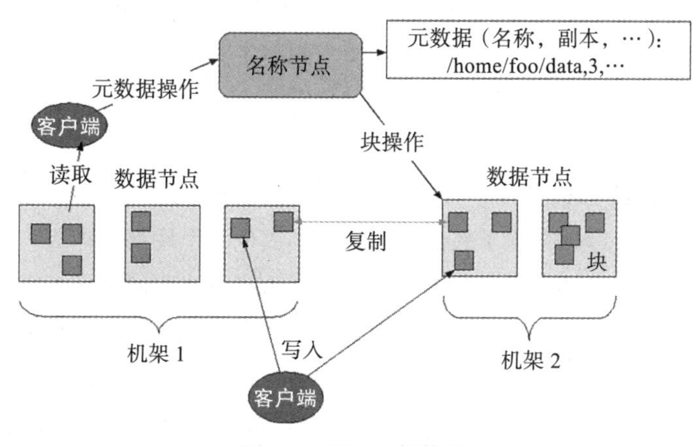

图 2-2　HDFS 架构 [1]

名称节点和数据节点是 HDFS 提供的在异构商用机器上运行的软件服务。这些应用通常运行在基于 UNIX 或 Linux 的操作系统中，是使用 Java 编程语言构建的服务。任何支持 Java 运行环境的机器都能够运行名称节点和数据节点服务。由于 Java 编程语言的高度可移植性，HDFS 可以部署在广泛的机器上。典型的集群安装有一台主服务器，它专门运行名称节点服务。集群中其他计算机在每个节点运行数据服务的一个实例。尽管可以在一台机器上运行多个数据节点，但是现实中很少有人这样部署。

名称节点或者说主服务器的单个实例简化了系统的架构，对于 HDFS 的所有元数据起到仲裁和存储的作用。这样的设计可以产生通过名称节点的数据流。图 2-3 展示了 Hadoop 生态系统如何实现交互。

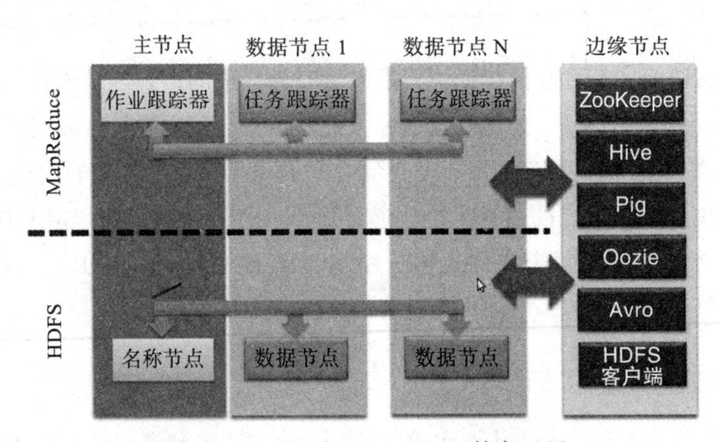

图 2-3　HDFS 和 MapReduce 的交互 [1]

2.3.3　文件系统

HDFS 的文件组织与传统的层级型系统相类似。用户或者程序能够在目录中创建和存储文件。在某种意义上，名称空间的层次结构与其他文件系统相似，可以创建、删除文件，或将文件从一个目录移动到另一个目录，甚至对文件重命名。HDFS 不支持硬链接或软链接。

40～41

文件系统名称空间的任何改变都通过名称节点进行记录。程序可以对 HDFS 维护的文件设定复制因子。单份文件的复制次数称为复制因子。

2.3.4　数据复制

尽管 HDFS 的集群分布在几千台机器中，但是它提供了一个可靠的存储机制。它把每个文件另存为一个块序列，除了最后一个之外，其他每个块都一样大。通过复制文件块保证了容错能力。每个文件块大小和复制因子可以由用户或程序进行配置。在文件创建过程中可以对复制因子进行设置，并能够在之后进行修改。HDFS 文件是一次写入的，严格遵循一次一个写入者的属性（见图 2-4）。

作为主服务器，有关数据块的复制全部由名称节点来决定。它接收心跳和来自集群数据节点的块报告，通过查看图 2-5 可以了解它如何工作。心跳意味着数据节点的正常运行，块报告则提供了数据节点中所有块的列表。

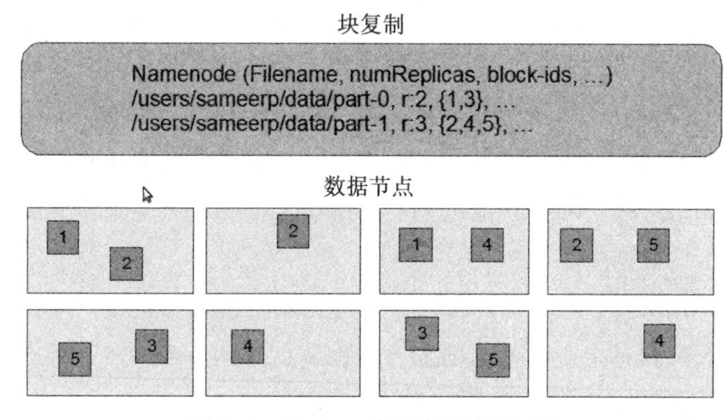

图 2-4 Hadoop 中的数据复制 [22]

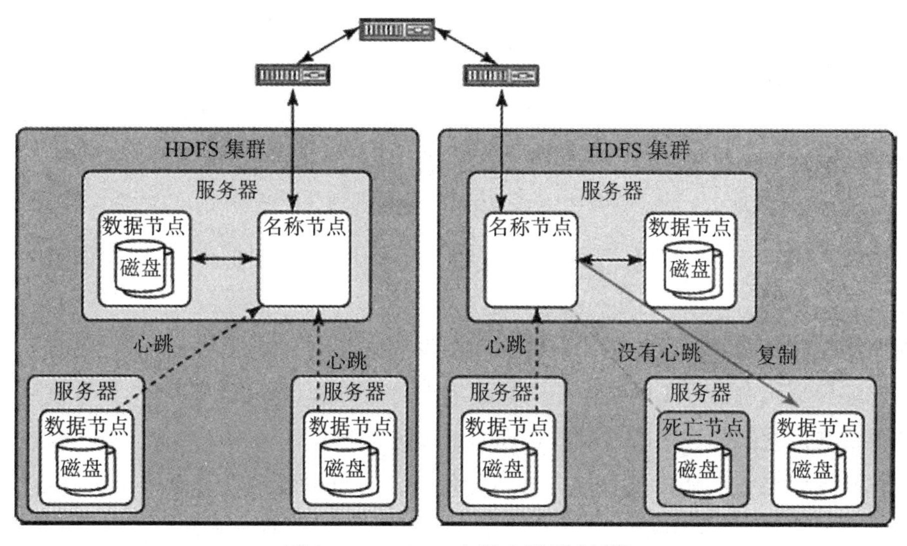

图 2-5 Hadoop 中的心跳机制 [22]

复制对于 HDFS 的可靠性至关重要，可以通过优化副本放置来提升性能。优化后的放置对于性能的提升贡献巨大，使它明显区别于其他文件系统。这需要大量的调试和丰富的经验才能优化适当。使用机架感知的复制策略提高数据的可用性、可靠性和高效的网络带宽利用率。它是同类策略中的首例，而且备受关注，同时，也出现了更好并且值得借鉴的复杂策略。

通常，大型 HDFS 实例跨越多个机架。机架间的通信通过交换机来完成。不同机架间的网络带宽小于相同机架中的机器。

名称节点可以感知每一个数据节点所属的机架 id。可以通过在单个机架中放置唯一的副本来实现简单的策略。这样一来，即使整个机架出现故障（虽然不太可能），另一个机架上的副本仍然可用。然而，这一策略代价较高，因为机架间的写入数量增加了。

比如，当复制因子是 3 时，HDFS 的放置策略是在每个机架上放置一个副本。这个策略减少了机架间写入，从而提高了性能。机架出现故障的概率远小于节点。当把一个副本放置在两个机架上而不是三个机架上时，这一策略明显降低了读取数据时所使用的带宽。三分之一的副本位于一个节点上，三分之一的副本位于另一台机架上，另外三分之一的副本则均匀地分布在剩余的机架上，这一策略提高了系统的性能，同时也提高了数据的可靠性和读写速率。

副本选择：选择读取较近的副本可以极大地减少全局带宽消耗和读取延时。如果副本在同一机架上，那么选择它而非其他机架上的副本。同样，如果副本跨数据中心，那么选择存有该副本的本地数据中心。

安全模式：HDFS 服务启动后，名称节点进入安全模式。它接收来自数据节点的心跳和块报告。每个块都载有指定数量的副本，名称节点对其是否存在进行检查。它也通过心跳对数据节点进行征询。一旦块的数量符合要求的百分比，名称节点就会退出安全模式(大概用时 30s)，并在其他数据节点上完成剩余的复制。

2.3.5　通信

在 HDFS 中，TCP/IP 协议是一切通信协议的基础。远程过程调用（RPC）是围绕客户端协议和数据节点协议设计的。名称节点不发起任何过程调用，它只回应客户端和数据节点发出的请求。

鲁棒性：HDFS 天生的容错能力确保了数据的可靠性。三种常见故障类型包括名称节点、数据节点和网络分区。

数据盘故障、心跳和再复制：名称节点接收数据节点的周期性心跳。网络分区、交换机故障能够导致所有通过该网络连接的数据节点对名称节点不可见。名称节点使用心跳检测集群上节点的状态，如果节点没有近期心跳或者未提出任何 I/O 请求，这些节点就被标记为死亡。死亡节点的任何数据部分都不能使用，并且名称节点会保持对这些块的跟踪，并在必要时触发复制。数据块的再复制有以下几种原因：数据节点故障，数据块损坏，存储盘故障，复制因子增加。

42～44

集群再平衡：数据再平衡规则与 HDFS 架构相兼容。当可用空间低于一定的阈值时，数据会自动从数据节点移走。如果文件在应用程序中重复使用，该规则会创建文件的额外副本，以再平衡集群上文件数据的需求。

数据的完整性：很多情况可以引起数据的损毁，比如存储设备故障、网络故障、软件漏洞等。为了识别受损数据块，HDFS 通过校验和（checksum）对检索的 HDFS 文件内容进行检查。每个数据块都有一个相关的校验和，校验和存储在同一个 HDFS 名称空间的单独隐藏的文件中。当检索到一个文件时，存储的校验和会对文件的质量进行检验。如果没有检索到，那么客户端可以从另一个数据节点请求数据块（见图 2-6）。

2.3.6　数据组织

数据块：HDFS 在设计上可以支持庞大的文件。在其上运行的应用，是以一次写入多次读取的方式编写的，其读取速度为流速度。HDFS 应用程序的标准数据块大小为

64MB。每个文件分成大小为 64MB 的块，并进行复制。

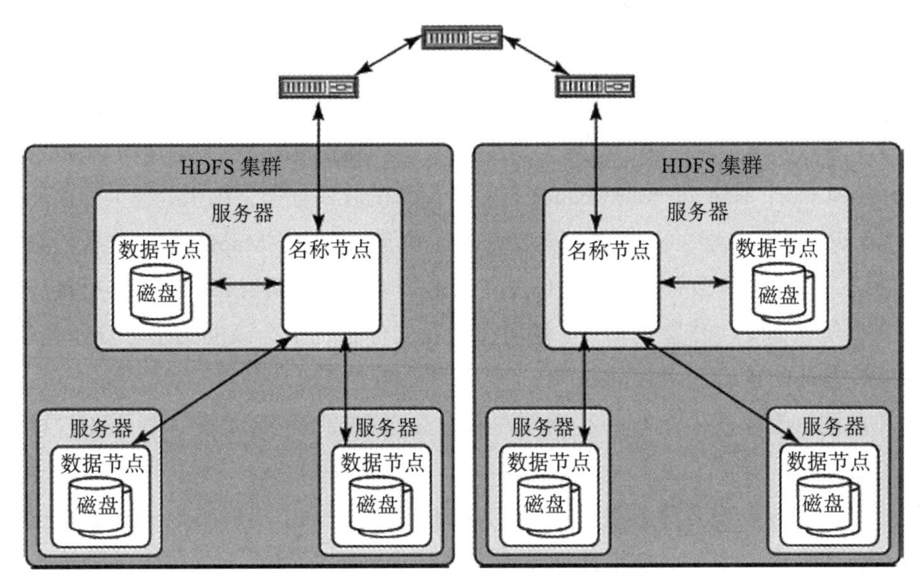

图 2-6 每一个集群包含一个名称节点。这种设计有利于简化管理每个名称空间和仲裁数据分布的模型 [22]

45

分段运输：创建文件的请求并不是立即传达到名称节点。起初，HDFS 客户端将文件数据缓存至临时的本地文件。应用程序的写入也重定向到这个临时文件中。当本地文件积累的内容超过了块的大小时，客户端就会报告给名称节点。名称节点在文件系统中创建一个文件，向其派送数据块，并以数据节点和数据块身份回应客户端。客户端从该临时文件向数据块对该块数据进行刷新。如果文件关闭了，就会告知名称节点，它会启动永久存储的文件创建操作。假设名称节点在操作执行前死亡，那么文件就丢失了。

以上方法的益处是允许对文件进行流式写入。如果客户端不进行缓冲而直接把文件写入远端文件，网速和网络拥堵会大幅地影响吞吐量。有些早期文件系统成功使用客户端缓存来提高性能。在 HDFS 下，POSIX 规则已经放宽，以实现数据的高效上传。

复制流水线：上面描述的本地文件缓存机制是用来将数据写入 HDFS 文件的。假设 HDFS 的复制因子是 3，本地文件积累了一块数据，客户端收到一个数据节点列表，列表来自要存储数据块副本的名称节点。客户端然后对第一个数据节点的数据块进行刷新。列表中的每个数据节点会收到大小为 4KB 的小块组成的数据块。第一个数据节点将块永久存储在它的存储库中，之后对第二个数据节点进行刷新。第二个数据节点同样将数据块存储在存储库中，然后继续刷新第三个数据节点。第三个数据节点将数据块同样永久存储在存储库中。数据节点通过流水线从前一个节点接收数据，同时又通过流水线向下一个节点发送数据。

2.4 MapReduce 准备工作

函数式编程：MapReduce 框架有利于大数据量的并行计算。这要求在多台机器上对工作量进行划分。由于没有内在的数据共享，且需要通信开销以保持数据同步，因此该模型的规模很大程度上妨碍了集群运转的可靠性和有效性。46

MapReduce 的所有数据元素都不能更新，也不能改变。如果在映射任务中更改（键，值）对，那么更改不会生效。在 Hadoop 系统将其转至下一执行阶段前，会创建一个新的输出（键，值）对。

MapReduce：Hadoop MapReduce 是一个简单的软件框架，用来处理大型商用硬件集群上高 TB 级范围的大量并行数据，具有可靠性和容错能力。MapReduce 作业将数据集分成独立的块，然后由许多并行的映射任务对其进行处理。框架对映射输出进行排序，之后再输入到化简任务中。作业的输入 / 输出存储在文件系统中。该框架还负责任务的计划、监控和失败任务的重启。在 Hadoop 中，存储和计算节点通常是相同的，MapReduce 框架和 HDFS 在同一套机器上运行。这就允许框架在已有数据的节点上计划作业，导致了整个集群的高吞吐量。

该框架由主节点或名称节点上的一个 JobTracker 和每个集群节点或数据节点上的一个 TaskTracer 组成。主节点负责计划作业，该作业在数据节点上将作为任务执行。名称节点负责对失败任务进行监控和再执行。

列表处理：作为范式，MapReduce 把输入数据的列表转换成输出数据列表。表处理的惯用语是 map 和 reduce。它们是某些函数式编程语言（如 Scheme、LISP 等）的原则。

映射列表：项列表每次向一个称为 mapper 的函数提供一个映射表，它将这些元素每次一个地转换成输出数据元素。例如，一个函数（如 toUpper）将一个字符串转换成它的大写版本，并将其应用于列表中的所有项目，输入的字符串没有修改，但是创建并返回的是一个新的转换过的字符串（见图 2-7）。

化简列表：把 mapper 的中间输出发送至 reducer 函数，该函数接收到输入值的迭代器，把这些值进行合并，而后返回一个输出（见图 2-8）。

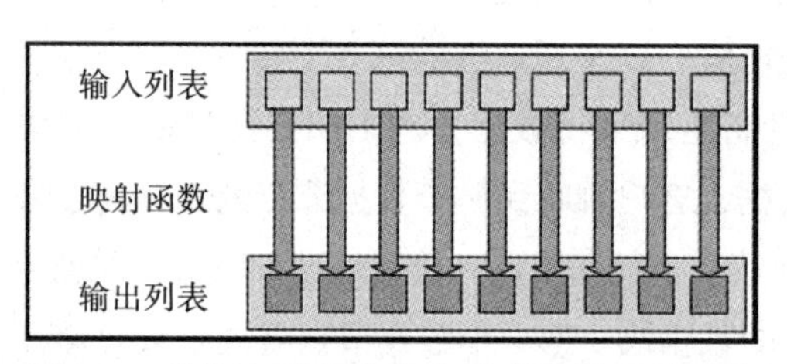

图 2-7　对输入列表的单个元素应用映射函数来创建一个新的输出列表 [22]

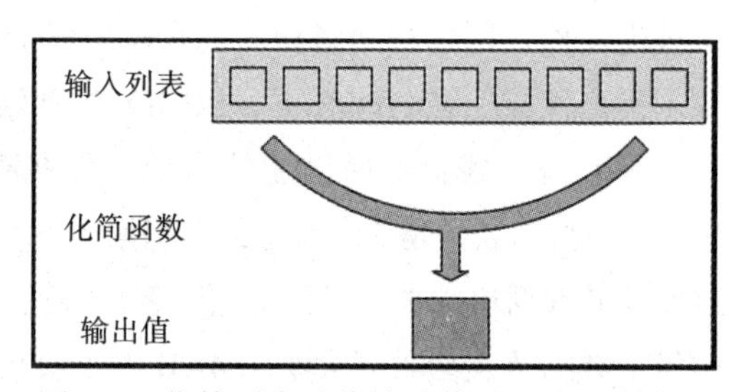

图 2-8　化简列表迭代输入值以生成聚合值作为输出 [22]

47

键和值：MapReduce 程序的每一个输入值都有一个与之关联的键。键标识相关的值。一组加了时间戳的不同汽车车速表的读数（即值），有着与之相对的车牌号码（即键）。

```
AAA-123 65mph, 12:00pm
ZZZ-789 50mph, 12:02pm
AAA-123 40mph, 12:05pm
CCC-456 25mph, 12:15pm
...
```

映射函数和化简函数不仅接收值，也接收（键，值）对。每一种函数的输出都是一样的，即必须向数据流中的下一个列表发送键和值。

在 mapper 和 reducer 如何运转方面，MapReduce 没有其他语言那么严格。在更为正规的函数映射和化简设置上，mapper 必须精确地做到每个输入元素只能生成一个输出元素，reducer 也只能为每个输入列表生成一个输出元素。在 MapReduce 中，每个阶段可以映射任意数量的值；mapper 可以为一个输入映射出 0 个、1 个或者 100 个输出。reducer 可以对一个输入列表计算并发布 1 个或者多个不同的输出结果。

以键划分化简空间：化简函数把一大张列表的值变成一个（或几个）输出值。在 MapReduce 中，通常不是所有的输出值一起化简。同一键的全部值由一个 reducer 一起处理。这一处理过程独立于其他值列表上进行的化简操作，会被标记上不同的键（见图 2-9）。

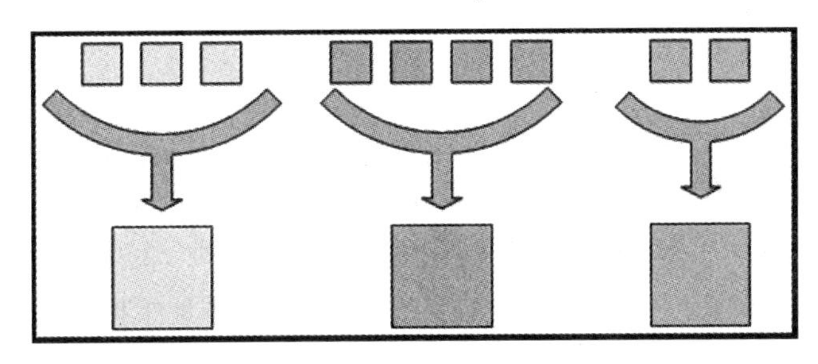

图 2-9　不同颜色代表不同键。同一键的所有值构成一个化简任务[22]

2.5　安装前的准备

Hadoop 集群的安装需要以下软件包。

1. 基于 Linux 的操作系统，最好是 Ubuntu。

2. Java 1.6 或更高版本。

3. 机器上安装 ssh。

步骤 1：检查系统 Java 环境。

```
user@ubuntu:~$ java -version
java version "1.6.0_27"
OpenJDK Runtime Environment (IcedTea6 1.12.6) (6b27-1.12.6-1
    ubuntu0.12.04.2)
OpenJDK 64-Bit Server VM (build 20.0-b12, mixed mode)
```

如果上述命令没有生成正确输出，执行下列命令。

```
user@ubuntu:~$ sudo apt-get install openjdk-6-jdk
```

在以下位置安装文件：

```
/usr/lib/jvm/java-6-openjdk-amd64
```

48～49

步骤 2：集群上节点间的通信通过 ssh 完成。在多节点集群上，通信设置为每个节点之间，在单节点集群上，本地主机作为服务器。

执行下列命令，安装 ssh。

```
user@ubuntu:~$ sudo apt-get install openssh-server openssh-
    client
```

安装完成后，生成一个 ssh 密钥。

```
user@ubuntu:~$ ssh-keygen -t rsa -P ""
Generating public/private rsa key pair.
Enter file in which to save the key (/home/user/.ssh/id_rsa):
Created directory '/home/hduser/.ssh'.
Your identification has been saved in /home/user/.ssh/id_rsa.
Your public key has been saved in /home/user/.ssh/id_rsa.pub.
The key fingerprint is:
9b:82:ea:58:b4:e0:35:d7:ff:19:66:a6:ef:ae:0e:d2 hduser@ubuntu
The key's randomart image is:
[...snipp...]
user@ubuntu:~$
```

注意：如果出现错误，必须检查 ssh 安装过程，重复步骤 2。

步骤 3：为了建立无密码通信，公钥从主机传送给从机，这将在下面的章节中讨论。在单节点集群中，从机和主机在同一台机器上，但通信在本地主机服务器上。

```
user@ubuntu:~$ cat $HOME/.ssh/id_rsa.pub >> $HOME/.ssh/
    authorized_keys
```

步骤 4：通过创建连接到本地主机的 ssh，测试无密码连接。

```
user@ubuntu:~$ ssh localhost
The authenticity of host 'localhost (::1)' can't be established.
RSA key fingerprint is d7:87:25:47:ae:02:00:eb:1d:75:4f:bb:44:f9
    :36:26.
Are you sure you want to continue connecting (yes/no)? yes
Warning: Permanently added 'localhost' (RSA) to the list of
    known hosts.
Linux ubuntu 2.6.32-22-generic #33-Ubuntu SMP Wed Apr 28
    13:27:30 UTC 2010 i686 GNU/Linux
Ubuntu 10.04 LTS
[...snipp...]
user@ubuntu:~$
```

50

如果出现连接失败，以下常规建议可能会有帮助：

- 使用 `ssh -vvv localhost` 启用调试，仔细研究出现错误的原因。
- 在 `/etc/ssh/sshd_config` 位置，检查 SSH 服务器设置，尤其是选项 `PubkeyAuthentication`（该项应设置为 yes）和 `AllowUsers`（如果该选项已激活，向用户添加 user 项）。如果你对 SSH 服务器配置文件进行了任何更改，可以通过命令 `sudo /etc/init.d/ssh reload` 强制配置重新加载。

2.6　单节点集群的安装

步骤 1：下载并提取 Hadoop 资源。

可以通过以下几种方法将 Hadoop 安装到电脑中。

- Ubuntu 的 Hadoop 软件包（.deb 格式）
- Hadoop 源代码
- 第三方 Hadoop 发行版（Cloudera、Hortonworks 等）

我们从源代码安装 Hadoop。从以下网址下载 Hadoop 1.0.3。

```
user@ubuntu:~$ wget https://dl.dropboxusercontent.com/u
    /26579166/hadoop-1.0.3.tar.gz
```

解压缩 Hadoop 的源代码（假设当前工作目录是主目录，可以选择你自己的目录）。

```
user@ubuntu:~$ sudo tar xzf hadoop-1.0.3.tar.gz
user@ubuntu:~$ sudo mv hadoop-1.0.3 hadoop
```

Hadoop 源代码所在路径：`/home/user/hadoop`。

步骤 2：更新系统，文件 `.bashrc` 在 `/home` 文件夹中。设置下列 Hadoop 使用方面的环境变量。

- 将 `HADOOP_HOME` 设置为提取文件夹，如步骤 1 所示。
- 将 `JAVA_HOME` 设置为已安装的 Java 路径，如 2.5 节步骤 1 所示。
- 将 `HADOOP_HOME/bin` 添加到系统路径中，以便可执行文件对全系统可见。

```
# Set Hadoop-related environment variables
export HADOOP_HOME=/home/user/hadoop
export JAVA_HOME=/usr/lib/jvm/java-6-openjdk-amd64
export PATH=$PATH:$HADOOP_HOME/bin
```

51

步骤 3：配置 Hadoop 很简单，只需要在路径 `/home/user/hadoop/conf` 下找到下列文件，并进行更改。

- `hadoop-env.sh`：设置 `JAVA_HOME` 环境变量，这仅限于 Hadoop 环境设置。

  将

```
# The java implementation to use.  Required.
# export JAVA_HOME=/usr/lib/j2sdk1.5-sun
```

更改为

```
# The java implementation to use.  Required.
export JAVA_HOME=/usr/lib/jvm/java-6-openjdk-amd64
```

- `core-site.xml`：设置 HDFS 路径，也即文件系统安装和数据存储的位置。创建一个文件夹 `/home/user/hadoop_tmp` 作为存储位置。由于文件是 `xml` 格式，因此将变量设置为 `property`。

  将

```
<property>
  <name>hadoop.tmp.dir</name>
  <value>Enter absolute path here</value>
  <description>A base for other temporary directories.
      </description>
</property>
```

更改为

```
<property>
  <name>hadoop.tmp.dir</name>
  <value>/home/user/hadoop_tmp</value>
  <description>A base for other temporary directories.
      </description>
</property>
```

最后 core-site.xml 呈现以下样式：

```
<?xml version="1.0"?>
<?xml-stylesheet type="text/xsl" href="configuration.xsl"?>

<configuration>
<property>
  <name>hadoop.tmp.dir</name>
  <value>/home/user/hadoop_tmp</value>
  <description>A base for other temporary directories.
      </description>
</property>

<property>
  <name>fs.default.name</name>
  <value>hdfs://localhost:54310</value>
  <description>The name of the default file system. A URI
      whose scheme and authority determine the FileSystem
      implementation. The uri's scheme determines the config
      property (fs.SCHEME.impl) naming the FileSystem
      implementation class.  The uri's authority is used to
      determine the host, port, etc. for a filesystem.
  </description>
</property>
</configuration>
```

52

- mapred-site.xml：包含设置 / 取消 MapReduce 作业的配置参数。其中一个参数是 JobTracker 的地址。

  将下列代码添加到该文件中：

  ```
  <property>
    <name>mapred.job.tracker</name>
    <value>localhost:54311</value>
    <description>The host and port that the MapReduce job
        tracker runs at. If "local", then jobs are run in-
        process as a single map and reduce task.
    </description>
  </property>
  ```

- hdfs-site.xml：在该文件中，通过添加以下配置对复制因子进行设置 / 取消：

```
<property>
  <name>dfs.replication</name>
  <value>1</value>
  <description>Default block replication. The actual number
      of replications can be specified when the file is
      created. The default is used if replication is not
      specified in create time.
  </description>
</property>
```

步骤 4：格式化文件系统。

到目前，更改后的环境变量和配置文件已经能够适应集群的需要。安装 HDFS 意味着对安装路径即 /home/user/hadoop_tmp 进行格式化，如步骤 3 所示。

执行下列命令：

```
user@ubuntu:~$ ./hadoop/bin/hadoop namenode -format
```

格式化成功的预期输出如下：

53

```
user@ubuntu:~$ ./hadoop/bin/hadoop namenode -format
13/10/18 10:16:39 INFO namenode.NameNode: STARTUP_MSG:
/************************************************************
STARTUP_MSG: Starting NameNode
STARTUP_MSG:   host = ubuntu/127.0.1.1
STARTUP_MSG:   args = [-format]
STARTUP_MSG:   version = 1.0.3
STARTUP_MSG:   build = https://svn.apache.org/repos/asf/hadoop/
    common/branches/branch-1.0 -r 1335192; compiled by 'hortonfo'
     on Tue May  8 20:31:25 UTC 2012
************************************************************/
13/10/18 10:16:39 INFO util.GSet: VM type       = 64-bit
13/10/18 10:16:39 INFO util.GSet: 2% max memory = 17.77875 MB
13/10/18 10:16:39 INFO util.GSet: capacity      = 2^21 = 2097152
    entries
13/10/18 10:16:39 INFO util.GSet: recommended=2097152, actual
    =2097152
13/10/18 10:16:39 INFO namenode.FSNamesystem: fsOwner=user
13/10/18 10:16:39 INFO namenode.FSNamesystem: supergroup=
    supergroup
13/10/18 10:16:39 INFO namenode.FSNamesystem: isPermissionEnabled
    =true
13/10/18 10:16:39 INFO namenode.FSNamesystem: dfs.block.
    invalidate.limit=100
13/10/18 10:16:39 INFO namenode.FSNamesystem:
    isAccessTokenEnabled=false accessKeyUpdateInterval=0 min(s),
    accessTokenLifetime=0 min(s)
13/10/18 10:16:39 INFO namenode.NameNode: Caching file names
    occuring more than 10 times
13/10/18 10:16:39 INFO common.Storage: Image file of size 109
    saved in 0 seconds.
13/10/18 10:16:40 INFO common.Storage: Storage directory /home/
    user/hadoop_tmp/dfs/name has been successfully formatted.
13/10/18 10:16:40 INFO namenode.NameNode: SHUTDOWN_MSG:
/************************************************************
SHUTDOWN_MSG: Shutting down NameNode at ubuntu/127.0.1.1
************************************************************/
user@ubuntu:~$
```

注意：在格式化之前通常需要关闭集群。

步骤 5：文件系统安装完成后，启动集群，检查是否所有的框架进程都正常运行。

执行命令：

```
user@ubuntu:~$ /usr/local/hadoop/bin/start-all.sh
```

54

它会启动机器上的名称节点、数据节点、Jobtracker 和一个 Tasktracker 作为守护进程服务。

```
user@ubuntu:~$ ./hadoop/bin/start-all.sh
starting namenode, logging to /home/user/hadoop/libexec/../logs/
    hadoop-user-namenode-ubuntu.out
localhost: starting datanode, logging to /home/user/hadoop/
    libexec/../logs/hadoop-user-datanode-ubuntu.out
localhost: starting secondarynamenode, logging to /home/user/
    hadoop/libexec/../logs/hadoop-user-secondarynamenode-ubuntu.
    out
starting jobtracker, logging to /home/user/hadoop/libexec/../
    logs/hadoop-user-jobtracker-ubuntu.out
localhost: starting tasktracker, logging to /home/user/hadoop/
    libexec/../logs/hadoop-user-tasktracker-ubuntu.out
user@ubuntu:~$
```

要检查是否所有的守护进程服务都发挥作用，需要用到内置的 Java 进程工具：

```
jps
```

```
user@ubuntu:~$ jps
21128 Jps
20328 DataNode
20596 SecondaryNameNode
20689 JobTracker
20976 TaskTracker
19989 NameNode
```

注意：如果以上任何一个服务丢失，可以通过在 /home/user/hadoop/logs 中查看日志进行调试。

步骤 6：关闭集群。

执行下列命令以关闭所有守护进程：

```
user@ubuntu:~$ ./hadoop/bin/stop-all.sh
```

输出：

```
user@ubuntu:~$ ./hadoop/bin/stop-all.sh
stopping jobtracker
localhost: stopping tasktracker
stopping namenode
localhost: stopping datanode
localhost: stopping secondarynamenode
user@ubuntu:~$
```

55

2.7 多节点集群的安装

为实现多节点集群的简易安装，建议在集群的节点上按照 2.6 节单节点安装要点安装和设置 Hadoop。在单节点的情况下，主机和从机在同一台机器上，安装后，问题就仅仅是如何对它们进行识别了。

在这里，尝试创建一个具有两个节点的多节点集群，如图 2-10 所示。调整 Hadoop 配置，将一个 Ubuntu box 作为“主机”(也可以是从机)，另一个 Ubuntu box 作为“从机”。

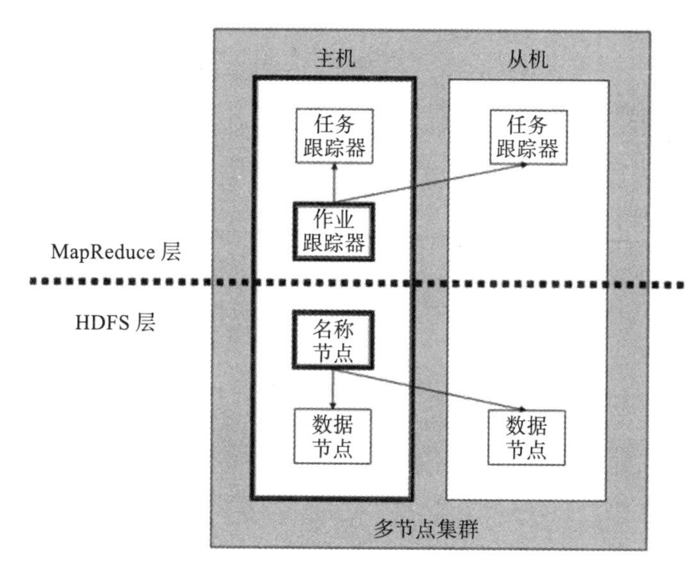

图 2-10 多节点集群概览

注意：

1. 从现在开始，把指定的主机称为 `master`，把从机称为 `slave`。在它们的网络设置上，会用到这两台机器各自的主机名，最多的是在 `/etc/hosts` 位置。如果你的机器的主机名不同（比如，“node01”），那么必须适当更改当前位置的设置。

2. 进行下一步之前，如果还没有关闭单节点集群，那么可以使用命令 `bin/stop-all.sh` 将每一个单节点集群关闭。

步骤 1：网络搭建。

56

创建多节点集群时，通常认为集群中的所有节点都可以通过网络进行访问。理想情况下，它们都接入一个集线器或者交换机。例如，连接到交换机的机器，通过地址序列 `192.168.0.x/24` 识别。

因为采用的是双节点集群，所以分配给节点各自的 IP 地址为 `192.168.0.1` 和 `192.168.0.2`。使用下面的命令更新机器上的 `/etc/hosts`：

```
192.168.0.1     master
192.168.0.2     slave
```

步骤 2：网络上的 ssh 访问。

2.5 节和 2.6 节介绍过，通过生成 ssh 密钥并添加到 `authorized` 密钥列表，可以创建免密码登录。同样，将 `master` 节点上生成的密钥转移到每个 `slave` 节点上。只有这样做，Hadoop 作业才能在不需要用户验证的情况下启动和停止。

从 master 节点执行下列命令：

```
user@master:~$ ssh-copy-id -i $HOME/.ssh/id_rsa.pub user@slave
```

程序会要求你输入用户 user 在 slave 上的登录密码，复制 master 公钥并分配正确的目录和权限。

```
user@master:~$ ssh-copy-id -i $HOME/.ssh/id_rsa.pub user@slave
```

成功转移密钥后，测试每个由 master 节点到 slave 节点的连接。这一步同样需要将从主机密钥保存到 hduser@master 的 known_hosts 文件中。

master 到 master：

```
user@master:~$ ssh master
The authenticity of host 'master (192.168.0.1)' can't be
    established.
RSA key fingerprint is 3b:21:b3:c0:21:5c:7c:54:2f:1e:2d:96:79:eb
    :7f:95.
Are you sure you want to continue connecting (yes/no)? yes
Warning: Permanently added 'master' (RSA) to the list of known
    hosts.
Linux master 2.6.20-16-386 #2 Fri Oct 18 20:16:13 UTC 2013 i686
...
user@master:~$
```

57　master 到 slave：

```
user@master:~$ ssh slave
The authenticity of host 'slave (192.168.0.2)' can't be
    established.
RSA key fingerprint is 74:d7:61:86:db:86:8f:31:90:9c:68:b0
    :13:88:52:72.
Are you sure you want to continue connecting (yes/no)? yes
Warning: Permanently added 'slave' (RSA) to the list of known
    hosts.
Ubuntu 12.04
...
user@slave:~$
```

步骤 3：多节点配置。

参照 2.6 节的步骤 3，需要更改 /home/user/hadoop/conf 目录中的下列文件。

1. 所有机器上的 core-site.xml。

更改 fs.default.name 参数，指定名称节点（HDFS 中的 master）的主机和端口。在该示例中，它指的是主机。

将

```
<property>
  <name>fs.default.name</name>
  <value>hdfs://localhost:54310</value>
</property>
```

更改为

```
<property>
  <name>fs.default.name</name>
  <value>hdfs://master:54310</value>
</property>
```

2. 所有机器上的 hdfs-site.xml。

更改 dfs.replication 参数设置（在 conf/hdfs-site.xml 中），指定默认复制块。它描述了应该将单个文件复制到多少台机器上以供使用。

dfs.replication 的默认值为 3。然而，因为只有两个可用节点，所以把它设置为 2。

将

```
<property>
  <name>dfs.replication</name>
  <value>1</value>
</property>
```

58

更改为

```
<property>
  <name>dfs.replication</name>
  <value>2</value>
</property>
```

3. 所有机器上的 mapred-site.xml。

更改 mapred-site.xml 参数，指定 Job Tracker（MapReduce 中的 master）的主机和端口。同样，它就是该示例中的 master。

将

```
<property>
  <name>mapred.job.tracker</name>
  <value>localhost:54311</value>
  </property>
```

更改为

```
<property>
  <name>mapred.job.tracker</name>
  <value>master:54311</value>
</property>
```

4. master 节点上的 masters 文件。

这个文件用来标识 Namenode 和 Secondary Namenodes，并通过 IP 地址进行关联。输入已在 /etc/hosts 文件中分配为 master 的主机名称。

```
master
```

5. master 节点上的 slaves 文件。

该文件每行列出一个主机，Hadoop 的 slave 守护进程（DataNode 和 TaskTracker）在

其中运行。添加一个 master 作为 slave，以便它能够分担集群负载，同时避免了 master 计算资源的浪费。

```
master
slave
```

如果有附加的从节点，只要按照每行一个主机名称的形式，将它们添加到 slaves 文件中即可。

59

```
master
slave
anotherslave01
anotherslave02
anotherslave03
```

注意：通常，选定集群中的一台机器专门作为 NameNode，另外一台作为 JobTracker。这些就是实际上的“主节点”。集群的其他机器既作为 DataNode 也充当 TaskTracker。它们就是从节点或工作节点。

其他配置参数：还有一些配置选项值得研究。

在文件 conf/mapred-site.xml 中：

- mapred.local.dir

决定 MapReduce 的临时数据在什么位置写入。它也有可能是目录列表。

- mapred.map.tasks

通常，设置为从节点数量的 10 倍（即 TaskTracker 的数量）。

- mapred.reduce.tasks

通常使用下式：

```
num_tasktrackers * num_reduce_slots_per_tasktracker * 0.99
```

如果 num_tasktrackers 太小，就使用下式：

```
(num_tasktrackers - 1)* num_reduce_slots_per_tasktracker
```

步骤 4：启用多节点集群。

集群的启用分成两步。

- 从启动 HDFS 守护进程开始：在 master 上启动 NameNode 守护进程，然后启动所有 slave（此处包括 master 和 slave）上的 DataNode 守护进程。

在要运行（主要）NameNode 的机器上运行命令 bin/start-dfs.sh。这会启动 HDFS，同时，NameNode 运行在你执行上一条命令的机器上，DataNode 运行在 conf/slaves 文件中列出的机器上。

```
user@master:~$ ./hadoop/bin/start-dfs.sh
starting namenode, logging to /usr/local/hadoop/bin/../logs/
    hadoop-hduser-namenode-master.out
slave: Ubuntu 10.04
slave: starting datanode, logging to /usr/local/hadoop/bin
    /../logs/hadoop-hduser-datanode-slave.out
master: starting datanode, logging to /usr/local/hadoop/bin
    /../logs/hadoop-hduser-datanode-master.out
master: starting secondarynamenode, logging to /usr/local/
    hadoop/bin/../logs/hadoop-hduser-secondarynamenode-master.
    out
user@master:~$
```

60

此时，下面的 Java 进程应该在 master 上运行。

```
user@master:~$ jps
16017 Jps
14799 NameNode
14880 DataNode
14977 SecondaryNameNode
hduser@master:~$
```

下面的 Java 进程应该在每个 slave 节点上运行。

```
user@master:~$ jps
15183 DataNode
16284 Jps
hduser@master:~$
```

- 然后，启动 MapReduce 守护进程：在 master 上启动 JobTracker，在所有 slave（此处包括 master 和 slave）上启动 TaskTracker 守护进程。

```
user@master:~$ ./hadoop/bin/start-mapred.sh
```

此时，下面的 Java 进程应该在 master 上运行。

```
user@master:~$ jps
16017 Jps
14799 NameNode
15686 TaskTracker
14880 DataNode
15596 JobTracker
14977 SecondaryNameNode
hduser@master:~$
```

下面的 Java 进程应该在每个 slave 节点上运行。

```
user@master:~$ jps
15183 DataNode
15897 TaskTracker
16284 Jps
hduser@master:~$
```

步骤 5：停止集群。

与步骤 4 相同，停止集群需要两个步骤。

61

- 停止 MapReduce 守护进程：停止 master 上的 JobTracker，停止所有 slave（此处包括 master 和 slave）上的 TaskTracker 守护进程。

在 JobTracker 机器上运行命令 bin/stop-mapred.sh。这会停止你运行上一条指令的机器上运行的 JobTracker 守护进程，以及 conf/slaves 文件中列出的机器上运行的 TaskTracker 守护进程，从而关闭 MapReduce 集群。

在示例中，在 master 上运行 bin/stop-mapred.sh：

```
user@master:~$./hadoop/bin/stop-mapred.sh
stopping jobtracker
slave: Ubuntu 10.04
master: stopping tasktracker
slave: stopping tasktracker
user@master:~$
```

此时，下列 Java 进程应该在 master 上运行：

```
user@master:~$ jps
16017 Jps
14799 NameNode
14880 DataNode
14977 SecondaryNameNode
hduser@master:~$
```

下列 Java 进程应该在 slave 上运行：

```
user@master:~$ jps
15183 DataNode
16284 Jps
hduser@master:~$
```

- 停止 HDFS 守护进程：停止 master 上的 NameNode 守护进程，停止所有 slave（此处包含 master 和 slave）上的 DataNode 守护进程。

在 NameNode 机器上运行 bin/stop-dfs.sh 命令。这会停止你运行上一条指令的机器上运行的 NameNode 守护进程，以及 conf/slaves 文件中列出的机器上运行的 DataNode 守护进程，从而关闭 HDFS。

在示例中，在 master 上运行 bin/stop-dfs.sh：

```
user@master:~$./hadoop/bin/stop-dfs.sh
stopping namenode
slave: Ubuntu 10.04
slave: stopping datanode
master: stopping datanode
master: stopping secondarynamenode
user@master:~$
```

62

此时，只有下列 Java 进程在 master 上运行：

```
user@master:~$ jps
18670 Jps
user@master:~$
```

下列进程在 slave 上运行：

```
user@slave:~$ jps
18894 Jps
user@slave:~$
```

2.8 Hadoop 编程

对 Hadoop MapReduce 作业运行 wordcount 命令。这一程序读取文本文件，并对单词的出现频度进行计数。输入和输出都是文本文件，每一行包含一个单词和它出现的频度，两者用一个标签分隔开。

下载输入数据：达・芬奇的笔记本。

```
user@ubuntu:~$ wget http://www.gutenberg.org/cache/epub/5000/
    pg5000.txt
```

输出

```
user@ubuntu:~$ wget http://www.gutenberg.org/cache/epub/5000/
    pg5000.txt
--2013-10-18 11:02:36--  http://www.gutenberg.org/cache/epub
    /5000/pg5000.txt
Resolving www.gutenberg.org (www.gutenberg.org)... 152.19.134.47
Connecting to www.gutenberg.org (www.gutenberg.org)
    |152.19.134.47|:80... connected.
HTTP request sent, awaiting response... 200 OK
Length: 1423803 (1.4M) [text/plain]
Saving to: 'pg5000.txt'

100%[======================================>] 14,23,803  241K/s
    in 5.8s

2013-10-18 11:02:43 (241 KB/s) - 'pg5000.txt' saved
    [1423803/1423803]
```

重启 Hadoop 集群：使用脚本 start-all.sh。

```
user@ubuntu:~$ ./hadoop/bin/start-all.sh
```

63

复制本地示例数据至 HDFS：使用 copyFromLocal（从本地复制）dfs 命令选项。

```
user@ubuntu:~$ ./hadoop/bin/hadoop dfs -copyFromLocal pg5000.txt
     input
user@ubuntu:~$ ./hadoop/bin/hadoop dfs -ls
Found 1 items
-rw-r--r--   1 user supergroup    1423803 2013-10-18 11:35 /user
    /user/input
```

运行 wordcount 程序：wordcount 程序已编译并另存为 JAR 文件。这个 JAR 文件包含在下载的 Hadoop 源码中。wordcount 示例可以在 hadoop-examples-1.0.3.jar 中找到。

```
user@ubuntu ./hadoop/bin/hadoop jar hadoop-examples-1.0.3.jar
    wordcount input output
```

这一命令会读取 HDFS 目录 /user/user/input 中的所有文件，处理完成后，将结果存储在 HDFS 目录 /user/user/output 中。

```
user@ubuntu:~$ ./hadoop/bin/hadoop jar hadoop-examples-1.0.3.jar
     wordcount input output
13/10/18 13:47:34 INFO input.FileInputFormat: Total input paths
    to process : 1
13/10/18 13:47:34 INFO util.NativeCodeLoader: Loaded the native-
    hadoop library
13/10/18 13:47:34 WARN snappy.LoadSnappy: Snappy native library
    not loaded
13/10/18 13:47:34 INFO mapred.JobClient: Running job:
    job_201310181134_0001
13/10/18 13:47:35 INFO mapred.JobClient:  map 0% reduce 0%
13/10/18 13:47:48 INFO mapred.JobClient:  map 100% reduce 0%
13/10/18 13:48:00 INFO mapred.JobClient:  map 100% reduce 100%
13/10/18 13:48:05 INFO mapred.JobClient: Job complete:
    job_201310181134_0001
.
.
.
13/10/18 13:48:05 INFO mapred.JobClient:     Virtual memory
    (bytes) snapshot=4165484544
13/10/18 13:48:05 INFO mapred.JobClient:     Map output records
    =251352
```

检查结果是否成功存储在 HDFS 目录 /user/user/output 中。

```
user@ubuntu:~$ ./hadoop/bin/hadoop dfs -ls output
Found 3 items
-rw-r--r--   1 user supergroup          0 2013-10-18 13:48 /user
    /user/output/_SUCCESS
drwxr-xr-x   - user supergroup          0 2013-10-18 13:47 /user
    /user/output/_logs
-rw-r--r--   1 user supergroup     337648 2013-10-18 13:47 /user
    /user/output/part-r-00000
```


检查输出结果是否已正确显示。

```
user@ubuntu:~$ hadoop dfs -cat /user/mak/output/part-r-00000
"(Lo)cra"   1
"1490   1
"1498," 1
"35"    1
"40,"   1
"AS-IS".    1
"A_ 1
"Absoluti   1
"Alack! 1
"Alack!"    1
.
.
.
```

Hadoop Web 接口：Hadoop 作业的进度可以通过使用内置的 Web 接口进行监测。这些接口提供了作业图示功能。

http://localhost:50070/——NameNode 守护进程的 Web UI。

http://localhost:50030/——JobTracker 守护进程的 Web UI。

http://localhost:50060/——TaskTracker 守护进程的 Web UI。

NameNode Web 接口（HDFS 层）：展示存储容量和使用的详细情况，存活节点和死亡节点的数量，访问日志，浏览文件系统等（见图 2-11）。

NameNode 'localhost:54310'
Started: Fri Oct 18 11:34:06 IST 2013
Version: 1.0.3, r1335192
Compiled: Tue May 8 20:31:25 UTC 2012 by hortonfo
Upgrades: There are no upgrades in progress.
Browse the filesystem
Namenode Logs
Cluster Summary
21 files and directories, 5 blocks = 26 total. Heap Size is 57.25 MB / 888.94 MB (6%)
Configured Capacity : 19.69 GB
DFS Used : 1.78 MB
Non DFS Used : 16.79 GB
DFS Remaining : 2.89 GB
DFS Used% : 0.01 %
DFS Remaining% : 14.7 %
Live Nodes : 1
Dead Nodes : 0
Decommissioning Nodes : 0
Number of Under-Replicated Blocks : 0
NameNode Storage:
Storage Directory | Type | State
/home/mak/Softwares/hadoop_tmp2/dfs/name | IMAGE_AND_EDITS | Active
This is Apache Hadoop release 1.0.3

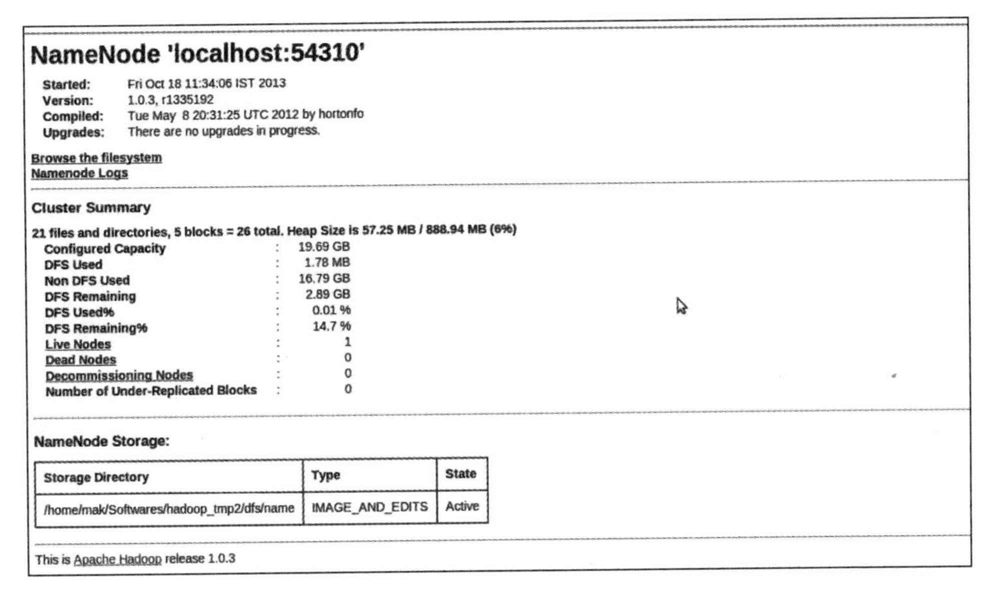

图 2-11　NameNode Web 接口（HDFS 层）

JobTracker Web 接口（MapReduce 层）：提供作业统计信息，作业状态（是否在运行、已完成或者已失败，以及作业历史记录日志），如图 2-12 所示。

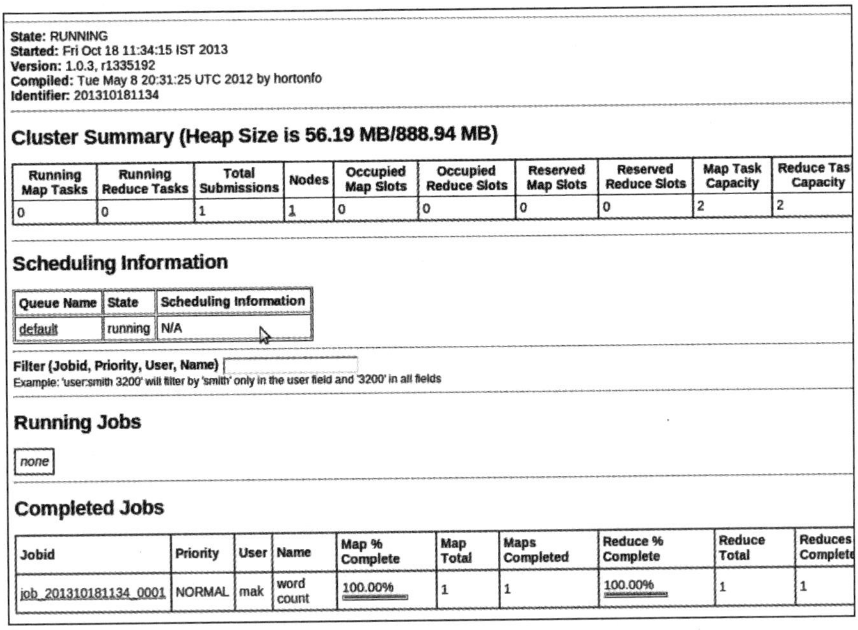

State: RUNNING
Started: Fri Oct 18 11:34:15 IST 2013
Version: 1.0.3, r1335192
Compiled: Tue May 8 20:31:25 UTC 2012 by hortonfo
Identifier: 201310181134
Cluster Summary (Heap Size is 56.19 MB/888.94 MB)
Running Map Tasks | Running Reduce Tasks | Total Submissions | Nodes | Occupied Map Slots | Occupied Reduce Slots | Reserved Map Slots | Reserved Reduce Slots | Map Task Capacity | Reduce Tas Capacity
0 | 0 | 1 | 1 | 0 | 0 | 0 | 0 | 2 | 2
Scheduling Information
Queue Name | State | Scheduling Information
default | running | N/A
Filter (Jobid, Priority, User, Name)
Example: 'user:smith 3200' will filter by 'smith' only in the user field and '3200' in all fields
Running Jobs
none
Completed Jobs
Jobid | Priority | User | Name | Map % Complete | Map Total | Maps Completed | Reduce % Complete | Reduce Total | Reduces Complete
job_201310181134_0001 | NORMAL | mak | word count | 100.00% | 1 | 1 | 100.00% | 1 | 1

图 2-12　JobTracker Web 接口（MapReduce 层）　65～66

TaskTracker Web 接口（MapReduce 层）：显示正在运行和未运行任务的状态。也提供该任务的 TaskTracker 日志文件访问。

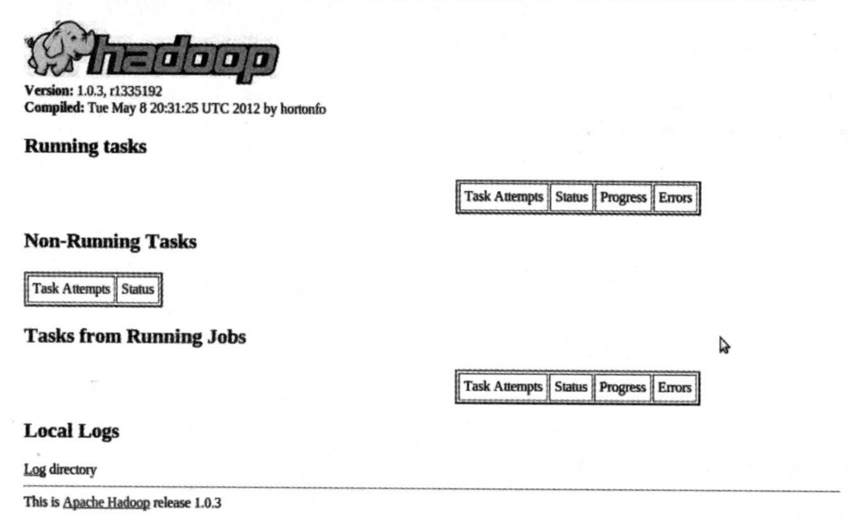

图 2-13　TaskTracker Web 接口（MapReduce 层）

2.9 Hadoop 流

Hadoop 流是一种工具，通过使用任何可执行文件或者脚本作为 mapper 或 reducer，帮助用户编写和运行 MapReduce 作业。流与 Linux 的 pipe 操作相似。文本输入显示在 stdin 流上，然后传递给 mapper 脚本从 stdin 上读取。输出结果被编写成 stdout 流，传递给 reducer。最后，reducer 将输出结果写入存储位置，通常是在 HDFS 目录中。

命令行接口如下所示：

```
$HADOOP_HOME/bin/hadoop jar \
    $HADOOP_HOME/hadoop-streaming.jar \
    -input myInputDirs \
    -output myOutputDir \
    -mapper /bin/cat \
    -reducer /bin/wc
```

此处，-mapper 和 -reducer 是 Linux 可执行程序，它们分别对 stdin 和 stdout 进行读写。程序 hadoop-streaming.jar 在集群上创建 MapReduce 作业，并监控其进度。

执行 mapper 任务时，把输入信息转换成行并存储在 mapper 任务的 stdin 中。mapper 对行进行处理，并将它们转换成（键，值）对，之后再发送到 stdout。在 mapper 任务完成后，把这些（键，值）对传输到随后启动的 reducer 任务的 stdin 中。以“键”为标准，对（键，值）对的“值”进行化简操作。然后将结果推送到 stdout，并写入永久存储器中。这就是流在 MapReduce 框架下的运行过程。

67

所以，这并不限于脚本语言，Java 类也可以像 mapper 类一样，穿插其中。

```
$HADOOP_HOME/bin/hadoop  jar $HADOOP_HOME/hadoop-
   streaming.jar \
    -input myInputDirs \
    -output myOutputDir \
    -mapper org.apache.hadoop.mapred.lib.IdentityMapper \
    -reducer /bin/wc
```

注意：认为流任务的非零状态退出是任务失败。

流命令行接口：流支持流命令选项和通用命令选项。通用命令行语法如下所示。

注意：务必将通用选项置于流选项之前，否则，命令会失效。

```
bin/hadoop command [genericOptions] [streamingOptions]
```

下面列出的是可以与流一起使用的 Hadoop 通用命令选项 [28]。

命　令	描　述
-input directoryname or filename	（必需）mapper 输入位置
-output directoryname	（必需）reducer 输出位置
-mapper JavaClassName	（必需）mapper 可执行文件
-reducer JavaClassName	（必需）reducer 可执行文件
-file filename	在计算节点上局部提供 mapper、reducer 和 combiner 可执行文件
-inputformat JavaClassName	所提供的类返回的应该是文本类的键值对。如果没有指定，将默认为文本输入格式
-outputformat JavaClassName	所提供的类应该获取文本类的键值对。如果没有指定，将默认为文本输出格式
-partitioner JavaClassName	决定发送至哪个对键进行简化的类
-combiner JavaClassName	映射输出的 combiner 可执行文件

68

任何可执行文件都可以指定为一个 mapper 或者 reducer，如果文件不在节点上，就可以用 -file 选项让 Hadoop 将文件作为作业的一部分打包发送至集群节点。

```
$HADOOP_HOME/bin/hadoop  jar $HADOOP_HOME/hadoop-streaming.jar \
    -input myInputDirs \
    -output myOutputDir \
    -mapper myPythonScript.py \
    -reducer /bin/wc \
    -file myPythonScript.py
```

除了可执行文件之外，也可以在使用 -file 选项进行作业提交时将其他文件（例如，配置文件、字典等）运送至节点。

```
$HADOOP_HOME/bin/hadoop  jar $HADOOP_HOME/hadoop-streaming.jar \
    -input myInputDirs \
    -output myOutputDir \
    -mapper myPythonScript.py \
    -reducer /bin/wc \
    -file myPythonScript.py \
    -file myDictionary.txt
```

使用 Python 框架的 Hadoop 流：基于 Python 的 mapper 和 reducer 是作为可执行文件来编写的。类似之前讨论过的，前者从 sys.stdin 读取，后者则写入 sys.stdout。下面是一个在 Python 下执行的简单 wordcount 程序。

步骤 1：映射。

mapper 可执行文件从 sys.stdin 读取行，把它们分成单词，并且把每一个词作为一个键输出，把相关计数 1 作为值。文件则存储在 /home/user/mapper.py 中。

注意：确保文件具有执行权限 chmod +x /home/hduser/mapper.py。

```
#!/usr/bin/env python

import sys

for line in sys.stdin:
    line = line.strip()
    words = line.split()
    for word in words:
        print word, "1"
```

步骤 2：化简。

69

把 mapper 输出结果传递到 reducer 以作为输入。reducer 将单词进行分组作为键，并对与每个单词相关的值求和，从而计算出输入文件中单词出现的频率。把该文件另存为 /home/user/reducer.py。

确保文件具有执行权限。

chmod +x /home/user/reducer.py.

```
#!/usr/bin/env python

from operator import itemgetter
import sys

current_word = None
current_count = 0
word = None

for line in sys.stdin:
    line = line.strip()

    word, count = line.split()

    try:
        count = int(count)
    except ValueError:
        continue

    if current_word == word:
        current_count += count
    else:
        if current_word:
            print current_word, current_count
        current_count = count
        current_word = word

if current_word == word:
    print current_word, current_count
```

注意：在执行流作业前，输入文件必须转移到 HDFS 中。

```
hduser@ubuntu:/usr/local/hadoop$ bin/hadoop jar contrib/
    streaming/hadoop-*streaming*.jar \
  -file /home/user/mapper.py \
  -mapper /home/user/mapper.py \
  -file /home/user/reducer.py  \
  -reducer /home/user/reducer.py \
  -input input -output output
```

在执行过程中，如果想要调整 Hadoop 设置，比如，要增加 reduce 任务的数量，可以使用 -D 选项：

```
hduser@ubuntu:/usr/local/hadoop$ bin/hadoop jar contrib/
    streaming/hadoop-*streaming*.jar -D mapred.reduce.tasks=16
    ...
```

70

参考文献

1. Tom White, 2012, Hadoop: The Definitive Guide, O'reilly.
2. Hadoop Tutorial, Yahoo Developer Network, http://developer.yahoo.com/hadoop/tutorial
3. Mike Cafarella and Doug Cutting, April 2004, Building Nutch: Open Source Search, ACM Queue, http://queue.acm.org/detail.cfm?id=988408.
4. Sanjay Ghemawat, Howard Gobioff, and Shun-Tak Leun, g, October 2003, The Google File System, http://labs.google.com/papers/gfs.html.
5. Jeffrey Dean and Sanjay Ghemawat, December 2004, MapReduce: Simplified Data Processing on Large Clusters, http://labs.google.com/papers/mapreduce.html.
6. Yahoo! Launches World?s Largest Hadoop Production Application, 19 February 2008, http://developer.yahoo.net/blogs/hadoop/2008/02/yahoo-worlds-largest-production-hadoop.html.
7. Derek Gottfrid, 1 November 2007, Self-service, Prorated Super Computing Fun!, http://open.blogs.nytimes.com/2007/11/01/self-service-prorated-super-computing-fun/.
8. Google, 21 November 2008, Sorting 1PB with MapReduce, http://googleblog.blogspot.com/2008/11/sorting-1pb-with-mapreduce.html.
9. From Gantz et al., March 2008, The Diverse and Exploding Digital Universe, http://www.emc.com/collateral/analyst-reports/diverse-exploding-digital-universe.pdf.
10. http://www.intelligententerprise.com/showArticle.jhtml?articleID=207800705, http://mashable.com/2008/10/15/facebook-10-billion-photos/, http://blog.familytreemagazine.com/insider/Inside+Ancestrycoms+TopSecret+Data+Center.aspx, and http://www.archive.org/about/faqs.php, http://www.interactions.org/cms/?pid=1027032.
11. David J. DeWitt and Michael Stonebraker, In January 2007 ?MapReduce: A major step backwards? http://databasecolumn.vertica.com/database-innovation/mapreduce-a-major-step-backwards.
12. Jim Gray, March 2003, Distributed Computing Economics, http://research.microsoft.com/apps/pubs/default.aspx?id=70001.
13. Apache Mahout, http://mahout.apache.org/.
14. Think Big Analytics, http://thinkbiganalytics.com/leading_ big_ data_ dtechnologies/hadoop/
15. Jeffrey Dean and Sanjay Ghemawat, 2004, MapReduce: Simplified Data Processing on Large Clusters. Proc. Sixth Symposium on Operating System Design and Implementation.
16. Olston, Christopher, et al. "Pig latin: a not-so-foreign language for data processing." Proceedings of the 2008 ACM SIGMOD international conference on Management of data. ACM, 2008.
17. Thusoo, Ashish, et al. "Hive: a warehousing solution over a map-reduce framework." Proceedings of the VLDB Endowment 2.2 (2009): 1626-1629.
18. George, Lars. HBase: the definitive guide. " O'Reilly Media, Inc.", 2011.
19. Hunt, Patrick, et al. "ZooKeeper: Wait-free Coordination for Internet-scale Systems." USENIX Annual Technical Conference. Vol. 8. 2010.
20. Hausenblas, Michael, and Jacques Nadeau. "Apache drill: interactive Ad-Hoc analysis at

scale." Big Data 1.2 (2013): 100-104.
21. Borthakur, Dhruba. "HDFS architecture guide." HADOOP APACHE PROJECT http://hadoop.apache.org/common/docs/current/hdfs design. pdf (2008).
22. [Online] IBM DeveloperWorks, http://www.ibm.com/developerworks/library/waintrohdfs/
23. Konstantin Shvachko, Hairong Kuang, Sanjay Radia, and Robert Chansler, May 2010, The Hadoop Distributed File System, Proceedings of MSST2010, http://storageconference.org/2010/Papers/MSST/Shvachko.pdf.
24. [Online] Konstantin V. Shvachko, April 2010, HDFS Scalability: The limits to growth, pp. 6?16 http://www.usenix.org/publications/login/2010-04/openpdfs/shvachko.pdf.
25. [Online] Micheal Noll, Single Node Cluster, http://www.michael-noll.com/tutorials/running-hadoop-on-ubuntu-linux-single-node-cluster/.
26. [Online] Micheal Noll, Multi Node Cluster, http://www.michaelnoll.com/tutorials/running-hadoop-on-ubuntu-linux-multi-node-cluster/.
27. [Online] Micheal Noll, Hadoop Streaming:Python, http://www.michael-noll.com/tutorials/writing-an-hadoop-mapreduce-program-in-python/.
28. Hadoop, Apache. "Apache Hadoop." 2012-03-07]. http://hadoop.apache.org (2011).

71 ~ 72

第 3 章 Spark 入门

集群计算改善了计算模型，且日渐流行，在可靠性不佳的机器上实现了并行数据计算。通过软件系统提供位置感知调度、容错能力和负载均衡。MapReduce[1] 已经成为开创这一模型的领跑者，而其他系统（例如 Map-Reduce-Merge[2] 和 Dryda[3]）则推广了不同的数据流类型。这些系统具有扩展性和容错性，因为它们提供的编程模型能够使用户在创建无环数据流图时，通过一系列操作来传递输入数据。在没有任何用户干预的情况下，这一模型能够使系统更好地进行调度或对错误做出反应。虽然这一模型可以被大量应用程序使用，但是有些问题还是无法通过无环数据流图解决。

3.1 Spark 简介

Spark 是一款具有容错能力的分布式数据分析工具，能够在商用硬件上实现大规模数据密集型应用程序。Hadoop 以及其他技术已经推广了无环数据流技术，用来构建商用集群上的数据密集型应用，但是这些技术不适合那些对于多个并行操作复用一个可行的数据集的应用。其中一些程序是迭代机器学习算法和交互式数据分析工具。Spark 解决了这些问题，而且它同样具有可扩展性和容错能力。为了实现这些目的，Spark 引入了数据存储和处理的抽象概念，称作弹性分布式数据集（RDD）。RDD 是一种对象的只读分布，对象在一组机器中分开存储，当一个部分丢失时，该部分可以重建 [6]。

在 Hadoop 用户对 MapReduce 抱怨的某些方面，Spark 却表现出色。

- **迭代作业**：梯度下降法是一个不错的例子，这一算法被反复施加到相同的数据集上，以达到优化参数的目的。可以把每一次迭代简单描述成一个 MapReduce 作业，每次迭代中的数据都必须从磁盘加载，这导致了很大的性能损失。
- **交互式分析**：诸如 Pig[6] 和 Hive[7] 一类的接口普遍使用 Hadoop 在大型数据集上运行 SQL 查询。理想的情况是，把数据集加载到内存并重复查询，但是在 Hadoop 中，每次查询都会执行一个 MapReduce 作业，这样，从磁盘读取就会导致严重的延迟。

进程可以在没有彼此间通信的情况下访问共享数据，这种机制称作分布式共享内存（DSM）。实现分布式内存的方法有很多，下面讨论其中的两种。

- **共享虚拟存储器（SVM）**：这一概念类似于页式虚拟存储器。它指的是把所有分布式内存都归集到一个地址空间。但是，它不考虑共享数据的类型，也就是说，无论共享数据是什么类型或大小如何，页面的大小都是固定的。它不允许程序员对类型进行定义 [8]。
- **对象分布式共享内存（ODSM）**：在这种情况下，对象含有访问函数，而且是共享的。程序员可以定义共享数据的类型。通过 DSM 管理器控制对象的创建、访问和修改。尽管 SVM 在操作系统层面工作，但是 ODSM 提供了另外一种消息传递编程模型 [6]。

实现 DSM 系统面临着一些挑战，包括解决数据定位、数据访问、共享和锁定数据、数据一致性等问题。这些问题与事务模型、数据迁移、并发编程、分布式系统等有着密切的联系。

RDD 是分布式共享内存的一个抽象概念 [9]。但是，它和 DSM 之间存在着差异。首先，RDD 提供了一个十分受限的编程模型，一旦节点出现故障只能重新生成数据。DSM 系统通过检查点实现容错 [10]，而 Spark 通过使用 RDD 中的 Lineage 信息对丢失部分进行再生成 [11]。这意味着，它只会在其他节点上对丢失的分区进行并行再计算，因此没有必要冒着丢失计算进度的风险恢复到先前的检查点。这也意味着，如果节点出现故障，并不会产生开销。其次，与 MapReduce 相似，Spark 将计算推送到数据所在位置，而不是提供对全局共享地址空间的访问。还有些其他的示例，它们使用受限的 DSM 编程模型提高可靠性和性能。Munin[12] 允许程序员注释变量，以便明确访问协议。Linda 实现了容错元组空间的编程模型 [13]。Thor 提供了永久共享对象的接口 [14]。

74

MapReduce 模型适合于 Spark 的发展，然而，这些作业可以在一个能够持续运行多个操作的 RDD 上运行 [5]。有一种 MapReduce 框架——Twister，它允许将静态数据存储到长效映射任务的内存中 [16]，但是它无法实现容错性。而 Spark 的 RDD 具有容错能力，而且与迭代的 MapReduce 比起来更为通用。Spark 程序可以在 RDD 上交替运行多个操作。但是 Twister 一次只能执行一个 Map 和 Reduce 函数。用户可以在 Spark 中定义多个数据集，并且执行数据分析。Spark 函数中的广播变量类似于 Hadoop 的分布式缓存，后者在集群的所有节点上共享文件。但是，广播变量可以在并行操作间复用。

3.2 Spark 内部结构

弹性分布式数据集是 Spark 中一个重要的抽象概念，它允许只读对象集在集群上重建丢失的分区。RDD 可以在通过内存缓存机制进行的多个并行操作中复用，使用丢失分区的 Lineage 信息完成重建过程。

Scala 编程语言 [1] 用来实现 Spark。它是一种静态类型的高级编程语言，运行在 Java

虚拟机（JVM）上，揭示了函数编程构造。Scala 解释器可以修改，以便能够交互地使用 Spark 定义 RDD、函数和变量，等等。Spark 或许是第一批允许高效通用编程语言描述大型数据集交互过程的架构之一（图 3-1）。

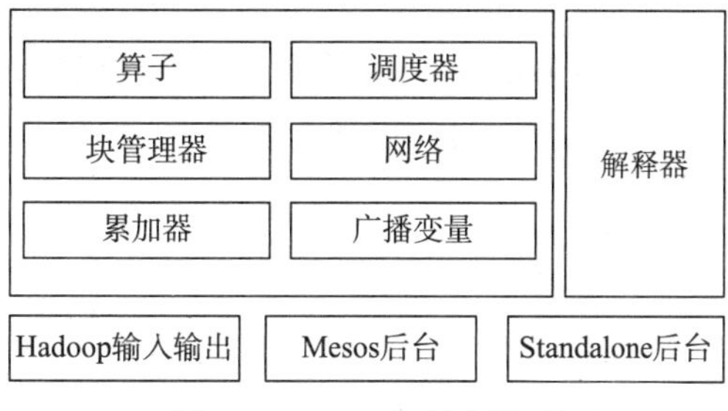

图 3-1 Spark 架构概览 [5]

Spark 中的程序称作驱动程序。其中包括能够在单个节点和多个节点的集群上执行的操作。可以通过使用资源管理器（如 Mesos）实现 Spark 和 Hadoop 并存 [19]。

弹性分布式数据集

MapReduce[1] 系统和 Dryad[2] 等系统提供了位置感知调度的方法、容错和负载平衡特性，简化了分布式编程，允许用户使用商用集群分析大型数据集。然而，弹性分布式数据集（RDD）是一个分布式内存的抽象概念，它允许用户编写内存中的算法，同时也保持了当前数据流系统（如 MapReduce）的优势。RDD 在迭代算法、机器学习和交互式数据挖掘方面表现十分出色，其他数据流系统在这些方面则表现平平。这是可以理解的，因为 RDD 只提供只读数据集，回避了在其他共享存储技术中普遍存在的检查点需求。

75

类似 Googles Pregel[15] 一类的工具支持迭代图形处理算法，Twister[16] 和 HaLoop[17] 提供了迭代的 MapReduce 模型。但是通信受到了限制。相反，RDD 允许用户生成中间结果，进行分区控制，以及使用他们选择的操作，而不是像在 MapReduce 中那样，执行一系列步骤。

RDD 非常易于编程，而且能够有效表示计算。对它而言，容错或许是最难实现的。数据集检查点有一个非常大的劣势，就是当它需要对集群上的数据集进行复制时，会因为带宽和内存限制而降低机器效率。RDD 通过支持转换阶段来确保容错的实现。在任何时候，可以通过重复父分区（Lineage）上的转换步骤来对分区进行恢复。RDD 非常适合需要在许多数据记录上执行单个函数的程序，如图形和机器学习算法。

RDD 的内容不在物理存储器中，而是在一个 RDD 的指向中，它包含了足够的信息，用于计算从存储数据开始的 RDD。它允许 RDD 的重建，因为 Spark 基于 Scala 实现，所以每一个 RDD 都是一个 Scala 对象。RDD 可以通过以下方式创建和转换。

- 诸如 HDFS 等文件系统中的文件。
- Scala 集合（例如数组、目录）可以在 Spark 驱动器程序中实现并行化，将其分割并发送到多个节点。

76

- 使用 Spark 转换（如 flatmap⊖）可以将一个现有的 RDD 从 A 类型转换成 B 类型。
- RDD 具有惰性，也就是说，当操作需要使用分区时，才会创建它们。但是，用户可以通过以下方法改善这种状况：

⊖ flatMap 与 MapReduce 中的映射有相同的语义，但映射在 Scala 中通常是指一对一的操作 A⇒B。

- cache 动作，指的是 RDD 在初始运算后保存在内存中以备再次使用。如果没有足够的内存来缓存分区，Spark 也足够聪明，它会在需要的时候重新计算。这确保了 Spark 程序能够继续执行。Spark 能够在 RDD 存储、访问速度、丢失概率和再计算成本之间进行权衡。
- save 动作，它把 RDD 内容写入存储系统，比如 HDFS。存储的版本会用于将要在其上进行的操作。

RDD 与分布式共享内存（DSM）

把 RDD 与 DSM 进行比较，是为了进一步理解 RDD 的作用。DSM 在全局地址空间上进行读写操作，包括传统共享内存系统和共享分布式散列表[21]。它的通用性使得容错性在商用集群上很难实现。RDD 是通过批量转换创建的，而 DSM 则允许对每个内存位置的读写。尽管 RDD 仅限于执行批量写入的应用程序，但是它也可以做到有效的容错。比如，它通过使用 Lineage 回避了检查点，并且只对分区进行恢复，而不需要回滚整个系统。对集群上运行缓慢的机器，RDD 通过用它们运行备份任务来进行适应。而对于 DSM，备份任务的效率是极低的，因为它们都读写到同一个内存地址。RDD 还通过在数据附近运行任务来提供运行时效率。基于缓存的 RDD 在缺少或没有足够内存的情况下会实现降级。尽管 RDD 通过批量数据读取表现得更好，但是也能够通过在散列上执行关键字查找，提供精确读取。表 3-1 提供了两者的对比理解。

77

表 3-1　RDD 与 DSM 的对比

对　比　项	RDD	DSM
读取	批量的或细粒度的	细粒度的
写入	批量转换	细粒度的
一致性	不重要（不可更改的）	取决于应用程序或运行时间
容错性	细粒度，低开销，使用 Lineage	需要检查点操作和程序回滚
落后任务的处理	可以使用备份任务	很难处理
任务安排	基于数据存放位置的自动实现	取决于应用程序（通过运行时间实现透明性）
如果内存不够	与已有的数据流系统类似	性能较差（是否交换？）

共享变量

Spark 允许用户创建两种变量：广播变量和累加器。程序员通过调用映射、过滤和简化等操作向 Spark 传递闭包。共享变量用来计算这些闭包。把它们复制到执行闭包的工作节点[6]。

- **广播变量**：像查找表这样的数据表示形式是一次分布到所有节点上的，而不是每个闭包都打包。广播变量用于封装数值并且被转输到所有工作节点上[5]。
- **累加器**：普遍用于只能累加的一类操作。它们可以像在 MapReduce 中一样实现计数器以及并行求和。累加器可以用来描述任何具备零值的累加操作，这使得容错易于实现[5]。

当创建一个值为 v 的广播变量 b 后，它存储在共享文件系统中。对于 b 序列化指向这个文件的路径。当查询 b 时，Spark 首先检查缓存。如果没有，它就会检查文件系统。每一个累加器都可以通过一个唯一的 ID 进行辨识。当存储一个累加器时，它的 ID 和零值将以序列化的形式存储。任务开始后，它会重置为 0，如果需要复制，它会为使用线程局部变量运行任务的每一个线程创建一个副本。每个任务完成后，工作节点会将累加器的更新情况通知驱动器。驱动器会在合并后更新分区。

实例：思考这样一个例子，一个数据集在它的日志文件中包含错误消息。这些消息存储在缓存 cachedErrs 中。用 map 和 reduce 操作来统计它的元素。考虑以下系列操作：

```
val file = spark.textFile("hdfs://...")
val errs = file.filter(_.contains("ERROR"))
val cachedErrs = errs.cache()
val ones = cachedErrs.map(_ => 1)
val count = ones.reduce(_+_)
```

78

如图 3-2 所示，整个环节的各个对象载有被捕获的每一个 RDD 的 Lineage 信息。每一个对象都包含其父对象的句柄和关于如何转换的信息 [6]。每个 RDD 对象执行以下三项操作。

- getPartitions：回传分区 ID 列表。
- getIterator(partition)：遍历一个分区。
- getPreferredLocations(partition)：用于任务调度以便实现数据局部性。

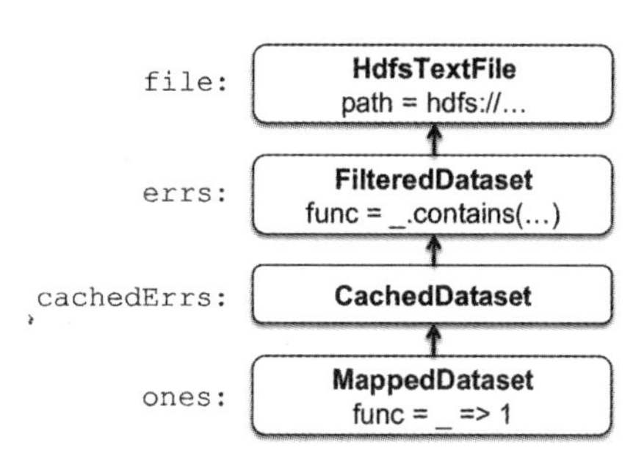

图 3-2 分布式数据集对象的谱系 [11]

Spark 创建任务并在数据集的每个分区上运行。因为分区是分布式的，所以把这些任务发送到工作节点上。在将任务发送到分区时，使用了一种称为延迟调度的技术 [20]。在任务执行期间，它调用 getIterator API 从该机器的分区上开始读取。RDD 只是在通信接口实现方面有所不同。例如，对于 HdfsTextFile 接口，分区是 HDFS 块的 ID，位置是块的位置，getIterator 打开流读取数据块。在 MappedDataset 接口中，分区和位置与父对象的分区和位置相同，但映射操作适用于父对象的每个元素。在 CachedDataset 接口中，getIterator API 为每一个分区寻找分区和位置的本地存储的副本，这与父对象类似。分区缓存到某个节点后，位置开始更新。该设计有助于故障检测，如果一个节点出现故障，该节点的分区就会根据父对象对其进行重建 [5]。

79

通过发送操作（如 reduce）的闭包和定义 RDD 的闭包，将任务传送到节点。Java 序列化用来将 Scala 闭包作为 Java 对象进行序列化，并在其他机器上无缝执行。

创建 Spark 来容纳一些 RDD 转换，且不需要每次都对调度器进行修改。对于每一次转换，都可以捕获它从父 RDD 上对其进行计算的函数，即 Lineage。RDD 是一个分区集合，它构成了数据集的基础单元。在开发这一接口的同时，RDD 间的依赖关系也需要解决。它们是：a）窄依赖，子分区依赖于父分区，例如 map 任务。b）宽依赖，每个子分区依赖于源自所有父分区的数据，例如 join 任务（见图 3-3）。

作业调度

Spark 调度器依靠 RDD 结构创建有效的执行计划。Spark 内的 `runJob` 函数以一个 RDD 和一个函数作为参数。该接口可以表达所有动作，如 count、collect、save 等。在创建 RDD 时所获取的 Lineage 图被调度器用来创建各执行阶段的有向无环图（DAG），如图 3-4 所示。每一阶段，在父 RDD 完成后，作为容错机制，启动一项任务来计算丢失的分区。为了最小化通信开销，任务基于数据位置启动。在窄依赖情况下，把位置发送给调度器，对任务重定向；对于宽依赖，节点上的中间记录通过父分区再度生成。调度器进行各种查询，通过重建进程的键检索分区。

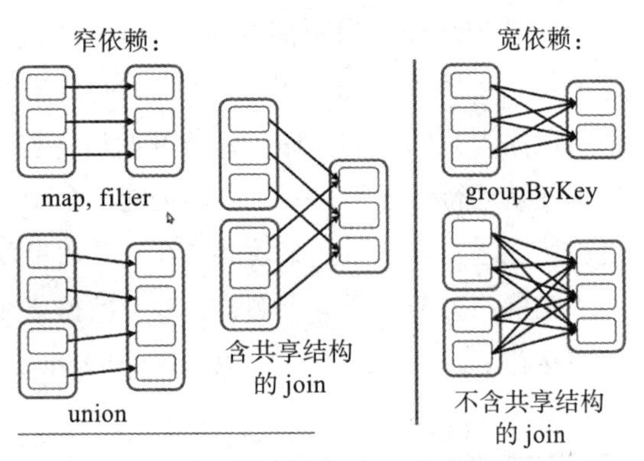

图 3-3　窄依赖与宽依赖示例。每个方块是一个 RDD，深色的矩形表示分区[5]

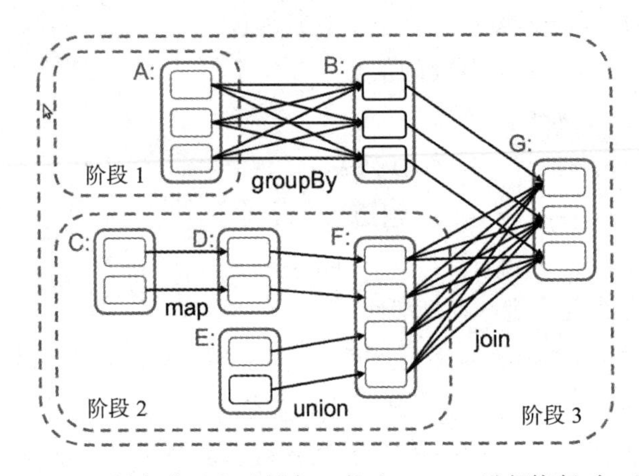

图 3-4　方块表示 RDD。黑色分区表示缓存。当对 RDD G 进行恢复时，需要按照阶段 1、2、3 的顺序执行。由于 B 分区已缓存，这里就不执行阶段 1 了，只执行阶段 2 和阶段 3[5]

3.3　Spark 安装

Spark 在 Scala、Java 和 Python 中提供快速和高级 API，易于并行作业的写入。而且优化了引擎，可以支持图形计算。同时支持高级分布式工具，如 Shark、MLib、Bagel 和 Spark Streaming[7]。

3.3.1　安装前的准备

通过访问项目页面[7]下载 Spark。Java 是运行 Spark 的首要条件。设置 JAVA_HOME 环境变量，指向 Java 安装。

该安装过程默认你已安装了基于 UNIX 或 Linux 的操作系统，即教程中使用的

Ubuntu 14.04。

Java 安装

80～81

```
user@spark:~$ java -version
java version "1.6.0_45"
Java(TM) SE Runtime Environment (build 1.6.0_45-b06)
Java HotSpot(TM) 64-Bit Server VM (build 20.45-b01, mixed mode)
```

如果以上命令失败，可以通过其他方法安装 Java，通常使用以下方法：

```
user@spark:~$ sudo apt-get install openjdk-6-jdk
```

下载并从 scala-lang.org 提取 Scala 2.10.0，将 bin 文件夹导出至系统 PATH 变量中。把后面的内容更新至 ~/.bashrc 文件，替换 /path/to/ 到之前下载的 Scala 的绝对路径。

```
export SCALA_HOME="/path/to/scala-2.9.3/bin"
```

Spark 使用 Simple Build Tool(SBT) 编译和管理源代码。在 Spark 源代码顶级目录中运行下列命令，以编译 Spark 源代码。函数 assemply 将所有数据包和编译后的源文件绑定到在集群上共享的可执行 jar 中。

```
user@spark:~/spark$ sbt/sbt assembly
[info] Loading project definition from /home/user/spark/project/
    project
[info] Loading project definition from /home/user/spark/project
[info] Set current project to root (in build file:/home/user/
    spark/)
[info] Updating {file:/home/user/spark/}core...
[info] Resolving org.apache.derby#derby;10.4.2.0 ...
[info] Done updating.
[info] Updating {file:/home/user/spark/}streaming...
.
.
.
Strategy 'concat' was applied to a file
[warn] Strategy 'discard' was applied to 3 files
[warn] Strategy 'filterDistinctLines' was applied to 2 files
[warn] Strategy 'first' was applied to 821 files
[info] Checking every *.class/*.jar file's SHA-1.
[info] Packaging /home/user/spark/examples/target/scala-2.9.3/
    spark-examples-assembly-0.8.1-incubating.jar ...
[info] Done packaging.
[success] Total time: 805 s, completed Jan 12, 2014 7:20:10 PM
```

82

Spark 的示例目录中附带几个示例程序。使用 Spark 顶层目录中的 run-example 脚本运行其中一个示例。

```
./run-example <class> <params>
```

例如，尝试以下命令：

```
./run-example org.apache.spark.examples.SparkPi local
```

执行基于 Python 的示例，使用以下方法：

```
./spark-submit examples/src/main/python/pi.py 10
```

脚本 `run-example` 和 `spark-submit` 的命令行接口带有 `class` 和 `<master>` 参数，这标明了启动 Spark 作业的集群 URL。该值可以是集群运行的 URL，或者是运行在同一系统的 `local`。`local[N]` 中，N 表示的是本地启动的线程数。

最后，可以通过修改 Scala shell（`./spark-shell`）或者 Python interpreter（`./pyspark`）的文本内容，交互式地运行 Spark。

3.3.2　开始使用

本节通过使用 `spark-shell`（即一个经过改进的 Scala shell）对 Spark 加以介绍。由于 Spark 是使用 Scala 语言构建的，因此此处引用的例子也基于 Scala。（注意，Scala 编程知识不是使用 Spark 的基本要求，可以通过使用 shell 来掌握 Spark。）

Spark shell 为交互式分析数据集提供了强大的 API。`spark-shell` 启动 `scala>` 提示符，预先加载 Spark jar 和其他依赖条件。

83

```
user@spark:~/spark$ ./spark-shell
14/09/02 12:13:45 INFO SecurityManager: Using Spark's default
    log4j profile: org/apache/spark/log4j-defaults.properties
14/09/02 12:13:45 INFO SecurityManager: Changing view acls to:
    mak
14/09/02 12:13:45 INFO SecurityManager: SecurityManager:
    authentication disabled; ui acls disabled; users with view
    permissions: Set(mak)
14/09/02 12:13:45 INFO HttpServer: Starting HTTP Server
Welcome to
      ____              __
     / __/__  ___ _____/ /__
    _\ \/ _ \/ _ `/ __/  '_/
   /___/ .__/\_,_/_/ /_/\_\   version 1.0.1
      /_/

Using Scala version 2.10.4 (OpenJDK 64-Bit Server VM,
    Java 1.7.0_55)
Type in expressions to have them evaluated.
Type :help for more information.
.
.
.
14/09/02 12:13:51 INFO HttpServer: Starting HTTP Server
14/09/02 12:13:52 INFO SparkUI: Started SparkUI at http
    ://192.168.1.4:4040
14/09/02 12:13:53 INFO Executor: Using REPL class URI: http
    ://192.168.1.4:36901
14/09/02 12:13:53 INFO SparkILoop: Created spark context..
Spark context available as sc.

scala>
```

Spark 的数据抽象是弹性分布式数据集（RDD），这是一个在集群上划分的分布式条目集合。这些 RDD 可以创建和转换，详情参见 3.2 节。

使用 README 文本文件创建一个 RDD。

```
scala> val textFile = sc.textFile("README.MD")
textFile: org.apache.spark.rdd.RDD[String] = MappedRDD[1] at
    textFile at <console>:12
```

RDD 与返回值的操作（action）和转换到新 RDD 的操作捆绑在一起。

在 textFile RDD 中计算条目数量。

```
scala> textFile.count()
res0: Long = 111
```

将 textFile RDD 的第一个条目回传。

```
scala> textFile.first()
res1: String = # Apache Spark
```

对新的 RDD 使用 filter 变换，这是原 RDD 的子集。

过滤掉 textfile RDD 中包含 Spark 的条目，统计数量。

```
scala> val linesWithSpark = textFile.filter(line => line.
    contains("Spark"))
linesWithSpark: org.apache.spark.rdd.RDD[String] = FilteredRDD
    [2] at filter at <console>:14

scala> linesWithSpark.count()
res2: Long = 15
```

84

RDD 转换可以链接起来。

```
scala> val linesWithSpark = textFile.filter(line => line.
    contains("Spark")).count()
linesWithSpark: Long = 15
```

更多的 RDD 操作

通过链接，可以执行一些复杂的操作，以便找出包含单词最多的那一行。

```
scala> textFile.map(line => line.split(" ").size).reduce((a, b)
    => if (a > b) a else b)
res3: Int = 15
```

首先，数据集的每一行由 ' '（空格）分开，并统计单词数量。把行和计数传递到一个化简过的闭包，该闭包检查每行中最多的计数，返回最大的计数，即字数最多的行。Scala 和 Java 的所有语言特征都可以作为 map 和 reduce 函数的参数。例如，可以使用 Scala 内置的 max() 函数。

```
scala> import java.lang.Math
import java.lang.Math

scala> textFile.map(line => line.split(" ").size).reduce((a, b)
    => Math.max(a, b))
res4: Int = 15
```

MapReduce 也可以用 Spark 来实现。

```
scala> val wordCounts = textFile.flatMap(line => line.split(" ")).
    map(word => (word, 1)).reduceByKey((a, b) => a + b)
wordCounts: org.apache.spark.rdd.RDD[(java.lang.String, Int)] =
    MapPartitionsRDD[10] at reduceByKey at <console>:15

scala> wordCounts.collect()
res5: Array[(java.lang.String, Int)] = Array(("",121), (submitting
    ,1), (find,1), (versions,4), (making,1), (Regression,1), (via,2)
    , (required,1), (necessarily,1), (open,2), (packaged,1), (When
    ,1), (All,1), (code,,1), (requires,1), (SPARK_YARN=true,3),
    (guide](http://spark.incubator.apache.org/docs/latest/
    configuration.html),1), (take,1), (project,5), (no,1), (systems
    .,1), (YARN,1), (file,1), (`<params>`.,1), (Or,,1), (`<
    dependencies>`,1), (About,1), (project's,3), (not,3), (programs
    ,2), (does,1), (given.,1), (artifact,1), (sbt/sbt,6), (`<master
    >`,1), (local[2],1), (runs.,1), (you,5), (building,1), (Along,1)
    , (Lightning-Fast,1), (incubation,2), ((ASF),,1), (Hadoop,,1),
    (use,1), (MRv2,,1), (it,2), (directory.,1), (overview,1), (The
    ,2), (easiest,1), (Note,1), (setup,1), ("org.apache.hadoop"...
```

85

这是一个简单的 wordcount 示例。诸如 flatmap、map 和 reduceByKey 等变换用来把文档中每一个单词的计数作为一个 RDD（String，Int）对进行计算。collect 操作用于收集各分区中的 RDD 对。

缓存

Spark 还提供了数据集的内存存储，这可用于重复执行操作，以减少磁盘访问开销。使用与之前讨论的 RDD 相同的 linesWithSpark 命令。cache 操作将内存中 RDD 内容缓存起来。

```
scala> linesWithSpark.cache()
res9: org.apache.spark.rdd.RDD[String] = FilteredRDD[11] at
    filter at <console>:15

scala> linesWithSpark.count()
res10: Long = 15
```

当使用 Spark shell 对遍布上百个节点的大型数据集进行交互式分析时，Spark 的优势就显现了。

示例应用程序

Spark 在构建一些数据并行应用程序方面是十分理想的选择。下面举几个例子。

控制台日志挖掘：想象一下，一个系统管理员要在 Hadoop 分布式文件系统（HDFS）中搜索百万兆字节的日志，以查找原因。使用 Spark RDD 实现，系统管理员只能将错误日志加载到内存中留待接下来操作。操作如下。filter 操作只能选择数据集中以 ERROR 开始的行。

```
scala> lines = sc.textFile("hdfs://....")
scala> errors = lines.filter(_.startsWith("ERROR"))
scala> errors.cache()
```

从存储在 HDFS 中的文档创建一个 RDD 作为行集合。将这个 RDD 进一步变换为另外一个只包含以 ERROR 开始的行的 RDD，将其缓存在内存中，以便于重复使用。

这个 RDD 将来可以用来变换。以 ERROR 开始的行的 RDD 可以进一步筛选，以检查是否有 HDFS 类型的错误。产生的 RDD 可以用来收集这些错误的时间字段。代码如下。

```
scala> lines = sc.textFile("hdfs://....")
scala> errors = lines.filter(_.startsWith("ERROR"))
scala> errors.cache()
scala> errors.filter(_.contains("HDFS"))
             .map(_.split('\t')(3))
             .collect()
```

86

这一过程可以通过图 3-5 加以说明。

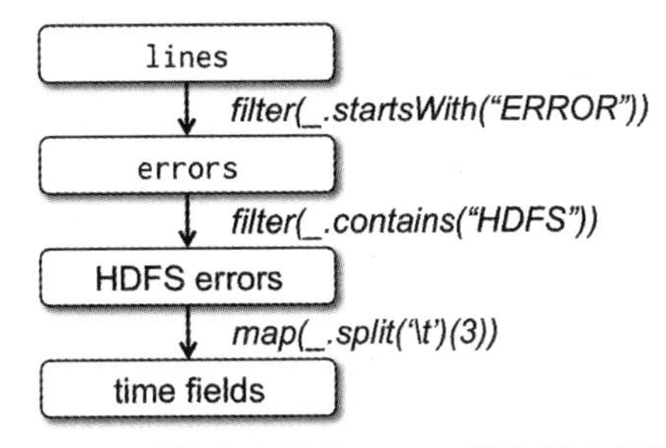

图 3-5　矩形代表变换的 RDD，箭头代表变换 [7]

在 MapReduce 中使用 RDD：Spark RDD 可以在 MapReduce 中使用。给定两个函数，它们与 map 和 reduce 的函数编程原理相类似。给定 T 类型的数据集元素。

- myMap：T⇒List[(K_i, V_i)]
- myReduce：(K_i, List[V_i])⇒List[R]

可以将这两个操作进行结合。

```
scalal> data.flatMap(myMap)
    .groupByKey()
    .map((k, vs) => myReduce(k, vs))
```

如果用户定义的 combiner 函数 myCombiner 也可用，它可以用来代替一般的 groupByKey API。

```
scala> data.flatMap(myMap)
    .reduceByKey(myCombiner)
    .map((k, v) => myReduce(k, v))
```

注意：该示例默认你已经定义了 data 变量。

3.3.3　示例：Scala 应用

Scala 示例

调用简单的 Spark 应用 SimpleApp.scala。

87

步骤 1：为应用程序 src 和 target 目录创建目录结构。

```
user@spark:~/spark$ mkdir simple
user@spark:~/spark/simple$ mkdir -p src/main/scala
```

步骤 2：该文件依赖于 Spark API，而且包括一个 sbt 设置文件 simple.sbt，这说明 Spark 是一个依赖项。该文件也会添加一个 Spark 依赖库：

```
user@spark:~/spark/simple$ cat simple.sbt
name := "Simple Project"
```

```
version := "1.0"

scalaVersion := "2.10.1"

libraryDependencies += "org.apache.spark" %% "spark-core" %
    "1.0.1"

resolvers += "Akka Repository" at "http://repo.akka.io/releases/"
```

步骤 3：编写一个 spark 程序，计算用户定义的文本文件内 a 和 b 的数量。使用以下代码，在 src/main/scala 目录下创建一个 SimpleApp.scala 文件：

```
/*** SimpleApp.scala ***/
import org.apache.spark.SparkContext
import org.apache.spark.SparkContext._

object SimpleApp {
  def main(args: Array[String]) {
   val logFile = "README.md"
   val conf = new SparkConf().setAppName("SimpleApp")
   val sc = new SparkContext(conf)
   val logData = sc.textFile(logFile, 2).cache()
   val numAs = logData.filter(line =>
                      line.contains("a")).count()
   val numBs = logData.filter(line =>
                      line.contains("b")).count()
   println("Lines with a: %s,
            Lines with b: %s".format(numAs, numBs))
  }
```

这个示例与之前讨论过的其他示例不一样，在 Spark shell 的示例中，自行对其 SparkContext 进行初始化，而本例通过程序进行初始化。使用 setAppName 应用程序名称设置的方法，创建 SparkConf 的一个实例，以完成 SparkContext 的初始化[7]。使用文本文件 logFile 创建一个 RDD logData。在 RDD 执行 count 操作后，使用 filter 操作统计 a 和 b 的数量。

88

步骤 4：检查项目组织是否如下所示。

```
user@spark:~/spark/simple$ find .
.
./simple.sbt
./src
./src/main
./src/main/scala
./src/main/scala/SimpleApp.scala
```

步骤 5：将应用程序打包到一个 jar 文件中，并部署到各个集群上运行。

```
user@spark:~/spark/simple$ sbt package
[info] Set current project to Simple Project (in build file:/app
    /spark/spark-1.0.1/simple/)
[info] Updating {file:/app/spark/spark-1.0.1/simple/}simple...
[info] Resolving org.eclipse.jetty.orbit#javax.transaction
    ;1.1.1.v201105210645 .[info] Resolving org.eclipse.jetty.
    orbit#javax.mail.glassfish;1.4.1.v20100508202[info]
    Resolving org.eclipse.jetty.orbit#javax.activation;1.1.0.
```

```
    v201105071233 ..[info] Resolving org.spark-project.akka#akka
    -remote_2.10;2.2.3-shaded-protobuf .[info] Resolving org.
    spark-project.akka#akka-actor_2.10;2.2.3-shaded-protobuf ..[
    info] Resolving org.spark-project.akka#akka-slf4j_2
    .10;2.2.3-shaded-protobuf ..[info] Resolving org.fusesource.
    jansi#jansi;1.4 ...
[info] Done updating.
[info] Compiling 1 Scala source to /app/spark/spark-1.0.1/simple
    /target/scala-2.10/classes...
[info] Packaging /app/spark/spark-1.0.1/simple/target/scala
    -2.10/simple-project_2.10-1.0.jar ...
[info] Done packaging.
[success] Total time: 14 s, completed 2 Sep, 2014 4:16:16 PM
```

步骤 6：使用 bin/spark-submit 脚本，将应用程序提交到 Spark 集群。这里有 3 个参数。

- class：需要执行的 class 的名称。
- master：集群 URL 或者本地执行，local[N] 表示要使用的线程数。
- 项目 jar 文件：包含 Spark jar 和捆绑的项目类文件。该 jar 文件在集群的所有节点上共享。

```
user@spark:~/spark/simple$ ../bin/spark-submit --class "
    SimpleApp" --master local target/scala-2.10/simple-project_2
    .10-1.0.jar
14/09/02 16:17:16 INFO Utils: Using Spark's default log4j
    profile: org/apache/spark/log4j-defaults.properties
14/09/02 16:17:16 WARN Utils: Your hostname, thinkpad resolves
    to a loopback address: 127.0.0.1; using 192.168.1.4 instead
    (on interface wlan0)
14/09/02 16:17:16 WARN Utils: Set SPARK_LOCAL_IP if you need to
    bind to another address
14/09/02 16:17:16 INFO SecurityManager: Changing view acls to:
    mak
14/09/02 16:17:16 INFO SecurityManager: SecurityManager:
    authentication disabled; ui acls disabled; users with view
    permissions: Set(mak)
14/09/02 16:17:17 INFO Slf4jLogger: Slf4jLogger started
14/09/02 16:17:17 INFO Remoting: Starting remoting
.
.
.
14/09/02 16:17:20 INFO TaskSetManager: Finished TID 3 in 8 ms on
     localhost (progress: 2/2)
14/09/02 16:17:20 INFO TaskSchedulerImpl: Removed TaskSet 1.0,
    whose tasks have all completed, from pool
14/09/02 16:17:20 INFO DAGScheduler: Stage 1 (count at simpleapp
    .scala:12) finished in 0.022 s
14/09/02 16:17:20 INFO SparkContext: Job finished: count at
    simpleapp.scala:12, took 0.029117467 s
Lines with a: 73, Lines with b: 35
```

89

3.3.4 Python 下 Spark 的使用

Spark Python 与 Spark Scala API 有很多区别，其中较为主要的如下。

Python是一种动态类型语言，且RDD能够存储多种类型的对象。它们支持与Scala API相同的方法，只不过使用的是Python函数和返回集。Python使用名为lambda函数的匿名函数，这些函数可以作为参数传递给API。

例如，用于检查出现在行中的“ERROR”的函数可以编写成：

```
def is_error(line):
    return 'ERROR' in line
errors = logData.filter(is_error)
```

使用lambda函数则替换为：

90

```
logData = sc.textFile(logFile).cache()
errors = logData.filter(lambda line: 'ERROR' in line)
```

类实例会以类似于Scala对象的方式序列化，并且这些lambda函数和所有参考对象都会传递给工作节点。

与交互式的Spark shell相似，PySpark也提供了一个易于使用的交互式shell。

`PySpark`依托于2.6或更高版本，使用CPython解释器来执行它们，这些解释器适用于C扩展。PySpark默认使用系统已安装版本的Python，可以通过更新`conf/spark-env.sh`中的`PYSPARK_PYTHON`环境变量对所有新版本进行更新以供使用。

运行`pyspark`脚本，启动更改过的Python解释器，从而运行PySpark应用。在使用PySpark前，必须先安装Spark。查看3.3.1节的说明。

```
$ ./pyspark
14/09/04 21:33:36 INFO HttpServer: Starting HTTP Server
14/09/04 21:33:36 INFO SparkUI: Started SparkUI at http
    ://192.168.1.4:4040
Welcome to
      ____              __
     / __/__  ___ _____/ /__
    _\ \/ _ \/ _ `/ __/  '_/
   /__ / .__/\_,_/_/ /_/\_\   version 1.0.1
      /_/

Using Python version 2.7.6 (default, Mar 22 2014 22:59:56)
SparkContext available as sc.
>>>
```

这样，就可立即使用PySpark shell通过简单的API与数据进行交互。

例如，读取文档并过滤含有单词“spar”的行，然后选择前五行，这一过程可以通过下列方式实现：

```
>>> words = sc.textFile("/usr/share/dict/words")
>>> words.filter(lambda w: w.startswith("spar")).take(5)
[u'spar', u'sparable', u'sparada', u'sparadrap', u'sparagrass']
>>> help(pyspark) # Show all pyspark functions
```

与Spark Scala shell相似，pyspark shell创建一个SparkContext，以提供默认在本地运行程序的所有API。与Scala-shell相同，它通过远程或单机的方式与集群连接：

```
$ MASTER=spark://IP:PORT ./pyspark
```

或者在本地机器上使用四个内核：

```
$ MASTER=local[4] ./pyspark
```


3.3.5 示例：Python 应用

步骤 1：使用 Spark python API 统计包含 a 和 b 的行的数量。使用 setAppName 对 SparkConf 实例的应用名称进行设置。将此 conf 作为参数传递给 SparkContext。使用 textfile API，创建一个 README.md 文件的 RDD。如下，创建 python lambda 函数，统计包含 a 和 b 的行的数量。

```
from pyspark import SparkContext, SparkConf

logFile = "README.md"
conf = SparkConf().setAppName("Pythonlines")
sc = SparkContext(conf=conf)
logData = sc.textFile(logFile).cache()

numAs = logData.filter(lambda s: 'a' in s).count()
numBs = logData.filter(lambda s: 'b' in s).count()

print "Lines with a: " + str(numAs) +
                      ", lines with b: " + str(numBs)
```

步骤 2：使用 bin/spark-submit 脚本，运行该示例。

```
user@spark:~/spark/simple$ ../bin/spark-submit lines.py
14/09/04 22:30:04 INFO Utils: Using Spark's default log4j
    profile: org/apache/spark/log4j-defaults.properties
14/09/04 22:30:04 WARN Utils: Your hostname, thinkpad resolves
    to a loopback address: 127.0.0.1; using 192.168.1.4 instead
    (on interface wlan0)
14/09/04 22:30:04 WARN Utils: Set SPARK_LOCAL_IP if you need to
    bind to another address
14/09/04 22:30:04 INFO SecurityManager: Changing view acls to:
    mak
14/09/04 22:30:04 INFO SecurityManager: SecurityManager:
    authentication disabled; ui acls disabled; users with view
    permissions: Set(mak)
14/09/04 22:30:05 INFO Slf4jLogger: Slf4jLogger started
14/09/04 22:30:05 INFO Remoting: Starting remoting
14/09/04 22:30:05 INFO Remoting: Remoting started; listening on
    addresses :[akka.tcp://spark@192.168.1.4:43599]
14/09/04 22:30:05 INFO Remoting: Remoting now listens on
    addresses: [akka.tcp://spark@192.168.1.4:43599]
...
14/09/04 22:30:07 INFO TaskSchedulerImpl: Removed TaskSet 1.0,
    whose tasks have all completed, from pool
14/09/04 22:30:07 INFO DAGScheduler: Stage 1 (count at /app/
    spark/spark-1.0.1/simple/lines.py:8) finished in 0.022 s
14/09/04 22:30:07 INFO SparkContext: Job finished: count at /app
    /spark/spark-1.0.1/simple/lines.py:8, took 0.033365716 s
Lines with a: 73, lines with b: 35
```

3.4 Spark 部署

Spark 驱动程序使用 `SparkContext` 对象协调集群上的独立进程。`SparkContext` 可以连接到许多集群管理器（Standalone 或者 Mesos/YARN），它们负责将资源分配给应用。驱动程序和节点一旦建立了联系，就会启动工作进程执行计算和存储数据。把附加在 JAR 或 Python 文件的应用代码传送到 SparkContext。最后，SparkContext 向工作节点发送待运行任务（图 3-6）。

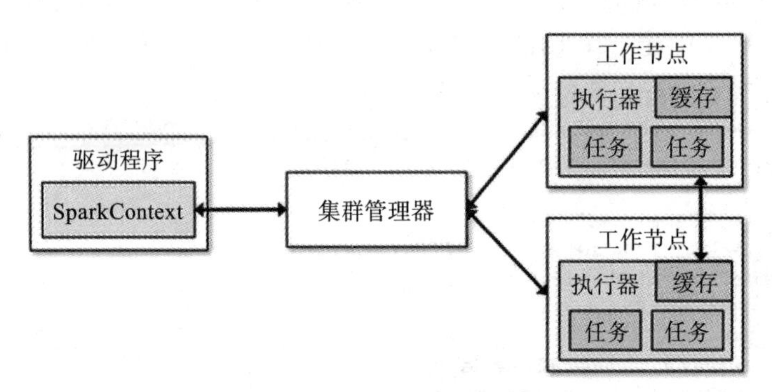

图 3-6　应用程序的执行流程 [7]

使用该架构的几方面优势如下。

- 每个应用程序接收自己的一组工作进程，这些进程体现了应用程序的持久性，并且还可以在多个线程中运行任务。它允许对应用程序在调度和执行方面进行隔离。然而，在没有写入外部存储系统的情况下，这些应用之间不能共享数据。
- Spark 不考虑底层集群管理系统，运行 Spark 相对简单，即便是在其他集群的管理器上，只要它能识别处理过的进程。
- 通常，在相同的局域网，驱动程序在集群上调度任务，以便它能够在数据附近运行。与远离工作节点比起来，最好向驱动程序开放远程程序调用，在数据附近提交操作。

93

Spark 系统当前支持三种管理器。

- Standalone：Spark 中一种简单的集群管理器，可以使建立集群变得很简单。
- Apache Mesos：一个通用集群管理器，也可以运行 Hadoop `MapReduce` 和服务类应用。
- Hadoop YARN：Hadoop 2 版本的另一个资源管理器。

另外，Spark EC2 启动脚本可以很容易在 AmazonEC2 上启动一个独立的集群。

3.4.1 应用提交

Spark 提供了一种有效的方法，即使用 `bin/spark-submit` 脚本提交应用。该脚本足以用于管理 Spark 支持的集群管理器，且不需要对配置进行额外更改。对于基于 Scala 的应用程序，所有必要组件都与应用一起集成到一个程序集 jar 中，并被复制到工作节点。对于 Python 用户，可以使用 `--py-files` 来添加 `.py`、`.egg` 和 `.zip` 文件。把这些文件复制到所有工作节点的工作目录中。经过一段时间，它们会占据很大一部分空间，需要进行清理。

该脚本会检查 Spark 的类路径设置和它所依赖的组件，而且支持各类部署模式，`bin/spark-submit --help` 操作会生成如下结果：

```
./bin/spark-submit \
  --class <main-class>
  --master <master-url> \
  --deploy-mode <deploy-mode> \
  ... # other options
  <application-jar> \
  [application-arguments]
```

使用较多的操作有以下几个。

- `--class`：该参数表示程序的入口点（例如，org.apache.spark.examples.SparkPi）。
- `--master`：集群主节点的 URL。
- `--deploy-mode`：本地部署或集群部署。
- `application-jar`：包含程序及其依赖组件的 jar 全局可视路径。

使用 `spark-shell` 脚本的不同部署的用例如下：

94

```
# Run application locally on 8 cores
./bin/spark-submit \
  --class org.apache.spark.examples.SparkPi \
  --master local[8] \
  /path/to/examples.jar \
  100

# Run on a Spark standalone cluster
./bin/spark-submit \
  --class org.apache.spark.examples.SparkPi \
  --master spark://192.168.1.100:7077 \
  --executor-memory 20G \
  --total-executor-cores 100 \
  /path/to/examples.jar \
  1000

# Run on a YARN cluster
export HADOOP_CONF_DIR=XXX
./bin/spark-submit \
  --class org.apache.spark.examples.SparkPi \
  --master yarn-cluster \
  --executor-memory 20G \
  --num-executors 50 \
  /path/to/examples.jar \
  1000

# Run a Python application on a cluster
./bin/spark-submit \
  --master spark://192.168.1.100:7077 \
  examples/src/main/python/pi.py \
  1000
```

3.4.2 单机模式

手动启动集群

可以通过执行以下操作启动一个单机主服务器：

```
user@spark:~/spark$ ./sbin/start-master.sh
starting org.apache.spark.deploy.master.Master, logging to /home
    /user/spark/bin/../logs/spark-user-org.apache.spark.deploy.
    master.Master-1-spark.out
```

Spark 主服务器 URL 可以在 `http://localhost:8080` 看到，这是一个集群的网络界面（图 3-7）。例如，这种情况下为 spark://HackStation:7077（HackStation 是主机名）。

95

Spark Master at spark://HackStation:7077

URL: spark://HackStation:7077
Workers: 0
Cores: 0 Total, 0 Used
Memory: 0.0 B Total, 0.0 B Used
Applications: 0 Running, 0 Completed

Workers

Id	Address	State	Cores	Memory

Running Applications

ID	Name	Cores	Memory per Node	Submitted Time	User	State	Duration

Completed Applications

ID	Name	Cores	Memory per Node	Submitted Time	User	State	Duration

图 3-7 Spark 主服务器 Web UI

通过执行下列命令将一个或多个工作节点连接到主服务器：

```
user@spark:~/spark$ ./spark-class org.apache.spark.deploy.worker
    .Worker spark://HackStation:7077

SLF4J: Class path contains multiple SLF4J bindings.
SLF4J: Found binding in [jar:file:/app/spark/spark-0.8.1/tools/
    target/scala-2.9.3/spark-tools-assembly-0.8.1-incubating.jar
    !/org/slf4j/impl/StaticLoggerBinder.class]
SLF4J: Found binding in [jar:file:/app/spark/spark-0.8.1/
    assembly/target/scala-2.9.3/spark-assembly-0.8.1-incubating-
    hadoop1.0.4.jar!/org/slf4j/impl/StaticLoggerBinder.class]
.
.
.
```

一旦启动工作节点，查看主服务器 Web UI（默认为 http://localhost:8080）。你会看到列出的新节点，以及它的内核和存储器数量（图 3-8）。

最后，把下面的配置选项传送到主服务器和工作节点，如表 3-2 所示。

集群启动脚本

为了使用 Spark 脚本启动单机集群，需要创建 `conf/slaves` 文件。该文件包含所有工作节点的主机名，主服务器可以通过创建无密码 ssh 连接访问工作节点，具体内容参见

第 2 章。可以将 localhost 加入列表以实施测试，主服务器与工作节点将成为相同节点(单节点集群)。

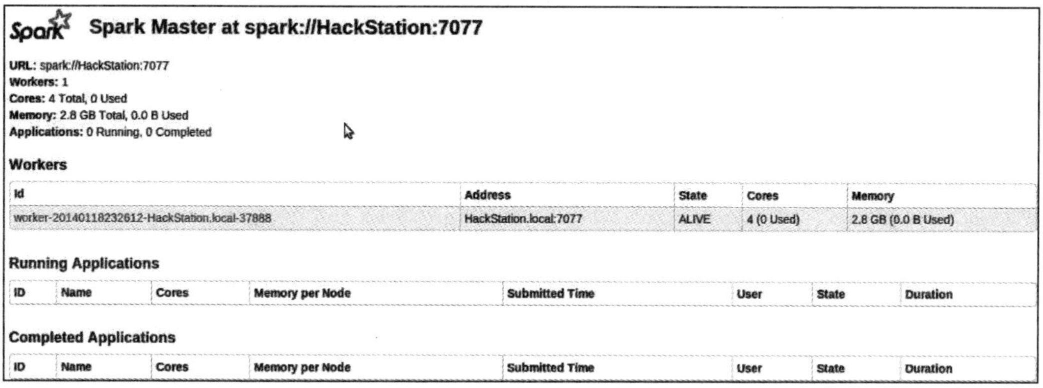

Spark Master at spark://HackStation:7077

URL: spark://HackStation:7077
Workers: 1
Cores: 4 Total, 0 Used
Memory: 2.8 GB Total, 0.0 B Used
Applications: 0 Running, 0 Completed

Workers

Id	Address	State	Cores	Memory
worker-20140118232612-HackStation.local-37888	HackStation.local:7077	ALIVE	4 (0 Used)	2.8 GB (0.0 B Used)

Running Applications

ID	Name	Cores	Memory per Node	Submitted Time	User	State	Duration

Completed Applications

ID	Name	Cores	Memory per Node	Submitted Time	User	State	Duration

图 3-8 Spark 工作节点 Web UI

96

表 3-2 配置选项

参 数	含 义
-i IP, --ip IP	监听的 IP 地址或 DNS 名称
-p PORT, --port PORT	监听的服务端口（默认：7077 为主服务器端口，对于工作节点是随机端口）
--webui-port PORT	Web UI 的端口（默认：8080 为主服务器端口，8081 为工作节点端口）
-c CORES, --cores CORES	允许 Spark 应用使用的全部 CPU 内核。默认在工作节点上所有内核可用
-m MEM, --memory MEM	Spark 应用可用的存储器总量，默认为系统内存减去 1GB
-d DIR, --work-dir DIR	存储作业和输出日志的目录，默认 SPARK_HOME/work

该脚本位于 SPARK_HOME/bin。这些脚本函数与第 2 章讨论的 Hadoop 启动脚本类似。

- bin/start-master.sh——在执行脚本的机器上启动主服务器实例。
- bin/start-slaves.sh——在文件 conf/slaves 中指明的每台机器上启动的从节点（工作节点）实例。
- bin/start-all.sh——如上描述，启动主服务器和一定数量的从节点。
- bin/stop-master.sh——停止通过脚本 bin/start-master.sh 启动的主服务器。
- bin/stop-slaves.sh——停止通过脚本 bin/start-slaves.sh 启动的从节点实例。
- bin/stop-all.sh——停止上述主服务器和从节点。

97

注意：这些脚本必须在你想要运行 Spark 的主服务器机器上执行，而不是在你的本地机器上。

向集群提交应用

使用 3.3.3 节创建的代码。该代码可以提交到在 spark://HackStation:7077 上面启动的集群。

```
../bin/spark-submit --class "SimpleApp" --master spark://
    HackStation:7077 target/scala-2.10/simple-project_2.10-1.0.
    jar
14/09/02 19:19:40 INFO Utils: Using Spark's default log4j
    profile: org/apache/spark/log4j-defaults.properties
14/09/02 19:19:40 WARN Utils: Your hostname, thinkpad resolves
    to a loopback address: 127.0.0.1; using 192.168.1.4 instead
    (on interface wlan0)
14/09/02 19:19:40 WARN Utils: Set SPARK_LOCAL_IP if you need to
    bind to another address
.
.
.
14/09/02 19:19:57 INFO DAGScheduler: Completed ResultTask(1, 1)
14/09/02 19:19:57 INFO TaskSetManager: Finished TID 3 in 28 ms
    on 192.168.1.4 (progress: 2/2)
14/09/02 19:19:57 INFO DAGScheduler: Stage 1 (count at simpleapp
    .scala:12) finished in 0.030 s
14/09/02 19:19:57 INFO TaskSchedulerImpl: Removed TaskSet 1.0,
    whose tasks have all completed, from pool
14/09/02 19:19:57 INFO SparkContext: Job finished: count at
    simpleapp.scala:12, took 0.046617489 s
Lines with a: 73, Lines with b: 35
```

检查 `http://localhost:8080/`，查看作业进度（图 3-9）。

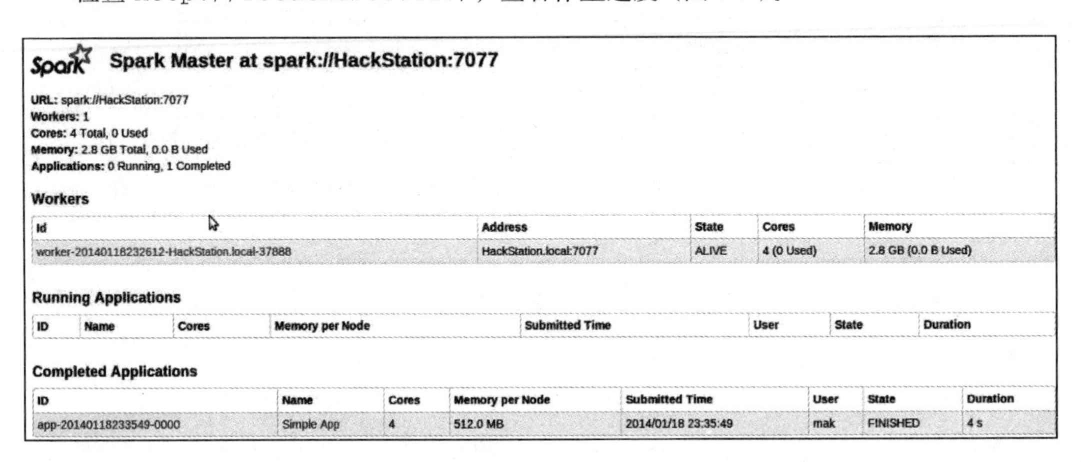

图 3-9　Spark 应用进度

参考文献

1. J. Dean and S. Ghemawat. MapReduce: Simplified data processing on large clusters. Commun. ACM, 51(1):107-113, 2008.
2. H. Yang, A. Dasdan, R. Hsiao, and D. S. Parker. Map-reduce-merge: simplified relational data processing on large clusters. In SIGMOD 07, pages 1029-1040. ACM, 2007.
3. M. Isard, M. Budiu, Y. Yu, A. Birrell, and D. Fetterly. Dryad: Distributed data-parallel programs from sequential building blocks. In EuroSys 2007, pages 59-72, 2007.
4. B. Hindman, A. Konwinski, M. Zaharia, and I. Stoica. A common substrate for cluster computing. In Workshop on Hot Topics in Cloud Computing (HotCloud) 2009, 2009.
5. Zaharia, Matei, et al. "Spark: cluster computing with working sets." Proceedings of the 2nd USENIX conference on Hot topics in cloud computing. 2010.
6. C. Olston, B. Reed, U. Srivastava, R. Kumar, and A. Tomkins. Pig latin: a not-so-foreign

language for data processing. In *SIGMOD 08. ACM*, 2008.

7. Apache Hive. http://hadoop.apache.org/hive.
8. Li, Kai. "IVY: A Shared Virtual Memory System for Parallel Computing." ICPP (2). 1988.
9. B. Nitzberg and V. Lo. Distributed shared memory: a survey of issues and algorithms. Computer, 24(8):52-60, aug 1991.
10. A.-M. Kermarrec, G. Cabillic, A. Gefflaut, C. Morin, and I. Puaut. A recoverable distributed shared memory integrating coherence and recoverability. In FTCS 95. IEEE Computer Society, 1995.
11. R. Bose and J. Frew. Lineage retrieval for scientific data processing: a survey. ACM Computing Surveys, 37:128, 2005.
12. J. B. Carter, J. K. Bennett, and W. Zwaenepoel. Implementation and performance of Munin. In SOSP 91. ACM, 1991.
13. D. Gelernter. Generative communication in linda. ACM Trans. Program. Lang. Syst., 7(1):80-112, 1985.
14. B. Liskov, A. Adya, M. Castro, S. Ghemawat, R. Gruber, U. Maheshwari, A. C. Myers, M. Day, and L. Shrira. Safe and efficient sharing of persistent objects in thor. In SIGMOD 96, pages 318-329. ACM, 1996.
15. G. Malewicz, M. H. Austern, A. J. Bik, J. C. Dehnert, I. Horn, N. Leiser, and G. Czajkowski. Pregel: a system for large-scale graph processing. In SIGMOD, pages 135146, 2010.
16. J. Ekanayake, H. Li, B. Zhang, T. Gunarathne, S.-H. Bae, J. Qiu, and G. Fox. Twister: a runtime for iterative mapreduce. In HPDC 10, 2010.
17. Y. Bu, B. Howe, M. Balazinska, and M. D. Ernst. HaLoop: efficient iterative data processing on large clusters. Proc. VLDB Endow., 3:285-296, September 2010.
18. Scala programming language. http://www.scala-lang.org.
19. B. Hindman, A. Konwinski, M. Zaharia, A. Ghodsi, A. D. Joseph, R. H. Katz, S. Shenker, and I. Stoica. Mesos: A platform for fine-grained resource sharing in the data center. Technical Report UCB/EECS-2010-87, EECS Department, University of California, Berkeley, May 2010.
20. M. Zaharia, D. Borthakur, J. Sen Sarma, K. Elmeleegy, S. Shenker, and I. Stoica. Delay scheduling: A simple technique for achieving locality and fairness in cluster scheduling. In EuroSys 2010, April 2010.
21. R. Power and J. Li. Piccolo: Building fast, distributed programs with partitioned tables. In Proc. OSDI 2010, 2010.
22. Spark, Apache. [Online] Available: http://spark.incubator.apache.org/docs/latest/.

99
~
100

第 4 章

Scalding 和 Spark 的内部编程

4.1 Scalding 简介

Scalding 是在 Cascading 的基础上构建的基于 Scala 的库，也是构成低层级 Hadoop API 抽象的 Java 库。它与 Pig 相当，但是在构建 MapReduce 作业方面更具优势 [1]。

4.1.1 安装

Scala 的安装过程十分简单，只需从 Twitter Github 官方库下载资源代码，编译项目和构建 scalding jar。本书使用的是 Scalding 0.10.0 版本。

步骤 1：从以下地址下载项目压缩包。

```
https://github.com/twitter/scalding
```

步骤 2：Scalding 项目中包含简易构建工具（sbt），该工具具备所有构建和测试 Scalding 项目的配置细节。

该项目一直处于研发的状态，因此当发布任何新的内容或者依赖项时，也相当于对项目进行了升级。

```
user@ubuntu:~/scalding$ sbt update
[info] Loading project definition from /app/scalding/scalding
    -0.10.0/project
[info] Set current project to scalding (in build file:/app/
    scalding/scalding-0.10.0/)
[info] Updating {file:/app/scalding/scalding-0.10.0/}scalding-
    date...
[info] Updating {file:/app/scalding/scalding-0.10.0/}scalding-
    args...
[info] Updating {file:/app/scalding/scalding-0.10.0/}maple...
[info] Resolving org.fusesource.jansi#jansi;1.4 ...
[info] Done updating.
[info] Resolving org.apache.mahout#mahout;0.9 ...

....

[info] Updating {file:/app/scalding/scalding-0.10.0/}scalding-
```

```
    repl...
[info] Resolving org.fusesource.jansi#jansi;1.4 ...
[info] Done updating.
[info] Resolving com.fasterxml.jackson.module#jackson-module-
    scala_2.9.3;2.2.3 .[info] Resolving org.fusesource.jansi#
    jansi;1.4 ...
[info] Done updating.
[info] Resolving org.codehaus.jackson#jackson-core-asl;1.8.8 ...
[info] Done updating.
[info] Resolving org.fusesource.jansi#jansi;1.4 ...
[info] Done updating.
[success] Total time: 11 s, completed 3 Sep, 2014 3:24:09 AM
```

步骤 3：运行测试。

```
user@ubuntu:~/scalding$ sbt test
[info] Compiling 2 Scala sources to /app/scalding/scalding-new/
    scalding-args/target/scala-2.9.3/test-classes...
[info] Compiling 3 Scala sources to /app/scalding/scalding-new/
    scalding-date/target/scala-2.9.3/test-classes...
[info] Compiling 85 Scala sources to /app/scalding/scalding-new/
    scalding-core/target/scala-2.9.3/classes...
[info] + Tool.parseArgs should
[info]   + handle the empty list
[info]   + accept any number of dashed args
[info]   + remove empty args in lists
[info]   + put initial args into the empty key
[info]   + allow any number of args per key
[info]   + allow any number of dashes
[info]   + round trip to/from string
[info]   + handle positional arguments
[info]   + handle negative numbers in args
[info]   + handle strange characters in the args
[info]   + access positional arguments using apply
[info]   + verify that args belong to an accepted key set
....
[info] Passed: Total 21, Failed 0, Errors 0, Passed 21
....
```

102

步骤 4：创建一个 jar 文件，它包含所有依赖项和项目的可执行文件。在启动 scald.rb 脚本运行 Scalding 作业时，会用到它们。

执行下列操作，创建所需的 jar 文件：

```
user@ubuntu:~/scalding$ sbt assembly
[info] Loading project definition from /app/scalding/scalding-
    new/project
[info] Set current project to scalding (in build file:/app/
    scalding/scalding-new/)
[info] Including from cache: cascading-hadoop-2.5.2.jar
[info] Including from cache: cascading-core-2.5.2.jar
[info] Including from cache: riffle-0.1-dev.jar
[info] Including from cache: jgrapht-jdk1.6-0.8.1.jar
[info] Including from cache: janino-2.6.1.jar
[info] Including from cache: commons-compiler-2.6.1.jar
[info] Including from cache: scala-library-2.9.3.jar
....
[info] Assembly up to date: /app/scalding/scalding-new/target/
```

```
    scala-2.9.3/scalding-assembly-0.9.1.jar
[info] Assembly up to date: /app/scalding/scalding-new/scalding-
    args/target/scala-2.9.3/scalding-args-assembly-0.9.1.jar
....
```

步骤 5：编写一个简单的 Scalding wordcount 程序，并进行测试。

```
import com.twitter.scalding._

class WordCountJob(args : Args) extends Job(args) {
  TextLine( args("input") )
    .flatMap('line -> 'word){ line : String =>
                              line.split("""\s+""") }
    .groupBy('word) { _.size }
    .write( Tsv( args("output") ) )
}
```

有关 API 层面的细节内容，会在本章后面的部分进行说明。

要运行作业，将上面的源代码复制到文件 `WordCountJob.scala` 中，创建一个名为 `someInputfile.txt` 的包含任意文本的文件，然后在 Scalding 库的根目录下输入以下命令。

```
user@ubuntu:~/scalding$ scripts/scald.rb --local WordCountJob.
    scala --input someInputfile.txt --output ./someOutputFile.
    tsv
downloading hadoop-core-1.0.3.jar from http://repo1.maven.org/
    maven2/org/apache/hadoop/hadoop-core/1.0.3/hadoop-core
    -1.0.3.jar...
Successfully downloaded hadoop-core-1.0.3.jar!
downloading slf4j-log4j12-1.6.6.jar from http://repo1.maven.org/
    maven2/org/slf4j/slf4j-log4j12/1.6.6/slf4j-log4j12-1.6.6.jar
    ...
.
.
.
11:19:45 INFO flow.Flow: [WordCountJob] starting
11:19:45 INFO flow.Flow: [WordCountJob]  source: FileTap["
    TextLine[['offset', 'line']->[ALL]]"]["in"]
11:19:45 INFO flow.Flow: [WordCountJob]  sink: FileTap["
    TextDelimited[[UNKNOWN]->[ALL]]"]["haha"]
11:19:45 INFO flow.Flow: [WordCountJob]  parallel execution is
    enabled: true
11:19:45 INFO flow.Flow: [WordCountJob]  starting jobs: 1
11:19:45 INFO flow.Flow: [WordCountJob]  allocating threads: 1
11:19:45 INFO flow.FlowStep: [WordCountJob] starting step: local
11:19:45 INFO assembly.AggregateBy: using threshold value:
    100000
```

103

该命令在本地模式中运行 WordCount 作业（也就是说，不是运行在 Hadoop 的集群上）。几秒钟后，你的第一个 Scalding 作业就会完成。

```
user@ubuntu:~/scalding$ cat someOutputFile.tsv
Appendix    1
BASIS,  1
CONDITIONS  3
```

```
Contribution    3
Contribution(s) 3
Contribution."  1
Contributions)  1
Contributions.  2
Contributor 8
.
.
.
```

注意：Scalding 可以使用 Scala 2.9.3 和 2.10.0+ 版本，不过必须对一些配置文件进行更改。文件 project/Build.scala 内包含了 Scalding 项目的所有配置设置。

4.1.2　编程指南

Scalding 是建立在 Cascading 库基础上的 Scala 封装[3]。Cascading 库有很多 API，用于数据处理、进程调度等。它对底层 Hadoop 映射和简化任务进行抽象，并且充分利用 Hadoop 的可伸缩性。开发人员将程序进行捆绑，并作为 Cascading jar 文件的一部分，分布到 Hadoop 集群中。程序的编写要遵循源 – 管道 – 汇（Source-pipe-sink）的范式。从源中捕获数据，再通过可复用的管道（它描述的是复杂的数据分析过程），将结果传递到汇（它通常指代外部存储），这个过程称为 Cascading 的流。流积汇成瀑布（也可称为级联），只要满足了所有的依赖项，流就会执行。管道和流可以用于满足不同领域的需要[4]。

104

开发人员可以使用 Java 编写 Cascading，对于较大应用的整合也同样可行。

Scalding 提供了大量的 API，这有助于提高 MapReduce 程序的编写效率。下面会讨论到其中的一些 API 和示例。

注意：以下数据集给出的所有示例都存储在名为 in 的文件中，使用 run 步骤给出的命令将它们输入到程序中。

1. read 和 write：基本的读写功能负责从源读取，再写入汇。这是建立流和进程管道所必需的操作。

```
import com.twitter.scalding._
import com.twitter.scalding.mathematics._
class testJob(args: Args) extends Job(args) {
    val input = TextLine("README.md")
        .read
        .write(TextLine("readwrite.txt"))
}
```

2. map：通用 API 的使用方法如下。

```
pipe.map(currentFields -> newFields){function}
```

管道代表源的流入，function 用于管道的每一个元素。

数据：思考一个关于美元的数据集示例，需要将它转换成印度的卢比（INR）(表 4-1）。

表 4-1　美元货币

美　元
50
10
20
40

代码：对每个元素应用 map 函数，并用它乘以汇率 60。

105

```
import com.twitter.scalding._
class testJob(args: Args) extends Job(args) {
   val input = Tsv("input")
         .map
         .write(Tsv("output"))
}
```

运行：使用 scald.rb 脚本执行作业。

```
$ ./scald.rb --local map.scala
```

输出：输出如表 4-2 所示。

表 4-2 转换成的卢比

美元	卢比
50	3000
10	600
20	1200
40	2400

3. flatmap：通用 API 的使用方法是

```
pipe.flatMap(currentFields -> newFields){function}
```

数据：思考一个有以下行的文本文件。

```
I love scalding
```

代码：flatmap 将每个元素映射到一个列表，然后将列表进行拉平处理，在返回的列表中每个条目释放一个元组。

```
import com.twitter.scalding._

class testJob(args: Args) extends Job(args) {
    val input = Tsv(args("input"), 'lines)
          .flatMap('lines -> 'words){
             lines : String => lines.split(' ')
          }
          .write(Tsv("output.tsv"))
}
```

运行：使用 scald.rb。

```
$ ./scald.rb --local flatMap.scala --input in
```

输出：输出如下。

```
I love Scalding I
I love Scalding love
I love Scalding Scalding
```

106

4. mapTo：这相当于执行一个映射操作，将现有的字段映射到新的字段。API 使用方法为：

```
pipe.mapTo(currentFields -> newFields){function}
```

数据：思考一个关于商品价格和折扣的数据集，然后计算每件商品节省多少钱。第一列是价格，第二列是折扣。

```
12000 200
350   25
4500  150
60    6
```

代码：通过计算每行的 price-discount（折扣价）来决定节省了多少。

```
import com.twitter.scalding._

class testJob(args: Args) extends Job(args) {
   val input = Tsv(args("input"), ('price,'discount))
         .mapTo(('price, 'discount) -> ('savings)){
            x : (Int, Int) =>
            val(price, discount) = x
            (price - discount)
         }
         .write(Tsv("output.tsv"))
}
```

交替使用 map 和 project：

```
import com.twitter.scalding._

class testJob(args: Args) extends Job(args) {
   val input = Tsv(args("input"), ('price,'discount))
         .map(('price, 'discount) -> ('savings)){
            x : (Int, Int) =>
            val(price, discount) = x
            (price - discount)
         }
         .project('savings)
         .write(Tsv("output.tsv"))
}
```

运行：使用 scald.rb。

```
../scald.rb --local mapTo.scala --input in
```

输出：在 output.tsv 中输出

```
11800
325
4350
54
```

107

5. flatmapto：API 使用方法为

```
pipe.flatMapTo(currentFields -> newFields){function}
```

这有点类似于将 flatMap 和 mapTo 结合到一起。

数据：思考一个字符串。

```
I love Scalding
```

代码：

```
import com.twitter.scalding._

class testJob(args: Args) extends Job(args) {
    val input = Tsv(args("input"), 'lines)
          .flatMapTo('lines -> 'word){
            line : String => line.split(' ')
          }
          .write(Tsv("output.tsv"))
}
```

运行：使用 scald.rb。

```
$ ./scald.rb --local flatMapTo.scala --input in
```

输出：输出如下。

```
I
love
Scalding
```

6. project：API 的使用方法是

```
pipe.project(fields)
```

输出只包括作为参数列出的字段。

数据：思考一个关于人和年龄的数据集，第一列是人名，第二列是年龄。

```
Anil        23
Kumar       45
Srinivasa   37
Brad        50
```

代码：

```
import com.twitter.scalding._

class testJob(args: Args) extends Job(args) {
    val input = Tsv(args("input"), ('name, 'age))
        .project('name)
        .write(Tsv("output.tsv"))
}
```

108

运行：使用 scald.rb。

```
$ ./scald.rb --local project.scala --input in
```

输出：输出仅包含人名字段。

```
Anil
Kumar
Srinivasa
Brad
```

7. discard：API 用法为

```
pipe.discard(fields)
```

discard 函数与 project 函数相反。

数据：思考一个关于商品价格的数据集。第一列是商品名称，第二列是价格。

```
Nexus       23000
Jersey      4000
Football    2000
Cricket-bat 1450
```

代码：去掉商品名称，结果必然只包括价格。

```
import com.twitter.scalding._
```

```
class testJob(args: Args) extends Job(args) {
    val input = Tsv(args("input"), ('product, 'price))
        .discard('product)
        .write(Tsv("output.tsv"))
}
```

运行：使用 scald.rb。

```
$ ./scald.rb --local discard.scala --input in
```

输出：输出只包括价格。

```
23000
4000
2000
1450
```

8. insert：API 使用方法是

```
pipe.insert(field, value)
```

向字段添加新条目。

109

数据：思考一个关于智能手机的产品清单数据集。

```
Samsung
Dell
Apple
Micromax
```

代码：添加一个新的字段原产国“USA”。

```
import com.twitter.scalding._

class testJob(args: Args) extends Job(args) {
    val input = Tsv(args("input"), ('product))
        .insert(('country), ("USA"))
        .write(Tsv("output.tsv"))
}
```

运行：使用 scald.rb。

```
$ ./scripts/scald.rb --local insert.scala --input in
```

输出：

```
Samsung USA
Dell    USA
Apple   USA
Micromax    USA
```

9. rename：API 用法为

```
pipe.rename(oldFields -> newFields)
```

数据：思考一个关于公司名称和公司规模的数据集。

```
Samsung     40000
Dell        30000
Apple       50000
Micromax    10000
```

代码：重命名这些字段。

('company, 'size) -> ('product, 'inventory).

```
import com.twitter.scalding._

class testJob(args: Args) extends Job(args) {
    val input = Tsv(args("input"), ('company, 'size))
        .rename(('company, 'size) ->
                       ('product, 'inventory))
        .project(('inventory, 'product))
        .write(Tsv("output.tsv"))
}
```

运行：使用 scald.rb。

110

```
$ ./scald.rb --local rename.scala --input in
```

输出：输出为

```
40000   Samsung
30000   Dell
50000   Apple
10000   Micromax
```

10. limit：API 使用方法是

```
pipe.limit(number)
```

限制流经管道的条目数量。

数据：思考一个含有公司名称和收益的数据集。

```
Samsung     40000
Dell        30000
Apple       50000
Micromax    10000
```

代码：将流经管道的公司数量限制为两个。

```
import com.twitter.scalding._

class testJob(args: Args) extends Job(args) {
    val input = Tsv(args("input"), ('company, 'size))
        .limit(2)
        .write(Tsv("output.tsv"))
}
```

运行：使用 scald.rb。

```
$ ./scripts/scald.rb --local limit.scala --input in
```

输出：

```
Samsung 40000
Dell    30000
```

11. filter：API 使用方法为

```
pipe.filter(fields){function}
```

移除 function 等于 False 的行。

数据：思考一个关于动物和种类的数据集。

```
Crow    bird
Lion    animal
Sparrow bird
cat     animal
Pigeon  bird
```

代码：过滤出鸟类。

111

```
import com.twitter.scalding._

class testJob(args: Args) extends Job(args) {
    val input = Tsv(args("input"), ('animal, 'kind))
        .filter('kind) { kind : String => kind == "bird"}
        .write(Tsv("output.tsv"))
}
```

运行：使用 scald.rb。

```
$ ./scripts/scald.rb --local filter.scala --input in
```

输出：鸟类。

```
Crow    bird
Sparrow bird
Pigeon  bird
```

12. filternot：API 使用方法是

```
pipe.filterNot(fields)function
```

它的作用与 filter 相反。

数据：思考一个关于动物的数据集。

```
Crow    bird
Lion    animal
Sparrow bird
Cat     animal
Pigeon  bird
```

代码：过滤出不是鸟类的动物。

```
import com.twitter.scalding._

class testJob(args: Args) extends Job(args) {
    val input = Tsv(args("input"), ('animal, 'kind))
        .filterNot('kind) { kind : String => kind == "bird"}
        .write(Tsv("output.tsv"))
}
```

运行：使用 scald.rb。

```
$ ./scripts/scald.rb --local filternot.scala --input in
```

输出：不是鸟类的动物。

```
Lion     animal
Cat      animal
```

112

13. pack：API 使用方法是

```
pipe.pack(Type)(fields -> object)
```

使用 Java 反射机制可以将多字段打包到单个对象中。打包和解压用于对字段对象的建组和解组。

数据：思考一个带有名称、规模和收益（单位：十亿美元）的公司的数据集。

```
Dell         40000   15
Facebook     23000   32
Google       47000   40
Apple        17000   34
```

代码：作为 Company 对象将各字段进行打包。

```
import com.twitter.scalding._

case class Company(companyID : String,
                   size : Long =0,
                   revenue : Int = 0)

class testJob(args: Args) extends Job(args) {

    val sampleinput = List(
        ("Dell",40000L,15),
        ("Facebook",23000L,32),
        ("Google",47000L,40),
        ("Apple",17000L,34))

    val input = IterableSource[(String, Long, Int)]
            (sampleinput, ('companyID, 'size, 'revenue))
        .pack[Company](
            ('companyID, 'size, 'revenue) -> 'Company)
        .write(Tsv("output.tsv"))
}
```

运行：使用 scald.rb。

```
$ ./scripts/scald.rb --local pack.scala --input in
```

输出：

```
Dell     40000   15 Company(Dell,40000,15)
Facebook 23000   32 Company(Facebook,23000,32)
Google   47000   40 Company(Google,47000,40)
Apple    17000   34 Company(Apple,17000,34)
```

14. unpack：API 使用方法是

```
pipe.unpack(Type)(object -> fields)
```

将对象内容解压成多个字段。

113

数据：思考一个打包的数据集，其中包含公司名称、规模和组建时间等列表信息。

```
Company("Dell",40000,15)
Company("Facebook",23000,32)
Company("Google",47000,40)
Company("Apple",17000,34)
```

代码：将 Company 对象的内容解包至字段 `CompanyName`、`size` 和 `yearsOfInc`。

```
import com.twitter.scalding._

case class Company(companyID : String,
                   size : Long =0,
                   revenue : Int = 0)

class testJob(args: Args) extends Job(args) {
   val sampleinput = List(
        Company("Dell",40000,15),
        Company("Facebook",23000,32),
        Company("Google",47000,40),
        Company("Apple",17000,34))

   val input = IterableSource[(Company)] (sampleinput,
                                            ('company))
        .unpack[Company]('company ->
                     ('companyID, 'size, 'revenue))
        .write(Tsv("output.tsv"))
}
```

运行：使用 `scald.rb`。

```
$ ./scald.rb --local unpack.scala
```

输出：

```
Company(Dell,40000,15)         Dell      40000   15
Company(Facebook,23000,32)     Facebook  23000   32
Company(Google,47000,40)       Google    47000   40
Company(Apple,17000,34)        Apple     17000   34
```

15. `groupBy`：API 使用方法是

```
pipe.groupBy(fields){group => <action>}
```

把管道中的数据按照作为参数传递的字段的值进行分组，然后通过对这些字段执行一组操作，创建新的字段。

数据：思考一个关于电商网站上交易的数据集。它包含用户 ID 和所购买的产品。

```
1   camera
2   football
2   phone
1   sweater
1   shoes
1   shirt
3   laptop
```

114

代码：查看每个顾客购买的商品的数量。

使用 `size` 分组函数计算每组中行的数量。

```
import com.twitter.scalding._

class testJob(args: Args) extends Job(args) {
    val input = Tsv(args("input"), ('cust, 'product))
         .groupBy('cust){_.size}
         .write(Tsv("output.tsv"))
}
```

运行：使用 scald.rb。

```
$ ./scald.rb --local groupby.scala --input in
```

输出：输出结果包含用户 ID 和购买商品的数量。

```
1    4
2    2
3    1
```

16. groupAll：API 使用方法是

```
pipe.groupAll{ group => <action> }
```

以整个管道的形式创建一个组。当需要全局变量时，这会非常有用。

数据：思考一个无序的电话本数据集。

```
Kumar    657-737-8547
Anil     257-747-3527
Sunil    656-333-4542
Bob      617-730-8842
Rooney   125-679-0317
Falcao   957-717-3537
```

代码：按照名字对数据集进行排序。

```
import com.twitter.scalding._

class testJob(args: Args) extends Job(args) {
    val input = Tsv(args("input"), ('name, 'phone))
           .groupAll{_.sortBy('name)}
           .write(Tsv("output.tsv"))
}
```

运行：使用 scald.rb。

115

```
$ ./scald.rb --local groupall.scala --input in
```

输出：排序后的电话本。

```
Anil     257-747-3527
Bob      617-730-8842
Falcao   957-717-3537
Kumar    657-737-8547
Rooney   125-679-0317
Sunil    656-333-4542
```

17. average：API 使用方法是

```
group.average(field)
```

它是分组描述中的一类分组函数，用于计算一组数据的平均值。

数据：思考一个关于足球俱乐部球员和年龄的数据集。

```
Anil         24
Srinivasa    35
Falcao       29
Ronaldo      28
Rooney       28
Persie       31
```

代码：计算该俱乐部球员的平均年龄。

```
import com.twitter.scalding._

class testJob(args: Args) extends Job(args) {
    val input = Tsv(args("input"), ('player, 'age))
          .groupAll{ _.average('age)}
          .write(Tsv("output.tsv"))
}
```

运行：使用 scald.rb。

```
$ ./scald.rb --local average.scala --input in
```

输出：俱乐部平均年龄为

```
29.16
```

18. sizeAveStdev：API 使用方法是

```
group.sizeAveStdev(field, fields)
```

它计算字段的计数、平均值和标准差。输出字段作为参数进行传递。

数据：思考一个关于性别和年龄的数据集。

```
Anil         24   boy
Srinivasa    35   boy
Falcao       29   boy
Betty        18   girl
Ronaldo      28   boy
Rooney       28   boy
Persie       31   boy
Veronica     26   girl
Sarah        24   girl
```

116

代码：计算每一组的计数、平均值和标准差。

```
import com.twitter.scalding._

class testJob(args: Args) extends Job(args) {
    val input = Tsv(args("input"), ('name, 'age, 'sex))
        .groupBy('sex){ _.sizeAveStdev('age ->
                              ('count, 'mean, 'stdev))}
        .write(Tsv("output.tsv"))
}
```

运行：使用 scald.rb。

```
$ ./scald.rb --local sizeavestdev.scala --input in
```

输出：男、女组的计数、平均值和标准偏差。

```
boy   6   29.166666666666668   3.337497399083464
girl  3   22.666666666666668   3.39934634239519
```

19. mkString：API使用方法是

```
group.mkString(field, joiner)
```

获取一组数据并将其转换为由连接字符串（如逗号、空格等）连接的字符串。

数据：思考两个用户相互发送的单词数据而不是句子的聊天记录的数据集。

```
George  meeting
Bob     today
George  the
George  is
Bob     is
George  when
Bob     meeting
George  Hi
Bob     Hi
```

代码：黑客获取聊天服务器的访问权后，需要将每个人的聊天记录连接（即联系）起来，才可以了解聊天的内容。

117

```
import com.twitter.scalding._

class testJob(args: Args) extends Job(args) {
    val input = Tsv(args("input"), ('name, 'chat))
          .groupBy('name){ _.mkString('chat, " ")}
          .write(Tsv("output.tsv"))
}
```

运行：使用scald.rb。

```
$ ./scald.rb --local mkstring.scala --input in
```

输出：包含可以随机排序的分组和拼接起来的单词。

```
Bob Hi meeting is today
George  Hi when is the meeting
```

20. sum：API使用方法是

```
group.sum(field)
```

计算所有分组元素的和。

数据：思考一个顾客在不同位置消费的数据集。它包括购物地点和消费金额两列。

```
Bangalore   12000
Delhi       3000
Bangalore   1000
Mumbai      2000
Delhi       30000
Bangalore   250
```

代码：计算在每个地方花费的总金额。

```
import com.twitter.scalding._

class testJob(args: Args) extends Job(args) {
    val input = Tsv(args("input"), ('location, 'amount))
          .groupBy('location){
            _.sum[Int]('amount -> 'total)
            }
          .write(Tsv("output.tsv"))
}
```

运行：使用 scald.rb。

```
$ ./scald.rb --local sum.scala --input in
```

输出：包含购物地点和花费总额。

```
Bangalore   13250
Delhi       33000
Mumbai      2000
```

21. max 与 min：API 使用方法是

```
group.max(field), group.min(field)
```

118

分别计算分组数据的最大值和最小值。

数据：思考一个关于两个学生成绩的数据集。

```
Anil    45
Sunil   35
Anil    23
Sunil   22
Anil    56
Sunil   57
```

代码：计算每个学生成绩的最大值和最小值。

```
import com.twitter.scalding._

class testJob(args: Args) extends Job(args) {
    val input = Tsv(args("input"), ('student, 'marks))
        .groupBy('student){
            _.max('marks -> 'max)
            .min('marks -> 'min)
            }
        .write(Tsv("output.tsv"))
}
```

运行：使用 scald.rb。

```
$ ./scald.rb --local maxmin.scala --input in
```

输出：包含学生、最高分和最低分。

```
Anil    56  23
Sunil   57  22
```

22. count：API 使用方法是

```
group.count(field){function}
```

统计一组数据中符合函数要求的行的数量。

数据：思考一个团队在赛跑中得分的数据集。

```
Anil    45
Jadeja  35
Dhoni   23
Rohit   43
Kumar   56
Dravid  57
```

代码：查找得分超过 40 的队员的数量。

119

```
import com.twitter.scalding._

class testJob(args: Args) extends Job(args) {
    val input = Tsv(args("input"), ('player, 'runs))
          .groupAll{
             _.count(('player, 'runs) -> 'c){
                x : (String, Int) =>
                val (player, runs) = x
                (runs > 40)
             }
          }
          .write(Tsv("output.tsv"))
}
```

运行：使用 scald.rb。

```
$ ./scald.rb --local count.scala --input in
```

输出：得分超过 40 的队员数量为

```
4
```

23. sortBy：API 使用方法是

```
group.sortBy(fields)
```

在发送到存储器之前对组进行排序。

数据：思考一个关于国家人口的数据集。它包含国家名称和人数。

```
India        1,248,820,000
China        1,366,540,000
USA          318,679,000
Indonesia    252,164,800
Brazil       203,097,000
```

代码：以国家名称进行排序。

```
import com.twitter.scalding._

class testJob(args: Args) extends Job(args) {
    val input = Tsv(args("input"),
```

```
                    ('country, 'population))
          .groupAll{
            _.sortBy('country)
          }
          .write(Tsv("output.tsv"))
}
```

运行：使用 scald.rb。

```
$ ./scald.rb --local sortby.scala --input in
```

输出：

```
Brazil       203,097,000
China        1,366,540,000
India        1,248,820,000
Indonesia    252,164,800
USA          318,679,000
```

120

注意：试一试，用 sortBy('country). reverse 替换 sortBy ('country) 来实现反向排列。

24. reduce：API 使用方法是

```
group.reduce(field){function}
```

对一组数据进行化简操作。如果化简操作是关联的，它可以在映射中而不是化简中完成，与合并相似。

数据：思考一个在不同地方购物的数据集。

```
Bangalore    10000
Delhi        12000
Bangalore     3000
Delhi         2000
Delhi         1500
Bangalore     3000
```

代码：计算每个地方的总花费。

```
import com.twitter.scalding._

class testJob(args: Args) extends Job(args) {
    val input = Tsv(args("input"),
                    ('location, 'amount))
          .groupBy('location){
            _.reduce('amount -> 'total){
                (temp : Int, amount : Int) =>
                          temp + amount
            }
          }
          .write(Tsv("output.tsv"))
}
```

运行：使用 scald.rb。

```
$ ./scald.rb --local reduce.scala --input in
```

输出：每个地方的总花费。

```
Bangalore  16000
Delhi      15500
```

25. foldleft：API 使用方法是

121

```
group.foldLeft(field){function}
```

fold 操作与化简操作类似，但是严格遵循在化简中执行。该操作不需要关联，从分组数据的列表左侧开始迭代。

```
Sunil    ProductA    false
Sunil    ProductB    true
Anil     ProductA    false
Anil     ProductB    false
Kumar    ProductA    true
Kumar    ProductB    true
```

代码：检查顾客是否至少买了两种商品中的一种。

```
import com.twitter.scalding._

class testJob(args: Args) extends Job(args) {
   val input = Tsv(args("input"),
                  ('customer, 'product, 'bought))
         .groupBy('customer){
            _.foldLeft('bought -> 'bought)(false){
                (prev : Boolean, current : Boolean) =>
                    prev || current
            }
         }
         .write(Tsv("output.tsv"))
}
```

运行：使用 scald.rb。

```
$ ./scald.rb --local foldleft.scala --input in
```

输出：包括顾客和商品购买状态。

```
Anil     false
Kumar    true
Sunil    true
```

26. take：API 使用方法是

```
group.take(number)
```

按照参数 number 选取分组数据项中的前 number 项。

数据：思考一个满分为 200 分的学生成绩数据集。

```
Anil       110
Bob         98
Robert     197
Sarah      112
Betty       54
Veronica   165
Simon      123
Rooney      99
```

122

代码：按成绩计算学生排名，选出排名前三的学生信息。

```
import com.twitter.scalding._

class testJob(args: Args) extends Job(args) {
    val input = Tsv(args("input"), ('student, 'marks))
        .read
        .map('marks -> 'marksInt){ x : Int => x}
        .discard('marks)
        .groupAll{
            _.sortBy('marksInt).reverse
            .take(3)
        }
        .write(Tsv("output.tsv"))
}
```

运行：使用 scald.rb。

```
$ ./scald.rb --local take.scala --input in
```

输出：班级中前三名学生为

```
Robert   197
Veronica 165
Simon    123
```

注意：在上述代码中，用

```
.takeWhile('marksInt){ x : Int => x > 100}
```

替换

```
.take(3)
```

执行过程相同。这样可以算出所有分数超过 100 的学生。

输出：学生超过 100 的学生是。

```
Robert   197
Veronica 165
Simon    123
Sarah    112
Anil     110
```

27. drop：API 使用方法是

```
group.drop(number)
```

与 take 操作相似，它是剔除分组元素中的前 number 项。

数据：思考一个无序的唯一学籍号列表。

```
2
5
7
8
6
9
4
1
10
3
```

代码：选择学籍号大于 3 的学生。

```
import com.twitter.scalding._

class testJob(args: Args) extends Job(args) {
    val input = Tsv(args("input"), ('numbers))
        .read
        .mapTo('numbers -> 'numbersInt){
                                x : Int => x}
        .groupAll{
            _.sortBy('numbersInt)
            .drop(3)
        }
        .write(Tsv("output.tsv"))
}
```

运行：使用 scald.rb。

```
$ ./scald.rb --local drop.scala --input in
```

输出：学籍号大于 3 的有

```
4
5
6
7
8
9
10
```

28. sortedWithTake：API 使用方法是

```
group.sortWithTake( currentFields -> newField, take Number)
```

这类似于使用函数进行排序，然后选取 k 项。与先执行总体排序再进行选取相比，该操作更为有效，因为在这种情况下排序是在映射器上完成的。

数据：思考一个网上市场的商品目录，其中有 categoryKey、productID 和 rating 等条目。

124

```
"a"     2       3.0
"a"     3       3.0
"a"     1       3.5
"b"     1       6.0
"b"     2       5.0
"b"     3       4.0
"b"     4       3.0
"b"     5       2.0
"b"     6       1.0
```

代码：对数据集进行分区和排序，这样就可以对产品按照评分进行排序，如果评分相同再按照名称排序。

```
import com.twitter.scalding._

class testJob(args: Args) extends Job(args) {
    val input = Tsv(args("input"),
```

```
                    ('key, 'product_id, 'rating))
        .read
        .map(('key, 'product_id, 'rating) ->
                    ('key, 'product_id, 'rating)){
            x : (String, Int, Double) =>
            val(key, product_id, rating) = x
            (key, product_id, rating)
        }
        .groupBy('key) {
          _.sortWithTake[(Int, Double)]((('product_id,
                                          'rating),
                                          'top_products),
                                          5) {
          (product_0: (Int, Double),
           product_1: (Int, Double)) =>
             if (product_0._2 == product_1._2) {
                 product_0._1 < product_1._1
             }
             else {
                 product_0._2 > product_1._2
              }
         }
        }
        .write(Tsv("output.tsv"))
}
```

运行：使用 scald.rb。

```
$ ./scald.rb --local sortWithTake.scala --input in
```

输出：经过排序的类别列表为 categoryID 与排序列表。类别 b 只有 5 个元素，因为 k=5。

```
"a" List((1,3.5), (2,3.0), (3,3.0))
"b" List((1,6.0), (2,5.0), (3,4.0), (4,3.0), (5,2.0))
```

29. pivot：API 使用方法是

```
group.pivot((fields, fields) -> (pivoting values fields), defaultValue)
```

125

行转列适用于具有重复元素且可以进行分组的两列数据，以便适当地排列其他列中相应的值。

数据：思考一个数据集，其中包含大学课程和学生人数。数据集由课程、学期和人数三列组成。

```
computer    sem1    120
computer    sem2    200
electrical  sem3    150
electrical  sem2    150
computer    sem3    140
electrical  sem1    150
```

代码：按照学期对数据集执行行转列操作。

```
import com.twitter.scalding._
```

```
class testJob(args: Args) extends Job(args) {
    val input = Tsv(args("input"),
                    ('course, 'semester, 'students))
        .read
        .groupBy('course) {
          _.pivot(('semester, 'students) ->
                          ('sem1, 'sem2, 'sem3), 0)
        }
        .write(Tsv("output.tsv"))
}
```

运行：使用 scald.rb。

```
$ ./scald.rb --local pivot.scala --input in
```

输出：对课程进行行转列后。

```
             sem1  sem2  sem3
computer     120   200   140
electrical   150   150   150
```

unpivot（列转行）：API 使用方法是

```
pipe.unpivot(pivoted values) ->       (comma separted fields)
```

将下列代码添加到前面的例子中。

```
input
  .unpivot(('sem1, 'sem2, 'sem3)-> (('semester, 'students)))
  .write(Tsv("unpivot.tsv"))
```

输出：列转行的值看起来与原来的输入值类似。

```
computer     sem1    120
computer     sem2    200
computer     sem3    140
electrical   sem1    150
electrical   sem2    150
electrical   sem3    150
```

126

连接操作：合并一组键上的两个管道，与 SQL 联接操作类似。Cascading 通过 CoGroup 操作实现连接。

30. joinWithSmaller：API 使用方法是

```
pipe1.joinWithSmaller(fields, pipe2)
```

当右侧通道（也就是 pipe2）与 pipe1 相比较小时，则使用该操作。

数据：思考一个关于学生两门功课成绩的数据集。数据集分成 studentID 和 marks 两列。

```
342     99
213     76
244     65
352     96
546     34
446     57
```

```
352     34
546     96
446     47
342     76
213     99
244     56
```

代码：以 studentID 对学生成绩进行连接。

```
import com.twitter.scalding._

class testJob(args: Args) extends Job(args) {
    val pipe1 = Tsv(args("in1"),('studid1, 'sub1))
        .read
    val pipe2 = Tsv(args("in2"), ('studid2, 'sub2))
        .read

    pipe1.joinWithSmaller('studid1 ->
                                  'studid2, pipe2)
        .discard('studid2)
        .write(Tsv("output.tsv"))

}
```

运行：使用 `scald.rb`。

```
$ ./scald.rb --local joinwithsmaller.scala --in1 in --in2 in2
```

127

输出：连接后，三列分别为 studentID、subject1、subject2。

```
213     76      99
244     65      56
342     99      76
352     96      34
446     57      47
546     34      96
```

`joinWithLager`：API 使用方法是

```
pipe1.joinWithLarger(fields, pipe2)
```

当 pipe2 远大于 pipe1 时，使用该 API。在上面的代码中，只需将

```
pipe1.joinWithSmaller('studid1 -> 'studid2, pipe2)
```

替换为

```
pipe1.joinWithLarger('studid1 -> 'studid2, pipe2)
```

`joinWithTiny`：API 使用方法是

```
pipe1.joinWithTiny(fields, pipe2)
```

这是一个特殊的连接操作，连接在映射侧进行。它不将左侧的管道移向化简器，而且使用映射器复制整个右侧数据。它可以在下面这种情况下使用

```
# rows in pipe1 > # of mappers * # rows in pipe2
```

在前面的代码示例中，将

```
pipe1.joinWithSmaller('studid1 -> 'studid2, pipe2)
```

替换为

```
pipe1.joinWithTiny('studid1 -> 'studid2, pipe2)
```

连接模式分为好几种，与SQL查询中常见的操作类似。参数joiner表示连接操作中的要求：

```
import cascading.pipe.joiner._
```

Scaling提供了以下几个连接器的类别。

- LeftJoin：保留左侧管道的所有行，与右侧管道条目进行匹配。

API使用方法是

128

```
pipe1.joinWithSmaller('studid1 -> 'studid2, pipe2, joiner = new LeftJoin)
```

- RightJoin：保留右侧管道的所有条目，并附加上左侧管道的条目。

API使用方法是

```
pipe1.joinWithSmaller('studid1 -> 'studid2, pipe2, joiner = new RightJoin)
```

- OuterJoin：保留两个管道的条目。

API使用方法是

```
pipe1.joinWithSmaller('studid1 -> 'studid2, pipe2, joiner = new OuterJoin)
```

注意：如果条目不相匹配，空字段会包含null。

31. crossWithTiny：API使用方法是

```
pipe1.crossWithTiny(pipe2)
```

执行字段的向量积计算。当右侧管道增大时，它改为密集型计算。

数据：思考一个关于书的数据集，其中有一个包含书名的图书列表，另外一个数据集包含公共位置数据。

```
chemistry
physics
biology
math

Bangalore
Delhi
```

代码：向数据集添加一列，其中包含所有图书在图书馆的位置。

```
import com.twitter.scalding._

class testJob(args: Args) extends Job(args) {
    val pipe1 = Tsv(args("in1"),('bookid, 'title))
        .read
```

```
    val pipe2 = Tsv(args("in2"), ('location))
        .read

    pipe1.crossWithTiny(pipe2).write(Tsv("output.tsv"))
}
```

运行：使用scald.rb。

129

```
$ ./scald.rb --local crosswithtiny.scala --in1 in --in2 in2
```

输出：包含书名和可用位置的列表。

```
chemistry Bangalore
chemistry Delhi
physics   Bangalore
physics   Delhi
biology   Bangalore
biology   Delhi
math      Bangalore
math      Delhi
```

32. dot：API使用方法是

```
groupBy('x) { _.dot('y,'z, 'y_dot_z) }
```

在字段y和z上执行点积计算，并得出点积字段。给定一组的两行 y_1 dot $z_1 + y_2$ dot z_2。

数据：思考一个数据集，通过长和宽的变化，改变矩形形状。

```
rectangle1      2       10
rectangle2      12      20
rectangle1      14      17
rectangle2      6       6
rectangle5      17      25
rectangle6      9       18
```

代码：计算这些矩形的点积。

```
import com.twitter.scalding._

class testJob(args: Args) extends Job(args) {
    val pipe1 = Tsv(args("in1"),('shape, 'len, 'wid))
        .read
        .groupBy('shape){
            _.dot[Int]('len, 'wid, 'len_dot_wid)
        }
        .write(Tsv("output.tsv"))
}
```

运行：使用scald.rb。

```
$ ./scald.rb --local dot.scala --in1 in
```

输出：点积计算结果。

```
rectangle1      258
rectangle2      276
rectangle5      425
rectangle6      162
```

33. nomalize：API 使用方法是

130

```
pipe.normalize(fields)
```

在列上执行标准化，它等价于执行如下计算

$$\text{norm}(x_i)=\frac{x_i}{\sum x_i} \quad \forall x_i \in S$$

数据：思考一个关于联盟球员评级的数据集。

```
player1 90
player2 45
player3 76
player4 75
player5 54
player6 87
```

代码：规范化球员评级。

```
import com.twitter.scalding._

class testJob(args: Args) extends Job(args) {
    val pipe1 = Tsv(args("in1"),('player, 'rating))
        .read
        .normalize('rating)
        .write(Tsv("output.tsv"))
}
```

运行：使用 scald.rb。

```
$ ./scald.rb --local normalize.scala --in1 in
```

输出：标准化的球员评级。

```
player1 0.2107728337236534
player2 0.1053864168618267
player3 0.17798594847775176
player4 0.1756440281030445
player5 0.12646370023419204
player6 0.20374707259953162
```

34. addTrap：API 使用方法是

```
pipe.addTrap(location)
```

作为触发器，它捕获管道中出现的异常。

数据：思考一个包含两个整数列的简单数据集。

```
10      1
4       3
5       8
4       3
1       0
2       2
```

131

代码：在列 1 上用列 2 执行简单的除法运算。由于数据在列 2 中有 0，因此会得到一个除以零的异常。

```
import com.twitter.scalding._

class testJob(args: Args) extends Job(args) {
    val pipe1 = Tsv(args("in1"),('x, 'y))
        .read
        .map(('x, 'y)-> 'div){
            x : (Int, Int) => x._1 / x._2
        }
        .addTrap(Tsv("output-trap.tsv"))
        .write(Tsv("output.tsv"))
}
```

运行：使用 scald.rb。

```
$ ./scald.rb --local addtrap.scala --in1 in
```

输出：经过简单的除法运算，除以 0 的异常被捕获。

output.tsv 如下。

```
10  1   10
4   3   1
5   8   0
4   3   1
2   2   1
```

捕获异常的 output-trap.tsv 如下。

```
1   0
```

35. sample：API 使用方法是

```
pipe.sample(percentage)
```

选择一个管道示例，百分比参数范围从 0.0 到 1.0，即 0% 至 100%。

数据：思考一个关于大学中学生的数据集。

```
student1    196
student2    285
student3    375
student4    464
student5    553
student6    642
student7    731
student8    821
student9    930
student10   719
```

代码：选择该班级前 80% 的学生。

132

```
import com.twitter.scalding._

class testJob(args: Args) extends Job(args) {
    val pipe1 = Tsv(args("in1"),('student, 'marks))
        .read
        .map('marks -> 'marksInt){
            x : Int => x
        }
        .discard('marks)
```

```
        .groupAll{
            _.sortBy('marksInt).reverse
        }
        .sample(0.8)
        .debug
        .write(Tsv("output.tsv"))
}
```

运行：使用 scald.rb。

```
$ ./scald.rb --local sample.scala --in1 in
```

输出：班级前 80% 的学生如下。

```
student9    930
student8    821
student7    731
student10   719
student6    642
student5    553
student4    464
student1    196
```

36. Combinatorics（组合数学）：排列和组合是组合数学的两个主要方面。API 列在 Combinatorics 类的 com.twitter.scalding.mathematics 包中。

代码：计算排列 P_3^6 和组合 C_2^5。

下面的代码生成所有定义的排列和组合。

```
import com.twitter.scalding._
import com.twitter.scalding.mathematics._
class testJob(args: Args) extends Job(args) {
    val c = Combinatorics
    c.permutations(6, 3).write(Tsv("permutations.txt"))
    c.combinations(5, 2).write(Tsv("combinations.txt"))
}
```

运行：使用 scald.rb。

133

```
$ ./scald.rb --local combinatorics.scala
```

输出：排列

```
5       6       1
5       6       2
5       6       3
5       6       4
2       3       1
2       3       4
2       3       5

...
```

输出：组合

```
1       2
1       3
1       4
```

```
1       5
4       5
3       4
3       5
2       3
2       4
2       5
```

代码：通过确定生成的列表的大小来确定排列和组合。

```
import com.twitter.scalding._
import com.twitter.scalding.mathematics._
class testJob(args: Args) extends Job(args) {
    val perm = TextLine("permutations.txt")
        .groupAll{
            _.size
        }
        .debug
        .write(TextLine("poutput.tsv"))

    val comb = TextLine("combinations.txt")
        .groupAll{
            _.size
        }
        .debug
        .write(TextLine("coutput.tsv"))
}
```

运行：使用 scald.rb。

```
$ ./scald.rb --local combinatorics_checker.scala
```

输出：计算列表中条目数的大小，并给出结果。

```
120
10
```

134

4.2 Spark 编程指南

Spark 应用总体上就是一个 driver 程序，由它执行 Spark 的主程序，在集群上并行启动各类操作。所有这些操作都基于数据分布抽象的概念即弹性分布式数据集（RDD）来实现，它是一类作为分区分布在集群上的具备高容错能力的元素集合。Spark 将 RDD 存储在内存中，使它能够在几个并行操作间有效地复用数据。

另一个重要的抽象概念是共享变量，它可以在多个并行操作间使用。正常情况下，当运行 Spark 或者任何分布式运算应用时，把所有与变量相关的应用程序传送到不同的节点。有时，一个共享变量需要在几个任务间进行共享。Spark 提供了两种共享变量：broadcast 和 accumulators，前者可以用来将值缓存在内存中，后者可以用来计数和求和。

broadcast 变量

它们用来将只读的值存储在内存中，而不是将其复制到集群中的所有节点。例如，可以用它将那些能够通过广播算法有效分布以减低通信成本的大型输入数据集存储起来。

可以使用 SparkContext.broadcast(v) 对其进行初始化，其中 v 是共享的值。

该值能够被 value 属性进行访问。

```
scala> val broadcaster = sc.broadcast(Array(5,6,7,8))
broadcaster: org.apache.spark.broadcast.Broadcast[Array[Int]]
    = Broadcast(0)

scala> broadcaster.value
res0: Array[Int] = Array(5, 6, 7, 8)
```

accumulators 变量

这些变量通常使用函数进行计数和求和。它们只能被累加到关联的操作，这样一来，在并行操作中效率极高。Spark 支持 accumulators 或者 Int（整型）和 Double（浮点型）数据。

在初始化上，它们与广播变量相似，使用 SparkContext.accumulator(v)。可以使用 a += operator 这种形式（即复合的赋值表达式）进行累加。累加器的值亦可以使用 value 属性进行访问。

```
scala> val accum = sc.accumulator(0)
accum: org.apache.spark.Accumulator[Int] = 0
```

```
scala> sc.parallelize(Array(1, 2, 3, 4)).foreach(x => accum
    += x)
```

135

```
scala> accum.value
res2: Int = 10
```

输入 | 输出

RDD 可以创建自存储系统中的任何文件，如 HDFS、本地文件系统、亚马逊 S3 等存储系统。Spark 还同样支持 textFile（文本文件）、SequenceFile（顺序文件）和 Hadoop InputFormat（Hadoop 输入格式）。

SparkContext 提供了一个 textfile 方法，它接受 hdfs://、s3n:// 等形式的 URI。

```
scala> val distFile = sc.textFile("README.md")
distFile: org.apache.spark.rdd.RDD[String] = MappedRDD[1] at
    textFile at <console>:12

scala> distFile.count()
14/09/05 01:24:44 INFO SparkContext: Starting job: count at <
    console>:15
14/09/05 01:24:44 INFO DAGScheduler: Got job 2 (count at <
    console>:15) with 2 output partitions (allowLocal=false)
14/09/05 01:24:44 INFO DAGScheduler: Final stage: Stage 2(count
    at <console>:15)
14/09/05 01:24:44 INFO DAGScheduler: Parents of final stage:
    List()
14/09/05 01:24:44 INFO DAGScheduler: Missing parents: List()
...
14/09/05 01:24:44 INFO DAGScheduler: Stage 2 (count at <console
    >:15) finished in 0.011 s
14/09/05 01:24:44 INFO SparkContext: Job finished: count at <
```

```
    console>:15, took 0.015264842 s
res3: Long = 127
```

distFile RDD 一旦创建，就可以对于它应用行动操作和转换操作。distFile 是一个文本文件的 RDD，文件中行的数量可以通过使用 count() 操作来计算。

注意：textFile 方法接受另外一个参数来控制文件切片数量。默认的切片数量是每个块一个，当切片数少于块数时，切片的数量就可以增加。

另外一种输入源是 SparkContext 的 sequenceFile[K, V]，其中 K 和 V 分别指的是文件中键和值的类型。它们是 Hadoop Writable 类的子类，如 IntWritable 和 Text。

136

并行集合

可以通过使用 SparkContext 的 parallelize 方法将 Scala 集合并行化。复制集合元素，构建一个可以在其上并行操作的 RDD。

```
scala> val data = Array(1, 2, 3, 4, 5)
data: Array[Int] = Array(1, 2, 3, 4, 5)

scala> val distData = sc.parallelize(data)
distData: org.apache.spark.rdd.RDD[Int] = ParallelCollectionRDD
    [0] at parallelize at <console>:14

scala> distData.reduce(_ + _)
...
14/09/05 02:00:44 INFO DAGScheduler: Stage 3 (reduce at <console
    >:17) finished in 0.019 s
14/09/05 02:00:44 INFO TaskSchedulerImpl: Removed TaskSet 3.0,
    whose tasks have all completed, from pool
14/09/05 02:00:44 INFO SparkContext: Job finished: reduce at <
    console>:17, took 0.032209914 s
res5: Int = 6
```

RDD distData 一旦创建，就可以执行诸如 reduce 这样的操作。此处的 distData.reduce(_ + _) 可以添加数组内容。

parallelize 方法还有另外一个表示切片数量的参数，Spark 对于每个切片运行一个任务。

RDD 的持久化

在 Spark 特性中，最重要的是其在任何存储器中的 persist 和内存中的 cache 特性。RDD 上的持久化操作将切片存储到内存中，当需要的时候可以重复使用。内存数据利用这一特点使得操作至少快了 10 倍。缓存用来构建大多数迭代算法。

persist（持久化）和 cache（缓存）操作可以用来永久化 RDD。这些操作具有容错能力，一旦出现故障，丢失的分区可以根据存储的转换历史从父数据集重新计算。

RDD 可以持久化到不同层面的磁盘。这些层面包括 org.apache.spark.storage.StorageLevel。cache 是 StorageLevel.MEMORY_ONLY 的缩略形式。其他存储级别如表 4-3 所示。

137

表 4-3　持久化的存储级别 [5]

存储级别	意　义
MEMORY_ONLY	将对象存储于 RDD 中。它们不是序列化的，如果它们不适于内存，必要的时候，会重新计算它们。这是默认项
MEMORY_AND_DISK	将 RDD 存储于 JVM 中。如果 RDD 不合适，分区就会溢出至磁盘，并在必要时从其上读取
MEMORY_ONLY_SER	由于被序列化，它们具备更高的空间有效性。它们存储在内存中。属于密集型的计算读取
MEMORY_AND_DISK_SER	就像在 MEMORY_ONLY_SER 中一样，只将不适合内存的分区分配到磁盘上，而不是每次在需要它的时候忙乱地重新计算
DISK_ONLY	只将 RDD 分区存储在磁盘上
MEMORY_ONLY_2，MEMORY_AND_DISK_2 等	与以上级别相同，但这里将每个分区复制到两个集群节点上

Spark 的存储级别操作向内存和 CPU 间的不同匹配提供了多种选择。选择之前，需要理解有关细节。

- 当 RDD 适于内存时，使用 MEMORY_ONLY。它可以充分发挥 CPU 的效率，允许操作尽可能快地运行。
- 下一个选择，使用 MEMORY_ONLY_SER 和快速序列化库，使对象具备更大的有效空间，访问速度依旧很快。
- 不要使用辅助存储，除非计算开销大，或者数据集庞大。重新计算比从磁盘读取要更快。
- 在使用磁盘时，可以通过使用复制的存储级别来保证容错性。所有的存储级别都通过重新计算丢失分区来实现容错，但是复制的分区会让你在丢失分区重计算完成前运行计算。

RDD 操作

对 RDD 的操作有两种：转换（transformation）和动作（action）。转换操作从当前数据集创建新的数据集，而动作操作在数据集上执行计算并向驱动程序返回值。比如，一个 map 转换将数据集的每个元素传递至一个函数，并返回另外一个包含了处理过的元素的数据集。reduce 动作对数据集的所有元素执行聚合操作，并向驱动程序返回一个最终的结果。有许多这样的动作操作和转换操作，下面对其中一些以示例代码的方式加以说明。

138

动作和转换

启动 Spark 运行下面所举的所有示例。SparkContext 经过初始化，并记作 sc。

Spark Shell：通过执行 spark-shell 脚本，启动 shell。

```
$ ./bin/spark-shell
...
14/09/05 09:40:22 INFO SparkILoop: Created spark context..
Spark context available as sc.

scala>
```

1. parallelize（并行化）：API 用法是

```
sc.parallelize(sequence, numSlices)
```

并行化对数据序列的反应比较迟钝。如果序列是易变的，那么在 RDD 的第一个动作前，它的所有变化都会反映在 RDD 上。

return：ParallelCollectionRDD 类型的 RDD。

注意：makeRDD 是另一个并行化数据的函数定义。在其实现中，它调用上面的 parallelize 方法。

Spark Shell：为数组序列创建一个 RDD。

```
scala> val data = sc.parallelize(Array(1,2,3,4))
data: org.apache.spark.rdd.RDD[Int] = ParallelCollectionRDD
    [0] at parallelize at <console>:12

scala> data.collect()
14/09/05 09:42:08 INFO SparkContext: Starting job: collect at
     <console>:15
...
res0: Array[Int] = Array(1, 2, 3, 4)
```

2. map（映射）：API 用法是

```
RDD.map(function)
```

通过 function 传输 RDD 的每个元素，返回新的 RDD。

Spark Shell：创建一个含有 5 个整数的数组的 RDD，映射每一个元素，且乘以 2。

```
scala> val data = sc.makeRDD(Array(1,2,3,4))
data: org.apache.spark.rdd.RDD[Int] = ParallelCollectionRDD
    [0] at makeRDD at <console>:12

scala> data.map(x => x*2).collect()
14/09/05 12:01:57 INFO SparkContext: Starting job: collect at
     <console>:15
...
14/09/05 12:01:57 INFO SparkContext: Job finished: collect at
     <console>:15, took 0.164223172 s
res0: Array[Int] = Array(2, 4, 6, 8)
```

139

3. filter（过滤）：API 用法是

```
RDD.filter(function)
```

创建一个 RDD，选择返回值符合 function 应用要求的元素。

Spark Shell：过滤数组（1，…，10）中大于 4 的元素。

```
scala> val data = sc.makeRDD(Array(1,2,3,4,5,6,7,8,9,10))
data: org.apache.spark.rdd.RDD[Int] = ParallelCollectionRDD
    [0] at makeRDD at <console>:12

scala> val fildata = data.filter(x => x > 4)
fildata: org.apache.spark.rdd.RDD[Int] = FilteredRDD[2] at
    filter at <console>:14
```

```
scala> fildata.collect()
14/09/05 12:08:30 INFO SparkContext: Starting job: collect at
     <console>:17

14/09/05 12:08:30 INFO SparkContext: Job finished: collect at
     <console>:17, took 0.024437998 s
res3: Array[Int] = Array(5, 6, 7, 8, 9, 10)
```

4. flatmap（拉平映射）：API 用法是

```
RDD.flatMap(function)
```

对所有元素使用函数后，返回新 RDD，然后将结果进行拉平操作。

Spark Shell：为数组中的每个数字 x 生成一个序列，从 1 至 x。

```
scala> val data = sc.makeRDD(Array(1,2,3,4))
data: org.apache.spark.rdd.RDD[Int] = ParallelCollectionRDD
    [0] at makeRDD at <console>:12

scala> val newdata = data.flatMap(x => 1 to x)
newdata: org.apache.spark.rdd.RDD[Int] = FlatMappedRDD[1] at
    flatMap at <console>:14

scala> newdata.collect()
14/09/05 12:20:00 INFO SparkContext: Starting job: collect at
     <console>:17

...
14/09/05 12:20:01 INFO SparkContext: Job finished: collect at
     <console>:17, took 0.175433931 s
res0: Array[Int] = Array(1, 1, 2, 1, 2, 3, 1, 2, 3, 4)
```

140

5. mapPartitions（映射分区）：API 用法是

```
RDD.mapPartitions(function)
```

通过在每个分区上应用 function，返回一个新 RDD。

Spark Shell：累加每个分区中的所有元素，并返回分区累加和。分区的内容取决于所用的 glom 函数的特性。

```
scala> val data = sc.makeRDD(Array(1,2,3,4,5,6))
data: org.apache.spark.rdd.RDD[Int] = ParallelCollectionRDD
    [18] at makeRDD at <console>:12

scala> data.glom().collect()
14/09/05 13:41:15 INFO SparkContext: Starting job: collect at
     <console>:15
...
14/09/05 13:41:15 INFO SparkContext: Job finished: collect at
     <console>:15, took 0.023524513 s
res3: Array[Array[Int]] = Array(Array(1), Array(2, 3), Array
    (4), Array(5, 6))

scala> data.mapPartitions(iter => Iterator(iter.reduce(_ + _)
    )).collect()
```

```
14/09/05 13:42:16 INFO SparkContext: Starting job: collect at
     <console>:15
...
14/09/05 13:42:16 INFO SparkContext: Job finished: collect at
     <console>:15, took 0.026995335 s
res7: Array[Int] = Array(1, 5, 4, 11)
```

6. mapPartitionsWithIndex（带索引的映射分区）：API 用法是

```
RDD.mapPartitionsWithIndex(function)
```

通过对每个分区元素使用一个 function，返回一个新的 RDD，同时跟踪每个分区的索引。

Spark Shell：累加每个分区的元素并返回每个分区的累加和。

```
scala> val data = sc.makeRDD(Array(1,2,3,4,5,6))
data: org.apache.spark.rdd.RDD[Int] = ParallelCollectionRDD
    [0] at makeRDD at <console>:12

scala> data.mapPartitionsWithIndex{
     | case(partition, iter) => Iterator((partition, iter.
        reduce(_+_)))
     | }.collect()
14/09/05 13:49:27 INFO SparkContext: Starting job: collect at
     <console>:17
...
14/09/05 13:49:27 INFO SparkContext: Job finished: collect at
     <console>:17, took 0.166275988 s
res1: Array[(Int, Int)] = Array((0,1), (1,5), (2,4), (3,11))
```

141

7. distinct（去重）：API 用法是带有可配置参数 numPartitions 的 RDD.distinct( )。

返回一个包含没有重复元素的新 RDD。

Spark Shell：从具有重复性的条目集合中找出不重复元素。

```
scala> val data = sc.makeRDD(Array
    (1,1,1,1,2,2,2,3,4,5,6,7,8,8,8,8,9))
data: org.apache.spark.rdd.RDD[Int] = ParallelCollectionRDD
    [0] at makeRDD at <console>:12

scala> val newdata = data.distinct()
newdata: org.apache.spark.rdd.RDD[Int] = MappedRDD[5] at
    distinct at <console>:14

scala> newdata.collect()
14/09/05 12:27:33 INFO SparkContext: Starting job: collect at
     <console>:17
...
14/09/05 12:27:33 INFO SparkContext: Job finished: collect at
     <console>:17, took 0.377903629 s
res0: Array[Int] = Array(4, 8, 1, 9, 5, 6, 2, 3, 7)
```

8. groupByKey：API 用法是

```
RDD.groupByKey()
```

通过把 RDD 中每个键的值归集到一个单独的序列，返回 RDD。

Spark Shell：按重复的键值元组数据数组创建键值字典。

```
scala> val data = sc.makeRDD(Array((1,"a"),(2,"b"),(1,"c")
    ,(2,"d")))
data: org.apache.spark.rdd.RDD[(Int, String)] =
    ParallelCollectionRDD[0] at makeRDD at <console>:12

scala> data.groupByKey().collect()
14/09/05 13:29:45 INFO SparkContext: Starting job: collect at
     <console>:15
...
14/09/05 13:29:45 INFO SparkContext: Job finished: collect at
     <console>:15, took 0.370931499 s
res0: Array[(Int, Iterable[String])] = Array((1,ArrayBuffer(a
    , c)), (2,ArrayBuffer(b, d)))
```

142

9. reduceByKey：API 用法是

```
RDD.reduceByKey(function)
```

通过使用关联化简函数，将每个键的值合并，返回 RDD。

Spark Shell：计算与键相关的所有值的和。

```
scala> val data = sc.makeRDD(Array((1,1),(2,3),(1,2),(2,1)
    ,(1,4),(2,3)))
data: org.apache.spark.rdd.RDD[(Int, Int)] =
    ParallelCollectionRDD[2] at makeRDD at <console>:12

scala> data.reduceByKey(_+_).collect()
14/09/05 13:53:55 INFO SparkContext: Starting job: collect at
     <console>:15
...
14/09/05 13:53:55 INFO SparkContext: Job finished: collect at
     <console>:15, took 0.203548579 s
res2: Array[(Int, Int)] = Array((1,7), (2,7))
```

10. sortByKey：API 用法是

```
RDD.sortByKey()
```

元素按照键进行排序，并返回 RDD。

Spark Shell：按照键将键值对（k，v）数组进行排序。

```
scala> val data = sc.makeRDD(Array((1,1),(2,3),(1,2),(2,1)
    ,(1,4),(2,3)))
data: org.apache.spark.rdd.RDD[(Int, Int)] =
    ParallelCollectionRDD[19] at makeRDD at <console>:16

scala> data.sortByKey().collect()
14/09/05 14:04:09 INFO SparkContext: Starting job: sortByKey
    at <console>:19
...
```

```
14/09/05 14:04:09 INFO SparkContext: Job finished: collect at
     <console>:19, took 0.051977158 s
res11: Array[(Int, Int)] = Array((1,1), (1,2), (1,4), (2,3),
    (2,1), (2,3))
```

11. join：API 用法是

143

```
RDD1.join(RDD2)
```

返回一个包含所有元素对的新 RDD，两个 RDD 间具备相匹配的键。返回的元素会作为元组（k,（v1，v2）)，其中（k，v1）和（k，v2）分别在两个 RDD 中。

Spark Shell：

```
scala> val data1 = sc.parallelize(Array((1, 23), (1, 25), (2,
     19), (3, 36)))
data1: org.apache.spark.rdd.RDD[(Int, Int)] =
    ParallelCollectionRDD[37] at parallelize at <console>:16

scala> val data2 = sc.makeRDD(Array((1, "anil"), (2, "sunil")
    , (2, "kapil"), (4, "kgs")))
data2: org.apache.spark.rdd.RDD[(Int, String)] =
    ParallelCollectionRDD[38] at makeRDD at <console>:16

scala> data2.join(data1).collect()
14/09/05 14:10:25 INFO SparkContext: Starting job: collect at
     <console>:21
...
14/09/05 14:10:25 INFO SparkContext: Job finished: collect at
     <console>:21, took 0.065609053 s
res15: Array[(Int, (String, Int))] = Array((1,(anil,23)),
    (1,(anil,25)), (2,(sunil,19)), (2,(kapil,19)))
```

12. cogroup：API 用法是

```
RDD1.cogroup(RDD2, RDD3)
```

返回一个元组 RDD，其中包含键 k 和在其他 3 个 RDD 上与之相配的值的列表。

```
RDD1 = Array((1, 23), (2, 25), (3, 19), (4, 36))
RDD2 = Array((1, "anil"), (2, "sunil"), (3, "kapil"), (4, "
    kgs"))
RDD3 = Array((1, "CMU"), (1, "MIT"), (3, "GT"), (4, "UTA"))
```

预期输出：

```
RDD = Array((4,(kgs, 36, UTA)), (1, (anil, 23, CMU, MIT)),
    (2, (sunil, 25, )), (3, (kapil, 19, GT)))
```

Spark Shell：对所有基于这些键的 RDD 进行分组。

```
scala> val data1 = sc.parallelize(Array((1, 23), (2, 25), (3,
    19), (4, 36)))
data1: org.apache.spark.rdd.RDD[(Int, Int)] =
    ParallelCollectionRDD[62] at parallelize at <console>:16
```

144

```
scala> val data2 = sc.makeRDD(Array((1, "anil"), (2, "sunil"),
     (3, "kapil"), (4, "kgs")))
data2: org.apache.spark.rdd.RDD[(Int, String)] =
    ParallelCollectionRDD[63] at makeRDD at <console>:16

scala> val data3 = sc.parallelize(Array((1, "CMU"), (1, "MIT")
    , (3, "GT"), (4, "UTA")))
14/09/05 14:22:17 INFO ShuffleBlockManager: Deleted all files
    for shuffle 19
...
4/09/05 14:22:17 INFO ContextCleaner: Cleaned shuffle 17
data3: org.apache.spark.rdd.RDD[(Int, String)] =
    ParallelCollectionRDD[64] at parallelize at <console>:16

scala> data2.cogroup(data1,data3).collect()
14/09/05 14:22:21 INFO SparkContext: Starting job: collect at
    <console>:23
...
14/09/05 14:22:21 INFO SparkContext: Job finished: collect at
    <console>:23, took 0.075447687 s
res26: Array[(Int, (Iterable[String], Iterable[Int], Iterable
    [String]))] = Array((4,(ArrayBuffer(kgs),ArrayBuffer(36),
    ArrayBuffer(UTA))), (1,(ArrayBuffer(anil),ArrayBuffer(23),
    ArrayBuffer(CMU, MIT))), (2,(ArrayBuffer(sunil),
    ArrayBuffer(25),ArrayBuffer())), (3,(ArrayBuffer(kapil),
    ArrayBuffer(19),ArrayBuffer(GT))))
```

13. cartesian：API 用法是

```
RDD1.cartesian(RDD2)
```

返回一个 RDD，它是一个 RDD 和另一个 RDD 的笛卡儿积。它包含（a，b）形式的元组数据，其中 a∈RDD1，b∈RDD2。

返回一个 RDD 和另一个 RDD 的笛卡儿积，也就是所有元素对（a，b）的 RDD，其中 a 在这个 RDD 中，b 在另一个 RDD 中。

Spark Shell：计算两个数组的笛卡儿积。

```
scala> val data1 = sc.parallelize(Array(1,2,3,4,5))
data1: org.apache.spark.rdd.RDD[Int] = ParallelCollectionRDD
    [1] at parallelize at <console>:12

scala> val data2 = sc.parallelize(Array('a','b'))
data2: org.apache.spark.rdd.RDD[Char] = ParallelCollectionRDD
    [2] at parallelize at <console>:12

scala> data1.cartesian(data2).collect()
14/09/05 14:30:54 INFO SparkContext: Starting job: collect at
     <console>:17
...
14/09/05 14:30:54 INFO SparkContext: Job finished: collect at
     <console>:17, took 0.238403285 s
res1: Array[(Int, Char)] = Array((1,a), (1,b), (2,a), (2,b),
    (3,a), (3,b), (4,a), (5,a), (4,b), (5,b))
```

145

14. glom：API 用法是

```
RDD.glom()
```

把每个分区内的所有元素归成一个数组，从而返回一个 RDD。

Spark Spell：创建一个 RDD，每个分区的全部元素作为一个数组。

```
scala> val data = sc.makeRDD(Array(1,2,3,4,5,6,7,8),4)
data: org.apache.spark.rdd.RDD[Int] = ParallelCollectionRDD
    [4] at makeRDD at <console>:12

scala> data.glom().collect()
14/09/05 13:24:28 INFO SparkContext: Starting job: collect at
     <console>:15
...
14/09/05 13:24:28 INFO SparkContext: Job finished: collect at
     <console>:15, took 0.020780566 s
res3: Array[Array[Int]] = Array(Array(1, 2), Array(3, 4),
    Array(5, 6), Array(7, 8))
```

15. intersection（交集）：API 用法是

```
RDD1.intersection(RDD2)
```

返回一个 RDD，其元素相当于两个 RDD 的交集。

Spark Shell：找出两个 RDD 的共同元素。

```
scala> val data1 = sc.makeRDD(Array(1,2,3,4,5,6))
data1: org.apache.spark.rdd.RDD[Int] = ParallelCollectionRDD
    [4] at makeRDD at <console>:12

scala> val data2 = sc.makeRDD(Array(5,6,7,8,4))
data2: org.apache.spark.rdd.RDD[Int] = ParallelCollectionRDD
    [5] at makeRDD at <console>:12

scala> data1.intersection(data2)
res1: org.apache.spark.rdd.RDD[Int] = MappedRDD[11] at
    intersection at <console>:17

scala> data1.intersection(data2).collect()
14/09/05 13:36:54 INFO SparkContext: Starting job: collect at
     <console>:17
...
14/09/05 13:36:54 INFO SparkContext: Job finished: collect at
     <console>:17, took 0.081608268 s
res2: Array[Int] = Array(4, 5, 6)
```

16. union（并集）：API 用法是

```
RDD1.union(RDD2)
```

146

将一个 RDD 与另一个 RDD 进行 union 操作，返回一个新的 RDD，其中包含两个 RDD 的所有元素，包括重复的部分。

注意：有另外一个运算符“++”，它执行与 union 方法相同的功能。API 用法是

```
RDD_1 ++ RDD_2
```

Spark Shell：创建两个 RDD 的并集。

```
scala> val data1 = sc.makeRDD(Array(1,2,3,4,5))
data1: org.apache.spark.rdd.RDD[Int] = ParallelCollectionRDD
    [0] at makeRDD at <console>:12

scala> val data2 = sc.makeRDD(Array(6,7,8,9,10))
data2: org.apache.spark.rdd.RDD[Int] = ParallelCollectionRDD
    [1] at makeRDD at <console>:12

scala> data1.union(data2).collect()
14/09/05 13:13:54 INFO SparkContext: Starting job: collect at
     <console>:17
...
14/09/05 13:13:54 INFO SparkContext: Job finished: collect at
     <console>:17, took 0.183759737 s
res1: Array[Int] = Array(1, 2, 3, 4, 5, 6, 7, 8, 9, 10)

scala> (data1 ++ data2).collect()
14/09/05 13:16:36 INFO SparkContext: Starting job: collect at
     <console>:17
...
14/09/05 13:16:36 INFO TaskSchedulerImpl: Removed TaskSet
    1.0, whose tasks have all completed, from pool
res3: Array[Int] = Array(1, 2, 3, 4, 5, 6, 7, 8, 9, 10)
```

17. reduce（化简）：API 用法是

```
RDD.reduce(function)
```

通过使用交换和结合的二进制运算符对 RDD 执行化简操作。

Spark Shell：累加 RDD 的所有元素。

```
scala> val data = sc.makeRDD(Array(1,2,3,4,5,6,7,8,9,10))
data: org.apache.spark.rdd.RDD[Int] = ParallelCollectionRDD
    [0] at makeRDD at <console>:12

scala> val newdata = data.reduce(_ + _)
14/09/05 12:36:49 INFO SparkContext: Starting job: reduce at
    <console>:14
...
14/09/05 12:36:49 INFO SparkContext: Job finished: reduce at
    <console>:14, took 0.174026012 s
newdata: Int = 55
```

147

18. fold：API 用法是

```
RDD.fold(zeroValue)(function)
```

通过使用 function 和 zeroValue（零值）聚合 RDD 的所有元素。

Spark Shell：使用 fold 累加 RDD 的所有内容。

```
scala> val data = sc.makeRDD(Array(1,2,3,4))
data: org.apache.spark.rdd.RDD[Int] = ParallelCollectionRDD
    [1] at makeRDD at <console>:12

scala> val newdata = data.fold(0)(_ + _)
14/09/05 12:45:19 INFO SparkContext: Starting job: fold at
    <console>:14
...
14/09/05 12:45:19 INFO SparkContext: Job finished: fold at
    <console>:14, took 0.016982843 s
newdata: Int = 10
```

19. collect：API 用法是

```
RDD.collect()
```

返回一个数组，其中包含 RDD 的所有元素。

Spark Shell：列出 RDD 的所有元素。

```
scala> val data = sc.makeRDD(Array("I", "Love", "Spark"))
data: org.apache.spark.rdd.RDD[String] =
    ParallelCollectionRDD[6] at makeRDD at <console>:12

scala> data.collect()
14/09/05 12:30:12 INFO SparkContext: Starting job: collect at
     <console>:15
...
14/09/05 12:30:12 INFO SparkContext: Job finished: collect at
     <console>:15, took 0.041148572 s
res1: Array[String] = Array(I, Love, Spark)
```

20. count（计数）：API 用法是

```
RDD.count()
```

返回 RDD 中元素的数量。

Spark Shell：统计集合中元素的数量。

```
scala> val data = sc.makeRDD(Array(1,2,3,4,1,2,3,4,23,4))
data: org.apache.spark.rdd.RDD[Int] = ParallelCollectionRDD
    [2] at makeRDD at <console>:12

scala> data.count()
14/09/05 12:49:09 INFO SparkContext: Starting job: count at
      <console>:15
...
14/09/05 12:49:09 INFO SparkContext: Job finished: count at
      <console>:15, took 0.022548477 s
res0: Long = 10
```

148

21. first（求首）：API 用法是

```
RDD.first()
```

返回 RDD 中的第一个元素。

Spark Shell：找出列表的第一个元素。

```
scala> val data = sc.makeRDD(Array(1,2,3,4,5,6))
data: org.apache.spark.rdd.RDD[Int] = ParallelCollectionRDD
    [0] at makeRDD at <console>:12

scala> data.first()
14/09/05 12:53:34 INFO SparkContext: Starting job: first at
    <console>:15
...
14/09/05 12:53:34 INFO SparkContext: Job finished: first at
    <console>:15, took 0.02771088 s
res0: Int = 1
```

22. take：API 用法是

```
RDD.take(num)
```

返回 RDD 前 num 个元素的数组。由于 RDD 被分区，因此它首先检查第一个分区，然后检查其他分区，从而返回满足条件的元素。

Spark Shell：选出集合的前 3 个元素。

```
scala> val data = sc.makeRDD(Array(92, 90, 87, 85, 82, 80,
    79, 78, 60, 37))
data: org.apache.spark.rdd.RDD[Int] = ParallelCollectionRDD
    [0] at makeRDD at <console>:12

scala> data.take(3)
14/09/05 12:58:48 INFO SparkContext: Starting job: take at
       <console>:15
...
14/09/05 12:58:48 INFO SparkContext: Job finished: take at
       <console>:15, took 0.131502089 s
res0: Array[Int] = Array(92, 90, 87)
```

23. takeSample（采样）：API 用法是

149

```
RDD.takeSample(withReplacement, num)
```

返回一个 RDD 元素的采样数组，如果采样无需替换，那么 withReplacement 设置为 false，否则设置为 true，num 表示采样的数量大小。

Spark Shell：给定一个 10 个元素的数据集，创建一个数量为 5 的采样。

```
scala> val data = sc.makeRDD(Array(92, 90, 87, 85, 82, 80,
    79, 78, 60, 37))
data: org.apache.spark.rdd.RDD[Int] = ParallelCollectionRDD
    [5] at makeRDD at <console>:12

scala> data.takeSample(false, 5)
14/09/05 13:04:40 INFO SparkContext: Starting job: takeSample
     at <console>:15
...
14/09/05 13:04:40 INFO SparkContext: Job finished: takeSample
     at <console>:15, took 0.022600368 s
res5: Array[Int] = Array(37, 79, 60, 78, 80)
```

24. takeOrdered（采样并排序）：API 用法是

```
RDD.takeOrdered(num)
```

返回 RDD 的 num 个采样的有序数组。

Spark Shell：从 10 个元素的集合中选出 5 个元素并进行排序。

```
scala> val data = sc.makeRDD(Array(10,9,8,7,6,5,4,3,2,1))
data: org.apache.spark.rdd.RDD[Int] = ParallelCollectionRDD
    [0] at makeRDD at <console>:12

scala> data.takeOrdered(5)
14/09/05 13:09:13 INFO SparkContext: Starting job:
    takeOrdered at <console>:15
...
14/09/05 13:09:13 INFO SparkContext: Job finished:
    takeOrdered at <console>:15, took 0.234765781 s
res0: Array[Int] = Array(1, 2, 3, 4, 5)
```

25. textFile：API 用法是

```
sc.textFile(path, partitions)
```

从 HDFS 路径、本地文件系统或者任何 Hadoop 支持的文件系统 URI 读取文件，然后将其作为一个 RDD[字串] 返回。

Spark Shell：

```
scala> sc.textFile("README.md")
14/09/05 09:54:35 INFO MemoryStore: ensureFreeSpace(32856)
    called with curMem=0, maxMem=309225062
14/09/05 09:54:35 INFO MemoryStore: Block broadcast_0 stored
    as values to memory (estimated size 32.1 KB, free 294.9 MB
    )
res0: org.apache.spark.rdd.RDD[String] = MappedRDD[1] at
    textFile at <console>:13
```

150

26. saveAsTextFile：API 用法是

```
RDD.saveAsTextFile(path)
```

使用元素的字符串格式，将一个 RDD 另存为文本文件。

注意：saveAsTextFile 随后将文本内容写成 Hadoop 文件

```
HadoopFile[TextOutputFormal[NullWritable, Text]]
```

Spark Shell：

```
scala>val text = sc.textFile("README.md")
14/09/05 10:14:33 INFO MemoryStore: ensureFreeSpace(32856)
    called with curMem=32856, maxMem=309225062
14/09/05 10:14:33 INFO MemoryStore: Block broadcast_1 stored
    as values to memory (estimated size 32.1 KB, free 294.8 MB
    )
text: org.apache.spark.rdd.RDD[String] = MappedRDD[3] at
    textFile at <console>:12

scala>text.saveAsTextFile("savedREADME")
14/09/05 10:14:51 WARN NativeCodeLoader: Unable to load
    native-hadoop library for your platform... using builtin-
    java classes where applicable
```

```
...
14/09/05 10:14:51 INFO SparkContext: Job finished:
    saveAsTextFile at <console>:15, took 0.303714777 s
```

保存文件的内容。

```
/savedREADME$  ls
part-00000  part-00001  _SUCCESS
```

27. sequenceFile 与 saveAsSequenceFile（顺序文件和另存为顺序文件）：API 用法为

```
sc.sequenceFile[K,V](path)
```

返回一个 Hadoop 顺序文件的 RDD，指定键和值的类型。

```
RDD.saveAsSequenceFile(path)
```

使用根据 RDD 的键和值类型推断的 Writeable 类型，将 RDD 另存为 Hadoop 顺序文件。如果类型为 Writeable，那么该类可以直接使用，其他原始数据类型（比如 Int 和 Double）分别映射到 IntWritable 和 DoubleWritable。同样，把 Byte 映射到 BytesWritable，把 String 映射到 Text。

151

Spark Shell：创建一个 RDD，并将其另存为顺序文件，并列出顺序文件的内容。

```
scala> val data = sc.makeRDD(Array("Apache", "Apache"))
data: org.apache.spark.rdd.RDD[String] =
    ParallelCollectionRDD[7] at makeRDD at <console>:15

scala> val change = data.map(x => (x, "Spark"))
change: org.apache.spark.rdd.RDD[(String, String)] =
    MappedRDD[8] at map at <console>:17

scala> change.saveAsSequenceFile("changeout")
14/09/05 11:20:10 INFO SequenceFileRDDFunctions: Saving as
    sequence file of type (Text,Text)
14/09/05 11:20:10 INFO SparkContext: Starting job:
    saveAsSequenceFile at <console>:20

scala> val newchange = sc.sequenceFile[String, String]("
    changeout")
14/09/05 11:21:13 INFO MemoryStore: ensureFreeSpace(32880)
    called with curMem=98640, maxMem=309225062
14/09/05 11:21:13 INFO MemoryStore: Block broadcast_3 stored
    as values to memory (estimated size 32.1 KB, free 294.8 MB
    )
newchange: org.apache.spark.rdd.RDD[(String, String)] =
    MappedRDD[13] at sequenceFile at <console>:15

scala> newchange.collect()
14/09/05 11:21:17 INFO FileInputFormat: Total input paths to
    process : 4
14/09/05 11:21:17 INFO SparkContext: Starting job: collect at
     <console>:18
....
14/09/05 11:21:17 INFO SparkContext: Job finished: collect at
```

```
    <console>:18, took 0.02977156 s
res7: Array[(String, String)] = Array((Apache,Spark), (Apache
    ,Spark))
```

28. objectFile 和 saveAsObjectFile（对象文件和另存为对象文件）：API 用法是

```
sc.objectFile[K, V](path)
```

加载一个另存为顺序文件的 RDD，它包含序列化对象，其中 K 是 NullWritable，V 是 BytesWritable。

```
RDD.saveAsObjectFile(path)
```

将这个 RDD 另存为序列化对象的顺序文件。

Spark Shell：创建一个序列化对象的序列，并输出结果。

```
scala> val data = sc.makeRDD(Array(1,2,3,4))
data: org.apache.spark.rdd.RDD[Int] = ParallelCollectionRDD
    [0] at makeRDD at <console>:12

scala> val changeData = data.map(x => (x, "*" * x))
changeData: org.apache.spark.rdd.RDD[(Int, String)] =
    MappedRDD[1] at map at <console>:14

scala> val output = changeData.saveAsObjectFile("objectout")
14/09/05 11:35:50 INFO SequenceFileRDDFunctions: Saving as
    sequence file of type (NullWritable,BytesWritable)
14/09/05 11:35:50 INFO SparkContext: Starting job:
    saveAsObjectFile at <console>:16

....
14/09/05 11:35:51 INFO SparkContext: Job finished:
    saveAsObjectFile at <console>:16, took 0.319013396 s
output: Unit = ()

scala> val input = sc.objectFile[(Int, String)]("objectout")
14/09/05 11:36:28 INFO MemoryStore: ensureFreeSpace(32880)
    called with curMem=0, maxMem=309225062
14/09/05 11:36:28 INFO MemoryStore: Block broadcast_0 stored
    as values to memory (estimated size 32.1 KB, free 294.9 MB
    )
input: org.apache.spark.rdd.RDD[(Int, String)] =
    FlatMappedRDD[5] at objectFile at <console>:12

scala> input.collect()
14/09/05 11:36:35 INFO FileInputFormat: Total input paths to
    process : 4
14/09/05 11:36:35 INFO SparkContext: Starting job: collect at
     <console>:15
...
14/09/05 11:36:35 INFO SparkContext: Job finished: collect at
     <console>:15, took 0.052723211 s
res0: Array[(Int, String)] = Array((3,***), (4,****), (2,**),
     (1,*))
```

152

29. countByKey：API 用法是

```
RDD.countByKey()
```

返回每个键值的计数作为（键，数）对。

Spark Shell：计算给定键值对（k，v）的值的数量。

```
scala> val data = sc.makeRDD(Array(("a", 1),("b", 2),("a", 3)
    ))
data: org.apache.spark.rdd.RDD[(String, Int)] =
    ParallelCollectionRDD[0] at makeRDD at <console>:12

scala> data.countByKey()
14/09/05 11:48:37 INFO SparkContext: Starting job: countByKey
     at <console>:15
...
14/09/05 11:48:37 INFO SparkContext: Job finished: countByKey
     at <console>:15, took 0.217839736 s
res0: scala.collection.Map[String,Long] = Map(b -> 1, a -> 2)
```

153

30. foreach：API 用法是

```
RDD.foreach(function)
```

对 RDD 所有元素使用一个函数。

Spark Shell：输出 RDD 的所有元素。

```
scala> val data = sc.makeRDD(Array(1,2,3,4)).foreach(x =>
    println(x))
14/09/05 11:56:03 INFO SparkContext: Starting job: foreach at
     <console>:12
...
3
2
1
4
...
14/09/05 11:56:03 INFO SparkContext: Job finished: foreach at
     <console>:12, took 0.181527602 s
```

参考文献

1. Scala, "The Scala Programming Language," 2002. [Online]. Available: http://www.scala-lang.org/.
2. Twitter, Scalding, 2011. [Online]. Available: https://github.com/twitter/scalding.
3. Wensel, C. K. "Cascading: Defining and executing complex and fault tolerant data processing workflows on a hadoop cluster" (2008).
4. Cascading, "Cascading: Application Platform for Enterprise Big Data" [Online] Available: http://www.cascading.org/.
5. Zaharia, Matei, et al. "Spark: cluster computing with working sets." Proceedings of the 2nd USENIX conference on Hot topics in cloud computing. 2010.
6. B. Hindman, A. Konwinski, M. Zaharia, and I. Stoica. A common substrate for cluster computing. In Workshop on Hot Topics in Cloud Computing (HotCloud) 2009, 2009.
7. Spark, Apache. [Online] Available: http://spark.incubator.apache.org/docs/latest/.

154

第二部分

使用 Hadoop、Scalding 和 Spark 的案例研究

第 5 章　案例研究Ⅰ：使用 Scalding 和 Spark 进行数据聚类
第 6 章　案例研究Ⅱ：使用 Scalding 和 Spark 进行数据分类
第 7 章　案例研究Ⅲ：使用 Scalding 和 Spark 进行回归分析
第 8 章　案例研究Ⅳ：使用 Scalding 和 Spark 实现推荐系统

第 5 章

案例研究 I：使用 Scalding 和 Spark 进行数据聚类

5.1 简介

数据挖掘是发现潜在、有趣和新颖的模式，以及从大规模数据中得到可描述、可理解和可预测模型的过程。

大规模使用更多的数据挖掘技术始于大数据现象的出现，这种大规模使用可归因于：第一，信息的大小可以扩展到几拍（peta）字节；第二，信息从本质和内容上变得更加广泛和多样化。随着数据集规模的增大，统计技术的复杂性也随之增加。例如，如果你有 40 条或 5000 万条详细的客户信息记录，只进行客户定位是不够的。分析的深度已经增加到一定程度，我们需要确定这个客户群的人口统计信息，了解他们的兴趣，根据客户的需要提供个性化内容。

近年来，商业已经更加以统计作为驱动，并已达到需要更加实时地完成分析的阶段。例如，你可能想要向当前在线的用户提供优惠或者广告。大数据时代的实时分析问题中，你可能想要在可扩大到几拍字节的巨大数据集上进行查询，并期望在几分钟内得到结果。分布式实时计算技术（如 Hadoop Impala、Apache Spark 等）提供了解决方案。

数据挖掘涉及几个知识发现过程，如数据提取、数据清洗、数据融合、数据降维和特征创建，这些方法用于预处理。后处理步骤包括模式和模型解释，假设确认和生成等。数据挖掘本质上也是跨学科的，并且使用来自不同领域的概念，例如数据库系统、统计学、机器学习和模式识别。这种知识发现和数据挖掘过程是高度迭代和交互式的，包括使人们从海量数据获得基本的见解和知识的核心算法。数据的代数、几何和概率观点在数据挖掘中也发挥着关键作用。

157

5.2 聚类

聚类是根据距离度量将点聚集成簇的过程。这背后的原则是彼此更接近的点应当属于相同的簇。当数据量非常大时，聚类往往是有利的。聚类数据集属于某些空间的点的集合。空间就是一组点的集合，用来描绘数据集中的点。欧几里得空间中有多个对聚类有用的属性。欧几里得空间点是实数向量，向量的长度是空间的维数。向量中的元素称为坐标。所有可以执行聚类的空间都有距离度量，所谓距离度量是指空间中任意两点之间的距离。普通欧几里得距离是每个维度中点的坐标之间距离平方和的平方根。对于欧几里得空间也有其他距离度量，如曼哈顿距离（每个维度上差异大小的和）。经典的聚类应用涉及低维欧几里得空间。聚类算法使用少量的数据形成簇。一些应用涉及非常高维的欧氏空间，例如，基于文档中常见和不常见的单词的出现次数来对文档进行主题聚类就是具有挑战性的。再比如，根据电影观众喜欢的电影类型，将这些观众进行聚类。点之间的距离度量满足：

1. 距离值非负，到本身的距离为 0。
2. 距离是对称的；点的顺序不影响距离。
3. 距离度量服从三角不等式；x 到 y 的距离加上 y 到 z 的距离不会小于直接从 x 到 z 的距离。

5.2.1　聚类方法

聚类方法可以分成两种：划分的和层次的。

- **划分的**：给定一个数据库，划分聚类算法划分数据，从而使得每个簇能够优化聚类准则。缺点在于算法的复杂性，因为一些算法列举了所有可能的分组并且尝试找到一个全局最优准则 [15]。即使对于小数据集，划分的数量也是巨大的。常见的解决方案从一个随机、精炼的划分开始。一个更好的办法是选择不同的初始点集合运行划分算法，并调查是否所有方法得到了最终划分。划分算法会局部地改善某一标准。最初，它们计算相似性或距离的值，然后通过排序后的结果选择能优化标准的值。大多数这样的算法是贪心的。
- **层次的**：层次聚类算法创建对象的层次分解 [16]。它们要么是凝聚的（自下而上），要么是分裂的（自上而下）。
  - *凝聚算法*：开始时，把每个点视为一个簇，使用距离度量将这些簇合并。当所有的点都在一个组或者满足用户设定的条件时，聚类停止。这些方法遵循贪心式的自下而上的合并。
  - *分裂算法*：开始时，所有的点属于同一个组，并且不断将组分割成较小的组，直到每个对象落入一个簇或用户终止执行时停止。此方法在每一步将对象分成不相交的组，重复执行这一过程，直到所有对象被分到不同的簇。这类似于分治算法。

158

除了这两个主要的划分和层次聚类算法之外，许多其他方法也已经出现在聚类分析中，并且主要关注具体问题或者可用的具体数据集。

- *基于密度的聚类*：密度定义为数据对象特定邻域中包含数据对象的个数。基于密度的聚类方法根据目标密度函数将对象进行分组。只要该邻域中的对象数量超过某参数，簇就会继续增长。这与使用迭代的数据点重定位的划分算法不同。

- *基于网格的聚类*：表示对象之间的几何结构、关系、属性和操作的数据称为空间数据。这些算法的目标是将数据量化成多个单元格并在这些单元格中的对象上工作。它们不对数据点进行重定位，而是建立对象组的层次结构。这些算法类似于分层算法，但组间的合并由参数定义，而不是使用距离度量。
- *基于模型的聚类*：它们可以是基于划分的或基于分层的，这取决于它们对数据集假设的结构或模型以及它们细化模型以识别划分的方式。它们找到对于数据最适合的近似。从增长模型角度来看，它们类似于基于密度的模型，因此比以前的模型迭代更好。然而，有些情况下，它们从固定的簇数量开始，这些情况通常不是基于密度的。
- *分类数据聚类*：这些算法在任何形式的距离度量都不能应用的聚类问题中非常有用。原理接近于基于划分的方法和层次方法。

159

每个类别可以进一步划分为子类别，例如，关于地理数据的基于密度的聚类。一个例外是分类数据方法。数据可视化并不直接，在某种意义上没有明显的数据结构，因此方法主要涉及类似元组中的共现这样的概念。有许多包含混合属性类型的数据集，例如美国人口普查数据集，用于模式发现的数据集。常见的聚类方法集中了所有属性为单一类型的数据集。

什么使得聚类算法效率高、效果好？答案不是很明确。聚类算法是数据相关的，一种方法在一种类型的数据上表现良好，但在另一种类型上失败，这是由于聚类算法取决于数据量大小、数据的维度，以及数据的目标函数。一个优秀的聚类方法的特点如下。

- *可扩展性*：算法在大规模数据对象上执行良好。
- *分析多个属性类型*：算法需要容纳单个和多个属性类型。
- *找到任意形状的簇*：形状通常代表算法可以导出的簇种类，这在选择模型时很重要。不同的算法将对不同的特性或形状产生偏差，并且不容易确定形状或相应的偏差。当存在分类属性时，很难确定簇的结构。
- *输入参数的最低要求*：算法需要一些用户定义的参数（比如簇的数量），以便进行数据分析。然而，对于大数据集和更高的维度，提供有限的指导是明智的，以避免结果产生偏差。
- *噪声处理*：算法应能够解释偏差。偏差通常称为离群点，因为它们偏离了对象可以接受的行为。偏差检测通常分开处理。
- *对输入记录顺序的敏感性*：算法最好与输入的顺序无关。当输入顺序不同时，某些算法的行为会不同。顺序主要影响那些需要单次扫描数据集的算法，从而得到局部最优解。

160

- *高维数据*：许多算法无法处理高维数据。对高维数据集进行聚类是一个挑战，例如美国人口普查数据集包含很多的属性。大量属性的出现往往称为维度灾难，这是由于：

1. 随着属性数量的增大，用来储存或代表它们的资源的总量就会变大。

2. 对于各种各样的分布和距离函数来说，给定点距最近相邻点的距离和最远相邻点的距离几乎是相同的。

这两个属性影响聚类算法的效率，因为它需要更多的时间来处理数据，而所得到的簇的质量很差。

5.2.2 聚类处理

数据收集：涉及从不同数据源中提取相关数据对象。这些数据对象按值区分。

初始筛选：也称为数据清洗过程，通常在数据仓库中定义。

表示：在大多数情况下，数据集需要进行转换以遵守聚类算法。例如，使用相似性度量检查数据的特性和维度。

聚类趋势：检查较小的数据集，以查看数据是否可以聚类。这个阶段经常被忽略，特别是在大型数据集中。

聚类策略：涉及选择正确的聚类算法和初始参数。

验证：这是一个非常重要的阶段，它通常基于手动检查和可视化方法。然而，随着数据量的增加，先入为主的方法减少了。

解释：这一阶段包括将聚类和其他形式的分析（如分类）结合起来，从而得出结论。 161

5.2.3 K 均值算法

聚类算法家族中最有名的算法就是 K 均值算法。这些算法假定点分布在欧几里得空间，并且簇的个数 k 是预先已知的。

给定一个多维空间 $D=\{x_i\}_{i=1}^{n}$，其中有 n 个点和 k 个目标簇。聚类算法的目标是将数据集划分成 k 个组或者簇，记为 $C=\{C_1, C_2, C_3,\cdots, C_n\}$。进一步，对于每一个簇 C_i，存在一个能够总结簇特征的点，称为中心点（也叫质心），在簇的所有点中用 μ_i 表示。

$$\mu_i=\frac{1}{n}\sum_{x_j\in C_i}x_j$$

其中，$n_i=|C_i|$ 是簇 C_i 中点的总个数。

实现效果良好的聚类的一种蛮力方法是找到所有可能的划分，将 n 个点分成 k 个簇，评估它们之间的一些优化目标，保留那些具有最佳得分的 k 个簇。K 均值算法通过在数据空间 n 中随机生成 k 个点来对聚类质心进行初始化。K 均值算法中的每次迭代包括两个步骤：

1. 簇分配。

2. 质心更新。

选择了 k 个簇质心之后，把每个点 $x_j\in D$ 分配到最近的质心，这就使得簇 C_i 中的每个点到簇质心 μ_i 的距离比到其他任何簇质心的距离都近。下面的等式代表分配：把每个点 x_j 分配给簇 C_p。

$$p=\text{argmin}_{i=1}^{k}\{\| x_j-\mu_i \|^2\}$$

在质心更新步骤中，给定一组簇 C_i，$i=\{1, \cdots, k\}$，从 C_i 中的点中为每个簇计算新的质心 / 均值。迭代地执行簇分配和质心更新步骤，直到找到局部最小值。实际上，如果质心从一次迭代到下一次迭代中没有改变，则可以假设 K 均值算法已收敛。

K 均值算法的伪代码在算法 1 中给出。在计算复杂性方面，K 均值簇分配步骤需要 O(nkd) 时间，因为我们需要找到每个点到 k 个簇质心的距离，这在 d 维空间中需要 d 次操作。质心更新步骤需要 O(nd) 时间，因为我们必须更新 n 个 d 维点。假设有 t 次迭代，K 均值算法的总时间为 O(tnkd)。

162

算法 1：K 均值算法

K 均值（D，k，∈）

t=0

随机初始化 k 个质心 $\mu_1^t, \mu_2^t, \cdots, \mu_k^t$

repeat

  $t \leftarrow t+1$

  对于所有的 j=1, ⋯, k, $C_j \leftarrow \phi$

  // 分配质心

  foreach $x_{j] \in D}$ do

    $p \leftarrow \text{argmin}_i\{\| x_j - \mu_i^t \|^2\}$

    $C_p \leftarrow C_p \cup x_j$

  // 质心更新

  foreach i=1 to k do

    $\mu_i^t \leftarrow \frac{1}{|C_j|} \sum_{x_j \in C_i} x_j$

until $\sum_{i=1}^{k} \| \mu_i^t - \mu_i^{t-1} \|^2$

5.2.4　简单的 K 均值示例

考虑以下数据集，如表 5-1 所示，它由 7 名学生在两个科目上的分值组成。

表 5-1　7 名学生在科目 A 和科目 B 上的成绩

科　目	A	B	科　目	A	B
1	1.0	1.0	5	3.5	5.0
2	1.5	2.0	6	4.5	5.0
3	3.0	4.0	7	3.5	4.5
4	5.0	7.0			

163

把该数据集划分为两个簇。找到合理的初始划分的第一步，就是将两个最远的个体 A 和 B 的值（使用欧几里得距离）定义为初始簇均值，如表 5-2 所示。

表 5-2　初始质心

	个　体	均值向量（质心）		个　体	均值向量（质心）
组 1	1	(1.0, 1.0)	组 2	4	(5.0, 7.0)

剩余的个体依次按顺序进行检验，按照距离簇均值的欧式距离，分配给离它们最近的簇。每次添加新成员时，就重新计算均值向量。这得到了如表 5-3 所示的一系列步骤。

表 5-3　迭代

步　骤	簇 1		簇 2	
	个　体	均值向量（质心）	个　体	均值向量（质心）
1	1	(1.0, 1.0)	4	(5.0, 7.0)
2	1, 2	(1.2, 1.5)	4	(5.0, 7.0)
3	1, 2, 3	(1.8, 2.3)	4	(5.0, 7.0)
4	1, 2, 3	(1.8, 2.3)	4, 5	(4.2, 6.0)
5	1, 2, 3	(1.8, 2.3)	4, 5, 6	(4.3, 5.7)
6	1, 2, 3	(1.8, 2.3)	4, 5, 6, 7	(4.1, 5.4)

现在初始划分已经改变，并且这个阶段两个簇有了如表 5-4 所示的特征。

表 5-4　改变后的簇

	个　体	均值向量（质心）		个　体	均值向量（质心）
簇 1	1, 2, 3	(1.8, 2.3)	簇 2	4, 5, 6, 7	(4.1, 5.4)

但我们还不能确定每个个体都分配到正确的簇。因此，我们将每个个体与自己所在簇均值的距离和到另一个簇均值的距离进行比较。我们发现在表 5-5 中，只有个体 3 到另一个簇均值的距离（簇 2）比到它到自己簇均值（簇 1）距离更近。换句话说，每个个体到其自身簇均值的距离应该小于到另一个簇均值的距离（个体 3 的情况不同）。因此，个体 3 被重新分配到簇 2 中，得到新的划分，如表 5-6 所示。

164

表 5-5　到簇的距离

个　体	到簇 1 均值（质心）的距离	到簇 2 均值（质心）的距离	个　体	到簇 1 均值（质心）的距离	到簇 2 均值（质心）的距离
1	1.5	5.4	5	3.2	0.7
2	0.4	4.3	6	3.8	0.6
3	2.1	1.8	7	2.8	1.1
4	5.7	1.8			

表 5-6　最终的簇

	个　体	均值向量质心		个　体	均值向量质心
簇 1	1, 2	(1.3, 1.4)	簇 2	3,4,5,6,7	(3.9, 5.1)

迭代重定位将从这个新的划分继续进行，直到没有重定位发生。然而，在这个例子中，每个个体现在到自己簇均值的距离大于到其他簇均值的距离，迭代停止，选择最后的划分作为最终的簇结果。

此外，K 均值算法可能无法求出最终解。在这个例子中，达到预选最大迭代次数之后，停止算法是个好主意。

5.3　实现

这里的目标是使用 Scalding 和 Spark 框架实现 K 均值聚类算法，从而在几个公司给定的收入数据中发现簇。

数据集　数据集包含 30 个公司的信息。每行代表一个公司，列代表公司的大小和收入，收入的单位是百万。

- 维度 0：公司的大小。
- 维度 1：公司的收入（百万）。

165

样本数据见表 5-7。

表 5-7　数据集

Id	公司的大小	公司的收入	Id	公司的大小	公司的收入
0	6882	3758	6	9401	3874
1	9916	5478	7	6579	3804
2	9368	3521	8	9454	3839
3	6386	4809	9	8317	5929
4	7930	4260	10	2683	4757
5	8997	5141			

绘制后的数据集如图 5-1 所示。

Scalding 实现

使用 Apache Mahout K 均值库，数据聚类由以下步骤实现：

- 数据预处理
- 确定初始质心
- 应用 K 均值算法以获得最终的质心
- 后处理

数据预处理

步骤 1：初始化 Scalding Job，这里 `InputJob` 继承 `Job` 类，`Job` 类能够实现必要的 I/O 格式化和所有其他的 Hadoop 配置。使用 scalding 的 API 从一个数值之间使用制表符分隔的文件进行输入初始化。

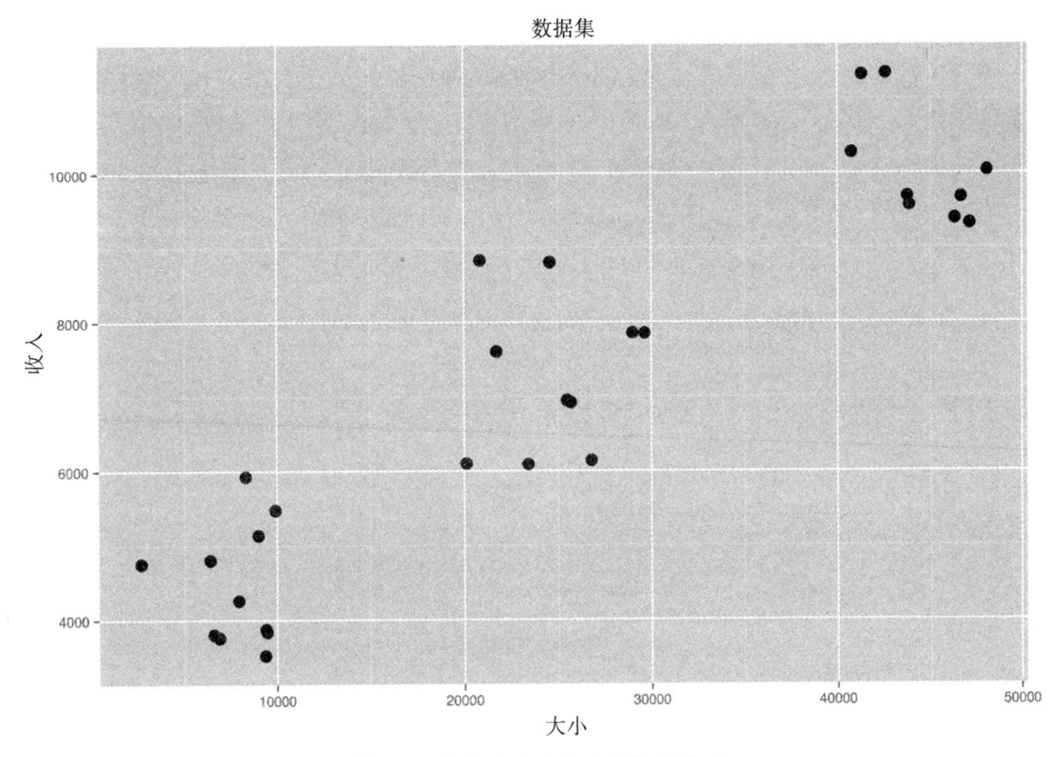

图 5-1　公司大小和收入的数据分布

```
import com.twitter.scalding._
class InputJob(args: Args) extends Job(args) {
val userFeatures = Tsv("input.tsv", ('id, 'x, 'y))
}
```

步骤 2：读入数据。

```
import com.twitter.scalding._
class InputJob(args: Args) extends Job(args) {
val userFeatures = Tsv("input.tsv", ('id, 'x, 'y))
    .read
}
```

步骤 3：数据向量化——应用 mapTo 函数在 map 任务中对数据进行向量化。

mapTo 函数的定义如下：

```
pipe.mapTo(existingFields -> additionalFields){function}
```

mapTo 相当于映射，投影到新字段，但更高效。因此，下面两行产生相同的结果：

```
pipe.mapTo(existingFields -> additionalFields){ ... }
pipe.map(existingFields -> additionalFields){ ... }
    .project(additionalFields)
```

以下代码使用 K 均值 Mahout 算法进行所需数据的向量化。给定数据集具有列 [id, size, revenue]，数据被读取并分别另存为 [id, x, y] 字段。我们需要执行一个 map 任务，使得数据集通过使用 id 完成向量化并创建向量 x 和 y。map 变换后得到的结果是 166～167

user（公司 id）和 vector 字段。

最初，读入变量 userFeatures 的所有数据都是 java.lang.String 类型。mapTo 函数将字段 [id，x，y] 替换为 [user，vector]。因为 Scala 是一种函数编程语言，所以它把一切视为函数。我们写了一个函数 f，使它接受参数（id，x，y），映射每个输入行，并将字段 x 和 y 转换为一个使用 DenseVector 类的向量。结果向量就转化为一个每行有相应 id 的命名向量（Named Vector）。

```
import org.apache.mahout.math.{NamedVector, DenseVector,
                VectorWritable}
import com.twitter.scalding._
class InputJob(args: Args) extends Job(args) {
val userFeatures = Tsv("input.tsv", ('id, 'x, 'y))
  .read
  .mapTo(('id, 'x, 'y) -> ('user, 'vector)){
    f : (String, String, String) =>
    val user = f._1
    val vector = Array(f._2.toDouble, f._3.toDouble)
    val namedVector = new NamedVector(
             new DenseVector(vector), user)
    val vectorWritable = new VectorWritable(namedVector)
    (new Text(user), vectorWritable)
  }
}
```

DenseVector：从 doubles 数组实现向量。

```
DenseVector(double[] values)
```

从 DenseVector 类构造函数的定义中，我们明白要向量化的特征需要是一个数组的形式。使用 Scala 内置 Array 库添加字段 x 和 y。

使用 Named Vector 类来转化向量并将一个名字（name）作为键，构造函数定义如下：

```
val vector = Array(f._2.toDouble, f._3.toDouble)
```

```
NamedVector(Vector delegate, String name)
```

```
val namedVector = new NamedVector(
             new DenseVector(vector), user)
```

然后将 namedVector 转换为 VectorWritable 的一个实例，这是 Mahout K 均值算法所需的形式。

168

```
val vectorWritable = new VectorWritable(namedVector)
```

步骤 4：将向量化数据写到 Hadoop 序列文件中。

```
WritableSequenceFile(p: String, f: Fields,
    sinkMode: SinkMode = cascading.tap.SinkMode.REPLACE)
```

其中，p= 路径，f= 字段，通常是一个表示 [键，值] 的元组。

```
import org.apache.mahout.math.{NamedVector, DenseVector,
                VectorWritable}
```

```
import com.twitter.scalding._
class InputJob(args: Args) extends Job(args) {
val userFeatures = Tsv("input.tsv", ('id, 'x, 'y))
  .read
  .mapTo(('id, 'x, 'y) -> ('user, 'vector)){
    f : (String, String, String) =>
    val user = f._1
    val vector = Array(f._2.toDouble, f._3.toDouble)
    val namedVector = new NamedVector(
               new DenseVector(vector), user)
    val vectorWritable = new VectorWritable(namedVector)
    (new Text(user), vectorWritable)
  }
}
val out = WritableSequenceFile[Text, VectorWritable](
    mahout_vectors, ('user , 'vector))
userFeatures.write(out)
```

样本输出　向量化后的数据如表 5-8 所示。

表 5-8　向量化后的数据

用　户	向　量	用　户	向　量
0	0:0:6882.0, 1:3758.0	6	6:0:9401.0, 1:3874.0
1	1:0:9916.0, 1:5478.0	7	7:0:6579.0, 1:3804.0
2	2:0:9368.0, 1:3521.0	8	8:0:9454.0, 1:3839.0
3	3:0:6386.0, 1:4809.0	9	9:0:8317.0, 1:5929.0
4	4:0:7930.0, 1:4260.0	10	10:0:2683.0, 1:4757.0
5	5:0:8997.0, 1:5141.0		

169

确定初始质心

Apache Mahout 通过使用水库抽样方法实现一个随机初始簇选择：水库抽样是随机算法的一种，用来从包含 n 个项的列表 S 中随机选择含有 k 个项的样本，其中，n 要么很大，要么是个未知数。

步骤 5：使用的类称为 `RandomSeedGenerator`。给定包含 `org.apache.hadoop.io.SequenceFile` 的输入路径，随机选择 k 个向量并将它们作为 `org.apache.mahout.clustering` 写入输出文件。`kmeans.Kluster` 表示要使用的初始质心。我们关注的函数叫作 `buildRandom`。函数定义是：

```
buildRandom(Configuration conf, Path input,
    Path output, int k, DistanceMeasure measure)
```

- conf：Hadoop 配置设置，序列化是一个过程，它将数据结构或者对象状态翻译成一种能储存的格式（例如，在一个文件或者内存缓冲区中，或者通过网络连接链路传输），并且之后在相同的或者另一个计算机环境中能够重建。

```
val conf = new Configuration
conf.set("io.serializations",
    "org.apache.hadoop.io.serializer.
```

```
                        JavaSerialization," +
  "org.apache.hadoop.io.serializer.
                        WritableSerialization")
```

- input：路径，为 org.apache.hadoop.fs.Path 类型，这指向包含向量化数据的 Hadoop 序列文件。

```
val vectorsPath = new Path("data/kmeans/mahout_vectors")
```

- output：路径，是 org.apache.hadoop.fs.Path 类型，这指向把初始质心集合写入的位置。文件是 org.apache.mahout.clustering.kmeans.Kluster 类型。它包含 center、clusterId、distance measure。第三个字段解释了在点之间使用的有效距离以确定簇中心。这个距离可以用接下来的步骤中可以看到的几种方法度量。

```
val inputClustersPath = new Path("data/kmeans/random_centroids")
```

170

- k：K 均值算法中所需输入的簇数（K 均值算法中的 K 是簇的个数！）。
- DistanceMeasure：我们发现到簇中心的距离是欧几里得距离的函数。欧几里得距离或欧几里得度量是用直尺来度量的两个点之间的“普通”距离，并且由毕达哥拉斯公式给出。使用此公式作为距离。

$$d(p,q)=\sqrt{(q_1-p_1)^2+(q_2-p_2)^2\cdots(q_n-p_n)^2}=\sqrt{\sum_{i=1}^{n}(q_i-p_i)^2}$$

Mahout 提供了一种用于执行欧几里得距离度量的现成的类。

```
import org.apache.mahout.common.distance.EuclideanDistanceMeasure
val distanceMeasure = new EuclideanDistanceMeasure
```

最后的程序如下：

```
import org.apache.mahout.clustering.kmeans.RandomSeedGenerator
import org.apache.mahout.common.distance.EuclideanDistanceMeasure
import org.apache.hadoop.conf.Configuration
import org.apache.hadoop.fs.Path

val conf = new Configuration
conf.set("io.serializations",
    "org.apache.hadoop.io.serializer.JavaSerialization," +
    "org.apache.hadoop.io.serializer.WritableSerialization")
val inputClustersPath = new Path("data/kmeans/random_centroids")
val distanceMeasure = new EuclideanDistanceMeasure
val vectorsPath = new Path("data/kmeans/mahout_vectors")

RandomSeedGenerator.buildRandom(conf, vectorsPath,
    inputClustersPath, 3, distanceMeasure)
```

关于所选质心的**样本输出**，请记住，输出是一个序列文件，不能由任何文本编辑器读取，因此，你需要转换文件格式到更可读的格式。Scalding 提供了非常简单的一行解决方案。下面写一个简单的 Scalding 作业。

- **读取序列文件**：数据从路径 "data/kmeans/random_centroids" 读取。数据

另存为两列：[clusterId, cluster]，这些数据被读取并存储在 Scalding 字段类型中，cluster Id 的类型为 org.apache.hadoop.io.Text，cluster 的类型是 org.apache.mahout.clustering.iterator.ClusterWritable。

```
import org.apache.mahout.clustering.iterator.ClusterWritable
import org.apache.hadoop.io.Text
import com.twitter.scalding._

class RandomCentroidJob(args: Args) extends Job(args) {
    val randomCentroids = WritableSequenceFile[Text, ClusterWritable](
    "data/kmeans/random_centroids", ('clusterId, 'cluster))
    .read
```

171

- **将字段从 Hadoop 文件格式转换为可读形式。**使用 mapTo 函数进行任何形式的字段转换。它需要每一行的 [clusterId, cluster]。如果 cluster 的类型为 ClusterWritable，就需要使用内置类函数来得到质心。这是通过以下代码完成的。

```
val center = x._2.getValue.getCenter
```

转换的字段然后元组化为 (cid, center)。

```
.mapTo(('clusterId, 'cluster) -> ('cid, 'center)) {
    x: (Text, ClusterWritable) =>
    val cid = x._1.toString.toDouble
    val center = x._2.getValue.getCenter
    println("cluster center -> " + center)
    (cid, center)
    }
    .write(Tsv("random_centroids.tsv"))
```

最后的代码如下：

```
import org.apache.mahout.clustering.iterator.ClusterWritable
import org.apache.hadoop.io.Text
import com.twitter.scalding._

class RandomCentroidJob(args: Args) extends Job(args) {
    val randomCentroids = WritableSequenceFile[Text, ClusterWritable](
    "data/kmeans/random_centroids", ('clusterId, 'cluster))
    .read
    .mapTo(('clusterId, 'cluster) -> ('cid, 'center)) {
    x: (Text, ClusterWritable) =>
    val cid = x._1.toString.toDouble
    val center = x._2.getValue.getCenter
    println("cluster center -> " + center)
    (cid, center)
    }
    .write(Tsv("random_centroids.tsv"))
}
```

输出如下：

ClusterId	向量形式的簇
18	18:{0:48017.0, 1:10037.0}
25	25:{0:23403.0, 1:6090.0}
5	5:{0:8997.0, 1:5141.0}

172

选择的随机质心可以用图 5-2 的形式表示。

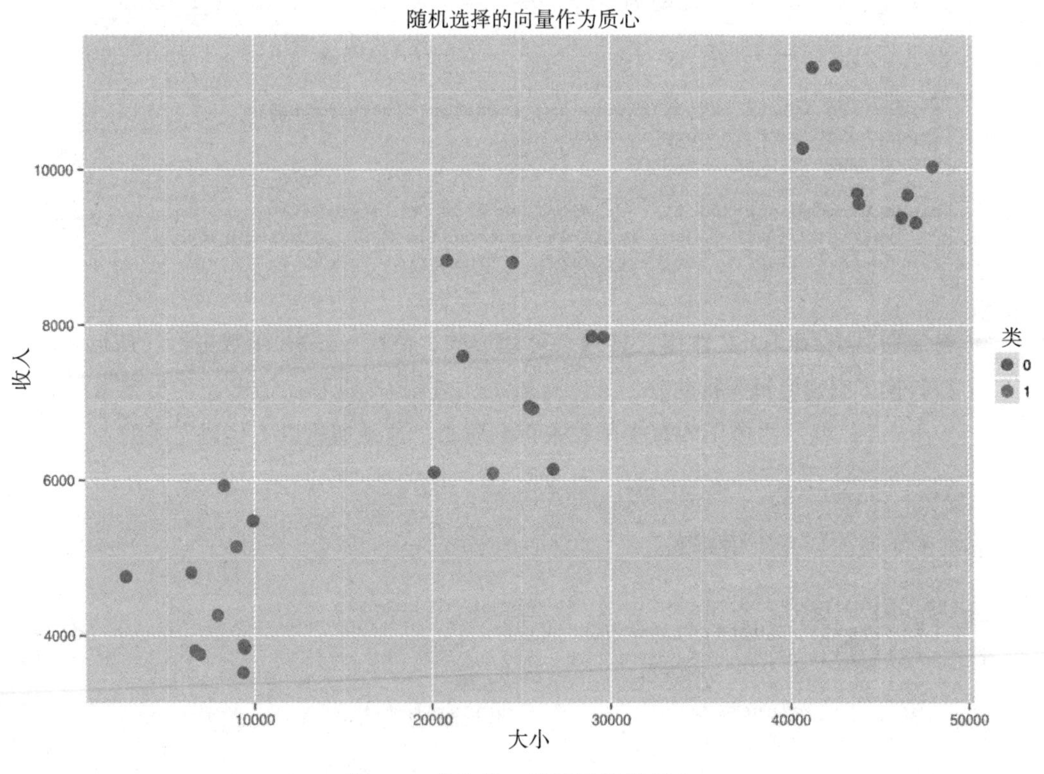

图 5-2　作为类 1 随机选择的质心

应用 K 均值算法

步骤 6：可以使用 `KMeansDriver.main` 上的命令行调用或通过对 `KMeansDriver` 进行 Java 调用来运行 K 均值聚类算法。

函数定义如下：

```
public static void run(
    Configuration conf,
    Path input,
    Path clustersIn,
    Path output,
    double convergenceDelta,
    int maxIterations,
    boolean runClustering,
    double clusterClassificationThreshold,
    boolean runSequential)
```

173

- conf：Hadoop 配置设置，序列化是一个过程，它将数据结构或对象状态转换为可以存储格式（例如，在文件或存储器缓冲区中，或通过网络连接链路传输），并且稍后在相同的或另一台计算机环境中重建。

```
val conf = new Configuration
conf.set("io.serializations",
    "org.apache.hadoop.io.serializer.JavaSerialization," +
    "org.apache.hadoop.io.serializer.WritableSerialization")
```

- input：输入 Hadoop 路径。这指向初始向量化数据。
- clustersIn：这也是 Hadoop 路径类型。这指向由步骤 5 中定义的 RandomSeed-Generator 类选择出的随机质心。
- output：这也是 Hadoop 路径类型。这指向通过运行 K 均值算法确定的最终的簇中心。
- convergenceDelta：这个 double 值用于确定算法是否已经收敛（最后一次迭代中簇移动的次数小于阈值）。
- maxIterations：最大迭代次数，独立于收敛阈值。
- runClustering：这是一个布尔变量，如果为真，在迭代完成之后点都被聚类。
- clusterClassificationThreshold：一个限制聚类 / 去除异常值的参数。其值应在 0 和 1 之间。pdf 在该值以下的向量将不会被聚类。
- runSequential：这是一个布尔变量。如果为真，则使用序列化程序找到最终的质心。

最终的代码如下：

```
KMeansDriver.run(
      conf,
      new Path("data/kmeans/mahout_vectors"),// INPUT
      new Path("data/kmeans/random_centroids"),// initial centroids
      new Path("data/kmeans/result_cluster"),// OUTPUT_PATH
      0.01,                    //convergence delta
      20,                      // MAX_ITERATIONS
      true,                    // run clustering
      0,                       // cluster classification threshold
      false)                   // run Sequential
```

174

后期处理

步骤 7：执行 K 均值算法后，Mahout 实现将最终的簇质心写入具有后缀 -final 的文件。

读取文件的路径改变时，用于确定初始簇的代码被使用。

首先，构建到最终簇的路径。

```
val finalClusterPath = "data/kmeans/result_cluster" + "/*-final"
```

最后的代码如下：

```
import org.apache.mahout.clustering.iterator.ClusterWritable
import org.apache.hadoop.io.Text
import com.twitter.scalding._

class FinalCentroidsJob(args: Args) extends Job(args) {
    val finalClusterPath = "data/kmeans/result_cluster" +
                            "/*-final"
    val finalCluster = WritableSequenceFile[
                                Text,
                                ClusterWritable](
                                finalClusterPath,
                                ('clusterId, 'cluster))
```

```
        .read
        .mapTo(('clusterId, 'cluster) -> ('cid, 'center)) {
        x: (Text, ClusterWritable) =>
        val cid = x._1.toString.toDouble
        val center = x._2.getValue.getCenter
        println("cluster center -> " + center)
        (cid, center)
        }
        .write(Tsv("final_centroids.tsv"))
}
```

最后的质心为：

ClusterId	Center(x)	Center(y)
0	7810.27	4470.0
1	24720.3	7313.9
2	44470.9	10068.7

175

这些点表示为图 5-3 中的方块。

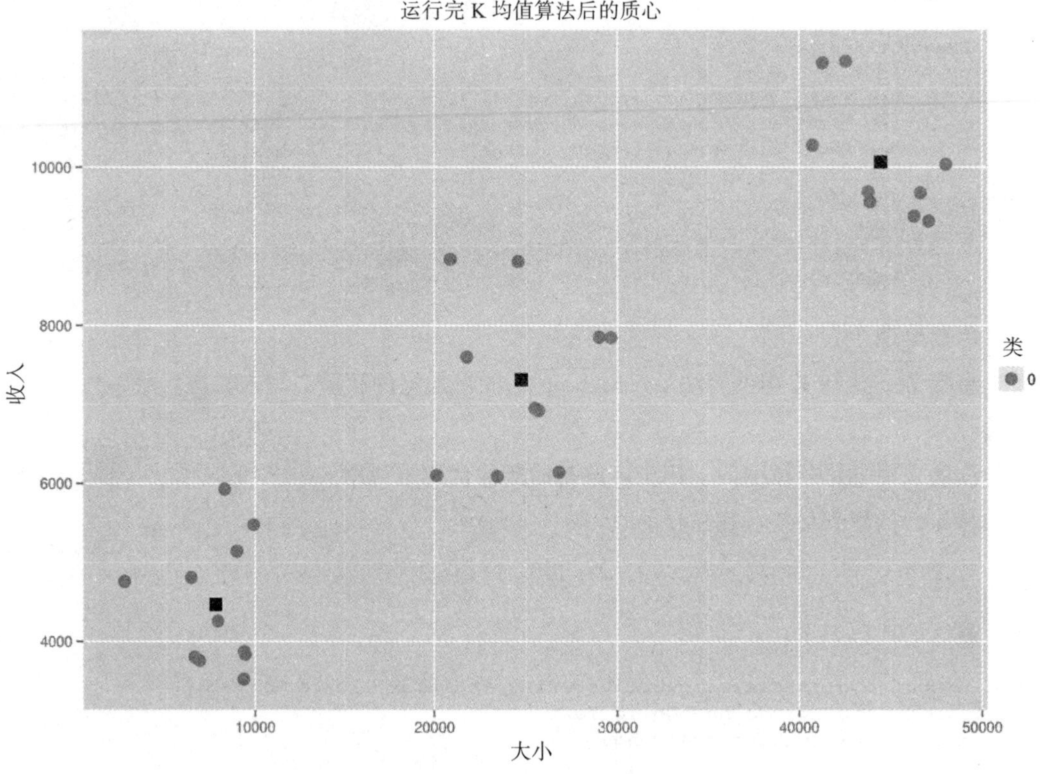

图 5-3　运行完 K 均值算法后的质心

步骤 8：既然有最终的质心，就需要找到每一个向量到每个质心的距离。为每个输入向量找到距离集合中的最小距离。与最小距离相关联的质心是正确的质心。

迭代算法如下所示：

```
for input in range [0 to end of inputs]
    minDist = \inf
    for centroid in rage[0 to end of centroids]
         dist = EuclideanDistanceMeasure(input, centroid)
         if dist < minDist
            minDist = dist
    print input, centroid, minDist
```

该算法形成了 Map 和 Reduce 操作类型的完美场景。我们使用 Scalding 打破上述算法的构建。

如果计算所需的数据可用于每个输入行，那么很容易在簇上分发作业，这样每个输入行都能够在 Map 上运行，并且产生一个稍后可以整理的结果，从而对 Reduce 任务很有意义。

176

- 创建输入数据集和最终质心集的叉积，也就是如果存在 N 个输入行和 M 个质心行，则总行数变为 N×M。Scalding 为此提供了一个简单的函数：

```
pipe1.crossWithTiny(pipe2)
```

执行两个管道的叉积。把右边（pipe2）复制到所有的节点，左侧根本不移动。因此，“小”部分应该在 right.existingFields 中。

首先，读取输入数据集，并用上一步计算的 finalCluster 处理（Cross）这个数据。样本输出如表 5-9 所示。

```
import com.twitter.scalding._
class InputJob(args: Args) extends Job(args) {
val userVectors  = WritableSequenceFile[Text, VectorWritable]
            (mahout_vectors, ('user , 'vector))
    .crossWithTiny(finalCluster)
    .write(Tsv("crosswithtiny.tsv"))
```

表 5-9　CrossWithTiny 的样本输出

id	输入向量	ClusterId	ClusterCenters
0	0:{0:6882.0, 1:3758.0}	0.0	{0:7810.2727, 1:4470.01}
0	0:{0:6882.0, 1:3758.0}	1.0	{0:24720.3, 1:7313.9}
0	0:{0:6882.0, 1:3758.0}	2.0	{0:44470.8889, 1:10068.77}
1	1:{0:9916.0, 1:5478.0}	0.0	{0:7810.2727, 1:4470.0}
1	1:{0:9916.0, 1:5478.0}	1.0	{0:24720.3, 1:7313.9}
1	1:{0:9916.0, 1:5478.0}	2.0	{0:44470.8889, 1:10068.77}
2	2:{0:9368.0, 1:3521.0}	0.0	{0:7810.2727, 1:4470.0}
2	2:{0:9368.0, 1:3521.0}	1.0	{0:24720.3, 1:7313.9}
2	2:{0:9368.0, 1:3521.0}	2.0	{0:44470.8889, 1:10068.77}
3	3:{0:6386.0, 1:4809.0}	0.0	{0:7810.2727, 1:4470.0}
3	3:{0:6386.0, 1:4809.0}	1.0	{0:24720.3, 1:7313.9}

针对上述数据的每一行执行 map 操作以确定向量到质心的距离。样本输出如表 5-10 所示。

177

```
import org.apache.mahout.common.distance.EuclideanDistanceMeasure
import org.apache.mahout.math.{NamedVector, DenseVector, VectorWritable}
import org.apache.mahout.clustering.iterator.ClusterWritable
import com.twitter.scalding._

class InputJob(args: Args) extends Job(args) {
val userVectors  = WritableSequenceFile[Text, VectorWritable]
                  (mahout_vectors, ('user , 'vector))
    .crossWithTiny(finalCluster)
    .map(('center, 'vector) -> 'distance) {
        x:(DenseVector, VectorWritable) =>
          (new EuclideanDistanceMeasure()).distance(x._1,
                                                    x._2.get)
    }
    .write(Tsv("Distance.tsv"))
```

表 5-10　计算欧几里得距离（向量，质心）

id	输入向量	ClusterId	ClusterCenters	距　离
0	0:{0:6882.0, 1:3758.0}	0.0	{0:7810.2727, 1:4470.0}	1169.88696
0	0:{0:6882.0, 1:3758.0}	1.0	{0:24720.3, 1:7313.9}	18189.26546
0	0:{0:6882.0, 1:3758.0}	2.0	{0:44470.8889, 1:10068.77}	38114.96449
1	1:{0:9916.0, 1:5478.0}	0.0	{0:7810.2727, 1:4470.0}	2334.55917
1	1:{0:9916.0, 1:5478.0}	1.0	{0:24720.3, 1:7313.9}	14917.701846
1	1:{0:9916.0, 1:5478.0}	2.0	{0:44470.8889, 1:10068.77}	34858.508086
2	2:{0:9368.0, 1:3521.0}	0.0	{0:7810.2727, 1:4470.0}	1824.038117
2	2:{0:9368.0, 1:3521.0}	1.0	{0:24720.3, 1:7313.9}	15813.892849
2	2:{0:9368.0, 1:3521.0}	2.0	{0:44470.8889, 1:10068.77}	35708.34082
3	3:{0:6386.0, 1:4809.0}	0.0	{0:7810.2727, 1:4470.0}	1464.069013
3	3:{0:6386.0, 1:4809.0}	1.0	{0:24720.3, 1:7313.9}	18504.62308

- 转换用户（即把行用户加倍，以便帮助打印结果分组函数和向量）为可打印的字符串格式，如表 5-11 所示。

```
import org.apache.mahout.common.distance.EuclideanDistanceMeasure
import org.apache.mahout.math.{NamedVector, DenseVector, VectorWritable}
import org.apache.mahout.clustering.iterator.ClusterWritable
import cascading.pipe.joiner._
import com.twitter.scalding._
class InputJob(args: Args) extends Job(args) {
val userVectors  = WritableSequenceFile[Text,VectorWritable]
                  (mahout_vectors, ('user , 'vector))
    .crossWithTiny(clusterCenter)
    .map(('center, 'vector) -> 'distance) {
       x:(DenseVector, VectorWritable) =>
           (new EuclideanDistanceMeasure()).distance(x._1,
                                                     x._2.get)
    }
    .map(('user, 'vector) -> ('user, 'vector)){
       x : (Text, VectorWritable) =>
             (x._1.toString.toDouble, x._2.toString)
```

```
        }
        .write(Tsv("Mapped.tsv"))
```

178

表 5-11　计算欧几里得距离（向量，质心）

id	输入向量	ClusterId	ClusterCenters	距离
0.0	0:{0:6882.0, 1:3758.0}	0.0	{0:7810.2727, 1:4470.0}	1169.88696
0.0	0:{0:6882.0, 1:3758.0}	1.0	{0:24720.3, 1:7313.9}	18189.26546
0.0	0:{0:6882.0, 1:3758.0}	2.0	{0:44470.8889, 1:10068.77}	38114.96449
1.0	1:{0:9916.0, 1:5478.0}	0.0	{0:7810.2727, 1:4470.0}	2334.55917
1.0	1:{0:9916.0, 1:5478.0}	1.0	{0:24720.3, 1:7313.9}	14917.701846
1.0	1:{0:9916.0, 1:5478.0}	2.0	{0:44470.8889, 1:10068.77}	34858.508086
2.0	2:{0:9368.0, 1:3521.0}	0.0	{0:7810.2727, 1:4470.0}	1824.038117
2.0	2:{0:9368.0, 1:3521.0}	1.0	{0:24720.3, 1:7313.9}	15813.892849
2.0	2:{0:9368.0, 1:3521.0}	2.0	{0:44470.8889, 1:10068.77}	35708.34082
3.0	3:{0:6386.0, 1:4809.0}	0.0	{0:7810.2727, 1:4470.0}	1464.069013
3.0	3:{0:6386.0, 1:4809.0}	1.0	{0:24720.3, 1:7313.9}	18504.62308

- 既然有输出和正确的格式，就需要按照之前讨论的算法来求最短距离。Scalding 提供了便捷的分组函数。首先，将 user 列上的输入行进行分组，并按升序对 distance 列进行排序。这是 Reduce 操作。

```
import org.apache.mahout.common.distance.EuclideanDistanceMeasure
import org.apache.mahout.math.{NamedVector, DenseVector, VectorWritable}
import org.apache.mahout.clustering.iterator.ClusterWritable
import cascading.pipe.joiner._
import com.twitter.scalding._
class InputJob(args: Args) extends Job(args) {
val userVectors  = WritableSequenceFile[Text, VectorWritable]
                (mahout_vectors, ('user , 'vector))
    .crossWithTiny(clusterCenter)
        .map(('center, 'vector) -> 'distance) {
        x:(DenseVector, VectorWritable) =>
                (new EuclideanDistanceMeasure()).distance(x._1,
                                                    x._2.get)
        }
        .map(('user, 'vector) -> ('user, 'vector)){
                x : (Text, VectorWritable) =>
                        (x._1.toString.toDouble, x._2.toString)
        }
        .groupBy(('user)){
        _.sortBy('distance)
        }
        .write(Tsv("Sorted.tsv"))
```

- 其次，接受排完序的行，并接受分组的第一行，因为它等同于输入向量和有最小距离的质心的组合。它的 API 像把 Scalding 放在 Hadoop 高效包装构架的顶部。

```
import org.apache.mahout.common.distance.EuclideanDistanceMeasure
import org.apache.mahout.math.{NamedVector, DenseVector, VectorWritable}
import org.apache.mahout.clustering.iterator.ClusterWritable
```

179

```
import cascading.pipe.joiner._
import com.twitter.scalding._
class InputJob(args: Args) extends Job(args) {
val userVectors  = WritableSequenceFile[Text, VectorWritable]
        (mahout_vectors, ('user , 'vector))
    .crossWithTiny(clusterCenter)
    .map(('center, 'vector) -> 'distance) {
        x:(DenseVector, VectorWritable) =>
          (new EuclideanDistanceMeasure()).distance(x._1,
                                                    x._2.get)
    }
    .map(('user, 'vector) -> ('user, 'vector)){
        x : (Text, VectorWritable) =>
          (x._1.toString.toDouble, x._2.toString)
    }
    .groupBy(('user)){
        _.sortBy('distance)
    }
    .groupBy(('user)){
        _.take(1)
    }
    .write(Tsv("Output.tsv"))
```

步骤 9：既然所有必需的输入向量、它们对应的质心和相关的类都已经计算完毕，就可以看到输出需要一些清理，从而使得输出可以用于生成图形。通过清理，向量化的列需要为输入向量和质心分成（x，y）元组。也可以运行一个简单的脚本来清理代码，或者使 Scalding 本身。使用 Scalding 只需两个简单的步骤就可以完成该操作，当然，这不是必需的，也不是执行 KMeans 任务所必需的。

- 首先，执行连接——外部连接，对输入数据集和表 5-11 的输出进行外部连接。将 user 和 id 字段进行连接。

```
import org.apache.mahout.common.distance.EuclideanDistanceMeasure
import org.apache.mahout.math.{NamedVector, DenseVector, VectorWritable}
import org.apache.mahout.clustering.iterator.ClusterWritable
import cascading.pipe.joiner._
import com.twitter.scalding._
class InputJob(args: Args) extends Job(args) {
val userVectors  = WritableSequenceFile[Text, VectorWritable]
        (mahout_vectors, ('user , 'vector))
    .crossWithTiny(clusterCenter)
    .map(('center, 'vector) -> 'distance) {
        x:(DenseVector, VectorWritable) =>
          (new EuclideanDistanceMeasure()).distance(x._1,
                                                    x._2.get)
    }
    .map(('user, 'vector) -> ('user, 'vector)){
        x : (Text, VectorWritable) =>
          (x._1.toString.toDouble, x._2.toString)
    }
    .groupBy(('user)){
        _.sortBy('distance)
    }
    .groupBy(('user)){
        _.take(1)
    }
    .joinWithSmaller('user -> 'id, userFeatures,
        joiner = new OuterJoin)
    .write(Tsv("cleaninput.tsv"))
```

180

- 其次，使用 kmeans 选择的质心对上一步中收集的数据进行连接操作——外部连接。因为执行了外部连接，所以从两个管道 / 集合得到了所有的字段。只选择需要进行图形化的字段进行投影，也就是 input(x, y)、ClusterId 和 Centroid (x, y)。

```
import org.apache.mahout.common.distance.EuclideanDistanceMeasure
import org.apache.mahout.math.{NamedVector, DenseVector, VectorWritable}
import org.apache.mahout.clustering.iterator.ClusterWritable
import cascading.pipe.joiner._
import com.twitter.scalding._
class InputJob(args: Args) extends Job(args) {
val userVectors  = WritableSequenceFile[Text, VectorWritable]
           (mahout_vectors, ('user , 'vector))
    .crossWithTiny(clusterCenter)
    .map(('center, 'vector) -> 'distance) {
        x:(DenseVector, VectorWritable) =>
        (new EuclideanDistanceMeasure()).distance(x._1,
                                            x._2.get)
    }
    .map(('user, 'vector) -> ('user, 'vector)){
        x : (Text, VectorWritable) =>
           (x._1.toString.toDouble, x._2.toString)
    }
    .groupBy(('user)){
        _.sortBy('distance)
    }
    .groupBy(('user)){
        _.take(1)
    }
    .joinWithSmaller('user -> 'id, userFeatures,
          joiner = new OuterJoin)
    .joinWithSmaller('cid -> 'cxid, selectedclusters,
          joiner = new OuterJoin)
    .project('x, 'y, 'cid, 'cxx, 'cxy)
    .write(Tsv("final.tsv"))
}
```

上面代码的输出如表 5-12 所示。

表 5-12　代码的输出结果

Size	Revenue	Class	Size(centroid)	Revenue(centroid)
6882	3758	0.0	7810.2727	4470.0
9916	5478	0.0	7810.2727	4470.0
9368	3521	0.0	7810.2727	4470.0
6386	4809	0.0	7810.2727	4470.0
25670	6921	1.0	24720.3	7313.9
28993	7852	2.0	24720.3	7313.9
20857	8833	3.0	24720.3	7313.9

181

使用简单 R 代码画出的图如图 5-4 所示。

```
#!/usr/bin/env Rscript
library(ggplot2)
x <- read.csv("final.tsv", header=FALSE, sep="\t")
names(x) <- c("size", "revenue", "class", "centroidsx",
                                         "centroidsy")

x$class <- factor(x$class)
```

```
x$classcentroids <- factor(x$centroidsx)
ggplot() +
    geom_point(data= x, aes(x=size, y=revenue,
                            color=class), size=4) +
    geom_point(data= x, aes(x=centroidsx, y=centroidsy),
                                   shape=15, size=4) +
    ggtitle("Centroids After the KMeans Algorithm") +
    ggsave(file="graph.png", width=10, height=7)
```

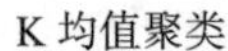

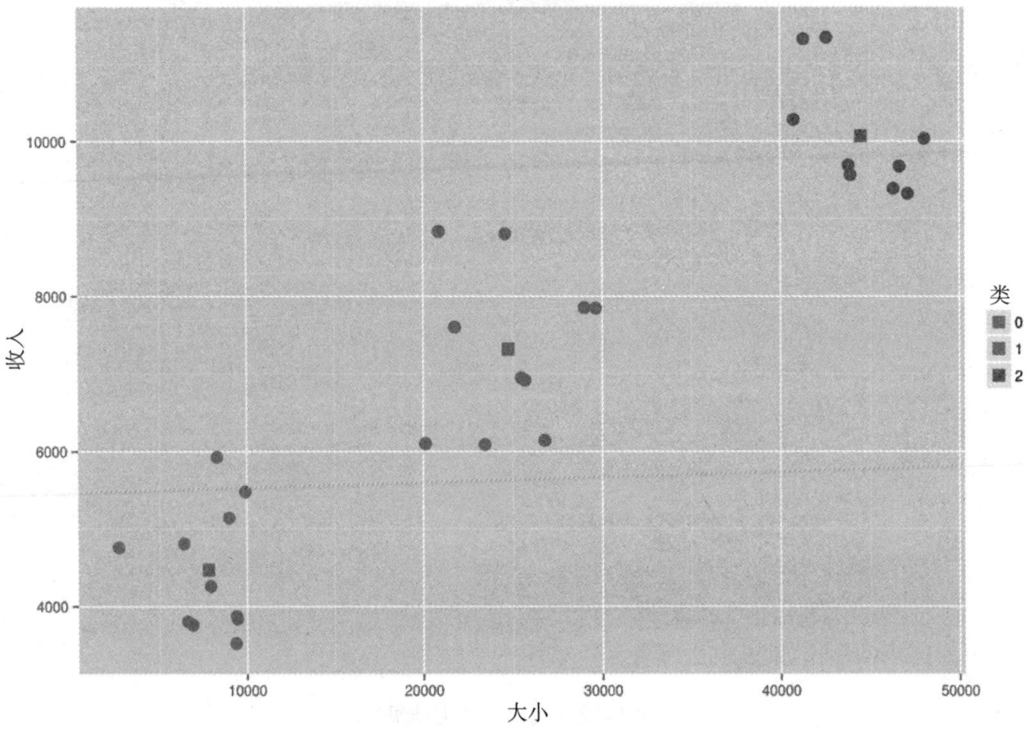

182

图 5-4　K 均值聚类输出

问题

5.1　实现 Apache Mahout 库给出的上述 K 均值算法，使用 Spark 并验证结果。可以参考第 4 章中的 Spark 编程指南。完整的源代码可在 https://github.com/4ni1/hpdc-scalding-spark 中获取。

参考文献

1. StatStoft, Inc. *Data Mining Techniques*
   http://www.obgyn.cam.ac.uk/cam-only/statsbook/stdatmin.html.
2. Jure Leskovec, Anand Rajaraman, Jeffrey D. Ullman,*Mining of Massive Datasets*, 2010.
3. Mohammed J. Zaki, Wagner Meira JR. Ullman,*Data Mining and Analysis: Fundamental Concepts and Algorithms* , 2014.
4. John. McCullok, *Step By Step K-Means*.
   http://mnemstudio.org/clustering-k-means-example-1.htm.

5. *NonLinear Dimensionality Reduction*
   http://en.wikipedia.org/wiki/Nonlinear_dimensionality_reduction.
6. *Principal Componet Analysis*
   http://en.wikipedia.org/wiki/Principal_component_analysis.
7. Rice, Stephen V., Nagy, George, Nartker, Thomas A. *Optical Character Recognition*, Springer, 1999.
8. Han, J. and Pei, J. 2000. *Mining frequent patterns by pattern growth: Methodology and implications.* SIGKDD Explorations Newsletter 2, 2, 1420.
9. Han, Jiawei, and Micheline Kamber. *Data Mining, Southeast Asia Edition: Concepts and Techniques.* Morgan kaufmann, 2006.
10. Fayyad, Usama M., et al. "Advances in knowledge discovery and data mining." (1996).
11. Berkhin, Pavel. "A survey of clustering data mining techniques." Grouping multidimensional data. Springer Berlin Heidelberg, 2006. 25-71.
12. Weiss, Sholom M. Predictive data mining: a practical guide. Morgan Kaufmann, 1998.
13. Witten, Ian H., and Eibe Frank. Data Mining: Practical machine learning tools and techniques. Morgan Kaufmann, 2005.
14. Park, Byung-Hoon, and Hillol Kargupta. "Distributed data mining: Algorithms, systems, and applications." (2002).
15. Elavarasi, S. Anitha, J. Akilandeswari, and B. Sathiyabhama. "A survey on partition clustering algorithms." International Journal of Enterprise Computing and Business Systems 1.1 (2011).
16. Johnson, Stephen C. "Hierarchical clustering schemes." Psychometrika 32.3 (1967): 241-254.
17. Rayner Alfred, 2008, *A Data Summarisation Approach toKnowledge Discovery*, Thesis, Univeristy of York.

183
~
184

第6章

案例研究Ⅱ：使用Scalding和Spark进行数据分类

根据使用的数据类型来表示学习问题很重要。关于数据的知识是非常重要的，因为类似的学习技巧可以应用于类似的数据类型。例如，自然语言处理和生物信息学对于自然语言文本和DNA序列都使用非常类似的字符串工具。最基本的数据实体类型是**向量**。例如，一家保险公司可能需要一个病人信息细节（如血压、心脏速率、身高、体重、胆固醇含量、吸烟状况和性别）的向量来推断患者预期寿命。农民可能对基于大小、重量和光谱数据的向量来确定水果的成熟度感兴趣。电气工程师可能想要找到电压和电流之间的依赖关系。搜索引擎可能想要查找一个描述单词频率的计数向量。

处理向量中范围很大的不同属性的尺度和单位是富有挑战性的。例如，重量可以用千克、磅、克、吨、石头（stone）等进行度量。所有这些只是乘法的变化。类似地，当根据所使用的单位（包括摄氏度、开尔文或华氏温度）表示温度时，类别的转换是可用的。适应这些情景一种可能的方式就是数据规范化。

在某些情况下，向量可以包含可变数量的特征。例如，医生可以根据患者的健康状况从检测集合中选择检测。要实现这种功能，就要用到**列表**。

考虑一个提供蘑菇毒性的数据集。对于一个新蘑菇，根据以前的数据及其化学成分推测其毒性是合理的。蘑菇的毒性可以通过蘑菇中的一种或两种化合物来鉴定。**集合**用于推断一个特征集合，这些特征的组成有着显著变化。

矩阵广泛用于表示成对关系。在协同过滤应用中，矩阵行是用户实例，而列是相应的产品。行和列的组合可以提供用户关于产品的评分，以及允许评分为空的矩阵。**图像数据**也可以在矩阵中表示为数字的二维数组。这种表示是非常粗糙的，因为它们也包含线条、形状和多分辨率结构。图像的下采样得到具有相似图像特征的对象。在计算机视觉和心理光学（psycho-optics）中有许多操纵图像的工具和库。**视频**只不过是具有时间尺度的图像。视频可以表示为3D阵列。良好的算法需要适应图像的时间特征。

185

对象之间的关系可以使用**树**和**图**来表示。例如，网址www.domz.org可以表示成一棵树，其中主题是节点，它们从根节点到叶子节点变得越来越细化：艺术 → 动画 → 动漫 → 页面 → 官方网站。在基因测序的情况下，关系采用有向非环图的形式。这两个例子都代表对树或图的顶点进行观察。有些图观察自己本身，比如计算机程序的调用图，蛋白质和蛋白质之间的相互作用。

在生物信息学和自然语言处理中，**字符串**是很常见的。当对文档中的主题结构进行建模时，当在一个文本中定位个人和组织的名称时，字符串对于许多估计都是常用的输入。当要呈现文档摘要、翻译一个文件等，它们也是流行的输出形式。

最常见的数据类型是**复合结构**，它们是一种更简单的数据类型（如字符串、图像、表、包含数字的列表等）构成的组合。良好的统计模型考虑到这些结构来构建灵活的模型。

6.1 分类

模板的开发显著提高了机器学习处理新问题的部署速率。学习问题的范围很大并且不断增长。

二分类是最常遇到并且多年来一直在研究的问题之一，它引发了一些算法和理论上的突破。在其基本形式中：从域 X 中给定 x 来估计相应的二元随机变量 $y \in \{\pm 1\}$ 的值。举一个简单的例子，给出一组苹果和橘子的图片集合，预测对象是一个苹果还是一个橘子。 186 应用范围涉及找到预测的负载违规者、垃圾邮件或非垃圾邮件检测等。有几种二分类估计的变体。

- (x_i, y_i) 序列对，其中，y_i 是瞬时估计的。这通常称为在线学习。
- 观察 (x_i, y_i) 序列对的一组集合 $\boldsymbol{X}:=\{x_1, \cdots, x_m\}$，$\boldsymbol{Y}:=\{y_1, \cdots, y_m\}$，然后用一个集合 $X'=\{x'_1, \cdots, x'_m\}$ 来估计 y。这通常指的是批量学习。在建立模型的时候已知 X' 通常称为转导（transduction）。
- 为了建模从而选择 $\boldsymbol{X}$ 称为主动学习。
- 关于 $\boldsymbol{X}$ 的完整信息可能不可用，例如，某些 x_i 的坐标可能会丢失，导致对缺失变量的估计。
- 当两个集合 $\boldsymbol{X}$ 和 X' 来自不同的数据源时，要进行协变量偏移校正（covariate shift correction）。
- 从两个有些相关的问题收集结果时，进行共同训练。
- 根据错误的类型，估计错误会受到的惩罚，例如，当试图区别钻石和石头时，这种非常不对称的损失情形。

多分类是二分类的扩展。主要区别在于 y 可以有一个取值范围：$y \in 1, 2, 3, \cdots, n$。例如，根据书写的语言（英文、法文、德文、西班牙文，…）对文件进行分类。如图6-1所示，错误的成本与所犯错误的类型有很大的关系。例如，在对癌症患者进行分类的情况下，将早期癌症分类为健康（患者可能死亡）或误判为癌症的晚期阶段。 187

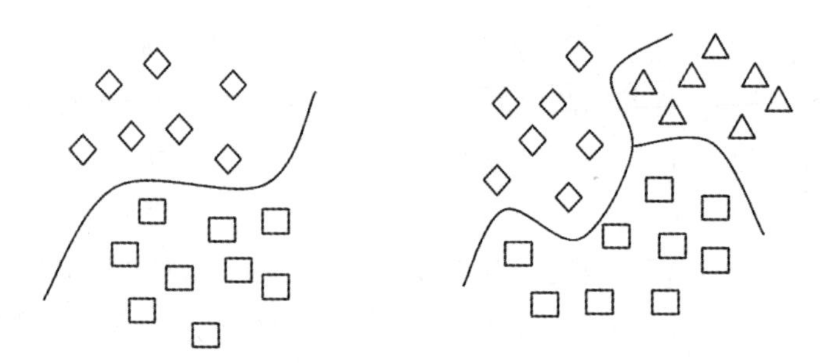

图 6-1　左：二分类。右：三分类。注意，后一种情况有更多的歧义性。例如，能够区分菱形与正方形可能不足以正确地识别它们中的任何一个，三角形也需要区分

结构估计（Structure Estimation）：除了简单的手段之外，还需要多分类，因为用于分类的标签包含可用于估计的一些结构。在网页排序的协同过滤中，y 可能不是路径，而是匹配对象时的排列。这些问题中的每一个都有自己的一套属性，这取决于哪些属性是可以接受的。

6.2　概率论

机器学习具有广泛的应用。为了了解这些应用领域，需要简洁地定义问题。本节概述概率论。

6.2.1　随机变量

当投掷一个骰子时，它显示 1 的概率是多大？如果这个骰子是均匀的，那么 6 个结果 $\boldsymbol{X}$={1, 2, 3, 4, 5, 6} 以同等的概率出现，因此大约每 6 次试验会出现一次 1。概率理论有助于对这种实验结果具有不确定性的问题进行建模。形式上，前一个例子中状态 1 的概率是 1/6。在许多情况下，结果是数值型的，可以很容易地处理，而其他结果可能不是数值型的，例如当抛硬币时观察正反面。在这些非数值情况下，把结果映射到数值。这是使用随机变量完成的。例如，根据前一个抛硬币的例子，可以使用随机变量 X，如果出现正面，其值为 +1，如果出现背面，其值为 –1。表示随机变量的符号规范是使用大写字母（例如 X，Y 等）和使用小写字母（例如 x，y 等）来表示它们的值。

188

6.2.2　分布

可以通过将概率与可以取到的值相关联来表征随机变量。如果随机变量是离散的，那么它可以容纳有限的数值，则这种概率分配简称为*概率质量函数*（probability mass function）或 PMF。定义的 PMF 必须是非负的，并且总和为 1。例如，当抛一枚均匀的硬币时，正反面都是有可能的，而且随机变量取值为 +1 和 –1 的概率都是 0.5。这可以在形式上写成：

$$\Pr(X=+1)=0.5 \quad \text{并且} \quad \Pr(X=-1)=0.5$$

一个稍微非正式的符号是 `p(x):=Pr(X=x)`。

将概率分配给连续随机变量产生了概率密度函数，简称 PDF。像 PMF 一样，PDF 也必须是非负的，并且总和为 1。

均匀分布由下式给出：

$$p(x)=\begin{cases}\frac{1}{b-a} & x\in[a, b]\\ 0 & \text{其他}\end{cases}$$

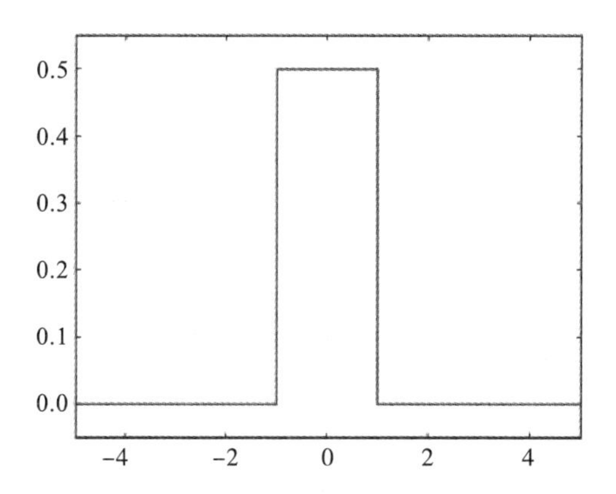

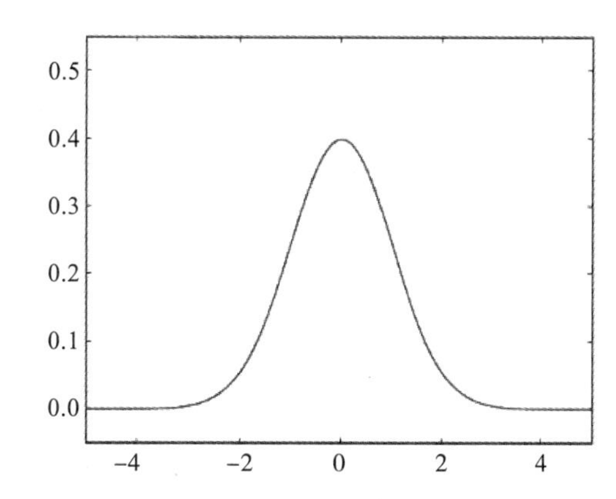

图 6-2　两个常见的密度。左：区间 [−1, 1] 上的均匀分布。右：正态分布，均值为 0，方差为 1

189

高斯分布（也叫作正态分布）由下式给出：

$$p(x)=\frac{1}{\sqrt{2\pi\sigma^2}}\exp\left(-\frac{(x-\mu)^2}{2\sigma^2}\right)$$

PDF 的积分称为累积分布函数（CDF）。

$$F_X(x)=\int_{-\infty}^{x} f_X(t)\mathrm{d}t$$

6.2.3　均值和方差

通常要确定随机变量的期望值。例如，在测量器件两端电压的同时确定电压的典型值，确定使用生长激素前小孩的预期高度。期望和相关实体的定义如下：

定义一个随机变量 X 的均值为

$$\mathbb{E}[X]:=\int x\mathrm{d}p(x)$$

更一般地，如果 $f: \mathbb{R}\to\mathbb{R}$ 是一个函数，那么 $f(X)$ 也是一个随机变量。整个函数的均值由下面的公式给出：

$$\mathbb{E}[f(X)]:=\int f(x)\mathrm{d}p(x)$$

当 X 是离散的随机变量时，积分可以替换为求和形式：

$$\mathbb{E}[X]=\sum_{x} xp(x)$$

骰子对于所有 6 种可能的结果具有相同的概率。均值可能为 (1+2+3+4+5+6)/6=3.5。均值用于估计损失和收益。例如，在股票市场，估计一年的股票预期价值。除此之外，估计投资风险也同样重要。也就是说，投资值偏离预期结果的可能性是多少。为了量化随机变量固有的风险引入了*方差*：

190　将随机变量 X 的方差定义为：

$$\mathrm{Var}[X]:=\mathbb{E}\,[(X-E[X])^2]$$

像之前那样，如果有 $f:\mathbb{R}\rightarrow\mathbb{R}$，那么 $f(X)$ 的方差由下式给出：

$$\mathrm{Var}[f(X)]:=\mathbb{E}\,[(f(X)-E[f(X)])^2]$$

方差度量函数 `f(X)` 偏离其期望值的程度。方差的上界保证概率在预期值内。这就是方差是衡量风险的原因之一。随机变量的*标准差*定义为方差的平方根：

$$\sigma=\sqrt{\mathbb{E}[\mathbb{X}^2]-(\mathbb{E}[\mathbb{X}])^2}$$

6.3　朴素贝叶斯

使用朴素贝叶斯分类器的假设是某一特征的值与其他特征的存在与否无关。例如，一个水果（可以考虑一个苹果）是红色的，圆形的，直径约为 3in[⊖]。这个分类器假定这些特征中的每一个有助于独立地判断该水果是苹果的概率，无论其他特征如何。

在监督学习环境中，训练后的朴素贝叶斯分类器可以非常有效。最大似然法用于估计朴素贝叶斯的参数。

尽管它们的假设过于简单，但已证明朴素贝叶斯分类器在解决许多现实问题中是很有价值的。朴素贝叶斯的优点就在于它需要相当少的数据用于分类。因为使用独立变量，所以只确定每类的方差，而不是整个矩阵的协方差。

6.3.1　概率模型

191　分类器的概率模型由一个因变量 C 上的条件模型在几个特征变量 F_1 到 F_n 上给出。当特征变量的数量很大时，使用概率表来建立该模型是不可行的。我们重新设计模型，使其更易于处理：

$$p(C\mid F_1,\cdots,F_n)$$

数学上，贝叶斯定理提供了 A、B、$P(A)$、$P(B)$ 以及给定 B 时 A 的条件概率 $P(A\mid B)$ 和给定 A 时 B 的条件概率 $P(B\mid A)$ 之间的关系。常见的形式是：

$$P(A\mid B)=\frac{P(B\mid A)P(A)}{P(B)}$$

根据贝叶斯解释，概率表示信念度的大小。贝叶斯定理将信念度量与验证前后的假设联系起来。例如，假设硬币投掷结果是正面的可能性是结果为反面的可能性的两倍。信念度最初设定在 50%，然后多次抛出硬币进行验证，如果证据匹配假设，信念度可能上升到 70%。

对于假设 A 和证据 B，

⊖　1in=0.0254m。——编辑注

- 先验的 $P(A)$ 是对 A 的初始信念。
- 后验的 $P(A \mid B)$ 是在 B 已经发生的情况下 A 的信念度。
- 商 $P(B \mid A)/ P(B)$ 表示 B 提供给 A 的支持度。

变量 C 和特征 F_1 到 F_n 的概率模型如下：

$$p(C \mid F_1, \cdots, F_n)=\frac{p(C)p(F_1, \cdots, F_n|C)}{p(F_1, \cdots, F_n)}$$

用简单的解释，使用贝叶斯概率术语，上式可以写成

$$\text{后验概率}=\frac{\text{类先验概率} \times \text{似然度}}{\text{证据}}$$

重点在于式子的分子，因为分母与 C 无关，而且赋予特征变量 F_i，它是有效的。分子相当于联合概率模型：

$$p(C, F_1, \cdots, F_n)$$

192

这可以重写为下式，使用链式规则重复应用条件概率的定义：

$$\begin{aligned} p(C, F_1, \cdots, F_n) &= p(C)\, p(F_1, \cdots, F_n \mid C) \\ &= p(C)\, (F_1 \mid C)\, p(F_2, \cdots, F_n \mid C, F_1) \\ &= p(C)(F_1 \mid C)\, p(F_2 \mid C, F_1)\, p(F_3, \cdots, F_n \mid C, F_1, F_2) \end{aligned}$$

定理的“朴素”部分正在发挥作用：每个特征都独立贡献于整体的概率，给定类别 C，F_i 条件独立于其他的每个特征 F_j，其中 $j \neq i$。这得到：

$$\begin{aligned} p(C \mid F_1, \cdots, F_n) &\propto p(C, F_1, \cdots, F_n) \\ &\propto p(C)\, p(F_1 \mid C)\, p(F_2 \mid C)\, p(F_3 \mid C)\cdots \\ &\propto p(C) \prod_{i=1}^{n} p(F_i \mid C) \end{aligned}$$

这意味着在上述独立性假设下，类变量 C 的条件分布是：

$$p(C \mid F_1, \cdots, F_n)=\frac{1}{Z} p(C) \prod_{i=1}^{n} p(F_i \mid C)$$

其中证据 $Z=p(F_1, \cdots, F_n)$ 是仅依赖于 $F_1, \cdots, F_n$ 的比例因子，也就是说，如果特征变量的值是已知的，则 Z 为常数。

从概率模型构建分类器：到目前为止，已经推导出了朴素贝叶斯概率模型。这个分类器结合具有决策度量的模型。选择规则的常用方法是使用最可能的假设。贝叶斯分类器函数分类定义为如下形式：

$$\text{classify}(f_1, \cdots, f_n)=\underset{c}{\text{argmax}}\; p(C=c) \prod_{i=1}^{n} p(F_i=f_i \mid C=c)$$

193

6.3.2　参数估计和事件模型

所有模型参数（如类先验、特征概率分布）的相对频率可以从训练集确定。这称为最大似然估计。类先验要么可以通过假设各个类别有同等的概率来计算，也就是先验（prior）=1/（类数目），要么可以从训练集估计类的概率，即类先验（class prior）=（类中

样本的数目）/（样本总数）。假设一个分布或者假定来自训练集的特征的非参数模型来估计参数。

朴素贝叶斯分类器的事件模型是对特征分布的假设。有两种常用的事件模型。

- **高斯朴素贝叶斯**：如果数据是连续的，假设数据服从高斯分布。例如，考虑具有连续属性 x 的训练集。首先，数据按类别进行细分，然后计算均值和方差。类 c 中属性 x 上值的均值用 μ_c 表示，类 c 中 x 上值的方差用 σ_c^2 表示。然后，给定一个类，一些值的概率密度 $p(x=v \mid c)$ 可以将 v 代入参数为 μ_c 和 σ_c^2 的正态分布的公式中进行计算。即

$$p(x=v \mid c)=\frac{1}{\sqrt{2\pi\sigma_c^2}}e^{-\frac{(v-\mu_c)^2}{2\sigma_c^2}}$$

分箱用于将特征离散化从而处理连续值，获得一组新的伯努利分布特征。当只有少量的训练数据或数据精确分布时，这种类型的分布是首选的。分箱在有大量数据的地方是首选，因为它会通过学习来拟合数据。离散化方法通常是首选的，因为朴素贝叶斯实现需要处理大量数据。

- **多项式朴素贝叶斯**：在多项式事件模型中，特征向量表示由多项式（$p_1, \cdots, p_n$）生成的事件频率。这里 pi 是事件 i 的概率。这种类型的模型通常应用于文档分类；项频率是由产生一组单词的多项式生成的特征值。观察到特征向量（直方图）F 的可能性由下列公式给出：

$$p(F \mid C)=\frac{(\sum_i F_i)!}{\prod_i F_i!}\prod_i p_i^{F_i}$$

194

多项式朴素贝叶斯分类器使用对数空间表达时变为线性分类器：

$$\begin{aligned}\log p(C \mid F)&=\log\left(p(C)\prod_{i=1}^{n}p(F_i \mid C)\right)\\&=\log p(C)+\sum_{i=1}^{n}\log p(F_i \mid C)\\&=b+\mathbf{w}_C^{\mathrm{T}}\mathbf{F}\end{aligned}$$

其中，$b=\log p(C)$，并且 $w_{ci}=\log p(F_i \mid C)$。

尽管特征独立性的假设通常不准确，但分类器在实践中具有一些非常有用的性质。由于这个假设，类条件特征分布可以独立地估计为一维的分布。维度灾难问题得到了缓解，比如特征呈指数关系的数据集。在许多应用中，近似分类的结果是足够的，朴素贝叶斯可以为正确的类提供一个很好的估计，即使它不能很准确。例如，只要正确的类有更高的可能性，朴素贝叶斯分类器就会选择正确的决策规则。无论估计概率值如何，都是这样。这样分类器就可以很强大。

6.3.3　示例

性别分类：目标是将给定的数据点（人）分类为男性或女性，使用描述数据点的特征。这些特征包括性别、身高、体重和脚的尺码。

训练：

性　别	身　高	体　重	脚的尺码	性　别	身　高	体　重	脚的尺码
男	6	180	12	女	5	100	6
男	5.92(5' 11")	190	11	女	5.5(5' 6")	150	8
男	5.58(5' 7")	170	12	女	5.42(5' 5")	130	7
男	5.92(5' 11")	165	10	女	5.75(5' 9")	150	9

195

基于高斯分布的分类器将具有：

性　别	平均值（身高）	平均值（体重）	平均值（脚的尺码）
男	5.855	176.25	11.25
女	5.4175	132.5	7.5

性　别	平均值（身高）	平均值（体重）	平均值（脚的尺码）
男	3.5033e-02	1.2292e+02	9.1667e-01
女	9.7225e-02	5.5833e+02	1.6667e+00

假定类别有相等的可能性，也就是 P（男）=P（女）=0.5。这种先验概率分布可能基于我们对较大人群中频率的知识，或基于训练集中的频率。

测试：

以下是一个分为男性或女性的样本。

性　别	身　高	体　重	脚的尺码
样本	6	130	8

我们希望确定哪个后验概率更大，从而判断该样本是男性还是女性。对于男性，后验概率由下列公式给出：

$$\text{后验概率（男性）}=\frac{P(\text{男性})p(\text{身高}\mid\text{男性})p(\text{体重}\mid\text{男性})p(\text{脚的尺码}\mid\text{男性})}{\text{证据}}$$

对于女性，后验概率由下列公式给出：

$$\text{后验概率（女性）}=\frac{P(\text{女性})p(\text{身高}\mid\text{女性})p(\text{体重}\mid\text{女性})p(\text{脚的尺码}\mid\text{女性})}{\text{证据}}$$

196

证据（也称为归一化常数）可以计算为：

$$\text{证据}=P(\text{男性})p(\text{身高}\mid\text{男性})p(\text{体重}\mid\text{男性})p(\text{脚的尺码}\mid\text{男性})$$
$$+P(\text{女性})p(\text{身高}\mid\text{女性})p(\text{体重}\mid\text{女性})p(\text{脚的尺码}\mid\text{女性})$$

然而，给定样本，证据是一个常数，从而平等地对两个后验概率进行比例变换。因此不影响分类，可以忽略。现在确定样本的性别概率分布。

$$P(\text{男性})=0.5$$

$$p(\text{身高}\mid\text{男性})=\frac{1}{\sqrt{2\pi\sigma^2}}\exp\left[-\frac{(6-\mu)^2}{2\sigma^2}\right]\approx 1.5789$$

其中，μ=5.855 并且 σ^2=3.5033×10^{-2} 是以前从训练集确定的正态分布参数。请注意，大于 1 的值是可以的，这是概率密度而不是概率，因为身高是一个连续变量。

$$p（体重 | 男性）=5.9881\times10^{-6}$$

$$p（脚的尺码 | 男性）=1.3112\times10^{-3}$$

$$后验值（男性）= 相关值的乘积 =6.1984\times10^{-9}$$

$$P（女性）=0.5$$

$$p（身高 | 女性）=2.2346\times10^{-1}$$

$$p（体重 | 女性）=1.6789\times10^{-2}$$

$$p（脚的尺码 | 女性）=2.8669\times10^{-1}$$

$$后验值（女性）= 相关值的乘积 =5.3778\times10^{-4}$$

由于后验值在假设为女性的情况下较大，因此我们预测样本为女性。

6.4　朴素贝叶斯分类器的实现

这里的目标是使用 Scalding 和 Spark 框架在鸢尾花（Iris）数据集上实现朴素贝叶斯分类器。

数据集　Iris 数据集包含 150 个实例，对应于三个相同频率的鸢尾花品种（Iris Setosa、197 Iris Versicolour 和 Iris Virginica）。第一种类别与其他两个类别线性可分；后者不能彼此线性分离。

属性 / 特征

- 萼片长度（单位：厘米）
- 萼片宽度（单位：厘米）
- 花瓣长度（单位：厘米）
- 花瓣宽度（单位：厘米）

样本数据　下面是数据集中的 20 行。

id	类　别	萼片长度	萼片宽度	花瓣长度	花瓣宽度
0	0	5.0999999999999996	3.5	1.3999999999999999	0.20000000000000001
1	0	4.9000000000000004	3.0	1.3999999999999999	0.20000000000000001
2	0	4.7000000000000002	3.2000000000000002	1.3	0.20000000000000001
3	0	4.5999999999999996	3.1000000000000001	1.5	0.20000000000000001
4	0	5.0	3.6000000000000001	1.3999999999999999	0.20000000000000001
5	0	5.4000000000000004	3.8999999999999999	1.7	0.40000000000000002
6	0	4.5999999999999996	3.3999999999999999	1.3999999999999999	0.29999999999999999
7	0	5.0	3.3999999999999999	1.5	0.20000000000000001
8	0	4.4000000000000004	2.8999999999999999	1.3999999999999999	0.20000000000000001
9	0	4.9000000000000004	3.1000000000000001	1.5	0.10000000000000001

（续）

id	类 别	萼片长度	萼片宽度	花瓣长度	花瓣宽度
10	0	5.4000000000000004	3.7000000000000002	1.5	0.20000000000000001
11	0	4.7999999999999998	3.3999999999999999	1.6000000000000001	0.20000000000000001
12	0	4.7999999999999998	3.0	1.3999999999999999	0.10000000000000001
13	0	4.2999999999999998	3.0	1.1000000000000001	0.10000000000000001
14	0	5.7999999999999998	4.0	1.2	0.20000000000000001
15	0	5.7000000000000002	4.4000000000000004	1.5	0.40000000000000002
16	0	5.4000000000000004	3.8999999999999999	1.3	0.40000000000000002
17	0	5.0999999999999996	3.5	1.3999999999999999	0.29999999999999999
18	0	5.7000000000000002	3.7999999999999998	1.7	0.29999999999999999
19	0	5.0999999999999996	3.7999999999999998	1.5	0.29999999999999999
20	0	5.4000000000000004	3.3999999999999999	1.7	0.20000000000000001

198

任务 预测属性：鸢尾花属于 3 个类别中的哪一个？

- Iris Setosa
- Iris Versicolour
- Iris virginical

6.4.1 Scalding 实现

步骤 1：初始化 Scalding 作业，这里 NBJob 继承了 `Job` 类，`Job` 类实现了必要的 I/O 格式化和所有其他 Hadoop 配置。使用 Scala 编程语言。

```
class NBJob(args: Args) extends Job(args) {

  // Code goes here

}
```

步骤 2：使用基于 Scalding API 的字段读取输入，将输入另存为前面讨论过的使用 `Tsv` 格式的字段。

```
class NBJob(args: Args) extends Job(args) {
  val input = args("input")
  val output = args("output")

  val iris = Tsv(input, ('id, 'class,
  'sepalLength, 'sepalWidth, 'petalLength, 'petalWidth))
    .read
    .write(Tsv(output))
}
```

步骤 3：拆分字段 `sepalLength`、`sepalWidth`、`petalLength`、`petalWidth` 为 `feature` 和 `score`。Scalding API 通过提供读 / 写数据的简单抽象来强化功能。这里 `write(FORMAT)` 用于以 `Tsv`（制表符分隔值）格式将数据集写出。

```
class NBJob(args: Args) extends Job(args) {
  val input = args("input")
  val output = args("output")

  val iris = Tsv(input, ('id, 'class,
  'sepalLength, 'sepalWidth, 'petalLength, 'petalWidth))
    .read

  val irisMelted = iris
    .unpivot(('sepalLength, 'sepalWidth,
    'petalLength, 'petalWidth) -> ('feature, 'score))
    .write(Tsv(output))
}
```

199

样本输出：

id	class	feature	score
0	0	sepalLength	5.0999999999999996
0	0	sepalWidth	3.5
0	0	petalLength	1.3999999999999999
0	0	petalWidth	0.20000000000000001
1	0	sepalLength	4.9000000000000004
1	0	sepalWidth	3.0
1	0	petalLength	1.3999999999999999
1	0	petalWidth	0.20000000000000001
2	0	sepalLength	4.7000000000000002
2	0	sepalWidth	3.2000000000000002
2	0	petalLength	1.3
2	0	petalWidth	0.20000000000000001
3	0	sepalLength	4.5999999999999996
3	0	sepalWidth	3.1000000000000001
3	0	petalLength	1.5

步骤 4： 选择训练数据集。从数据集中我们通过过滤 id 不能被 3 整除的行来选择训练集，并丢弃 id 列，即每三个元素中的第三个元素都是训练集的一部分。

```
class NBJob(args: Args) extends Job(args) {
  val input = args("input")
  val output = args("output")

  val iris = Tsv(input, ('id, 'class,
  'sepalLength, 'sepalWidth, 'petalLength, 'petalWidth))
    .read

  val irisMelted = iris
    .unpivot(('sepalLength, 'sepalWidth,
    'petalLength, 'petalWidth) -> ('feature, 'score))

}
    val irisTrain = irisMelted.filter('id){
    id: Int => (id % 3) != 0}.discard('id)
       .write(Tsv(output))
```

样本输出：训练数据集包括class、feature和score列。 200

class	feature	score	class	feature	score
0	sepalLength	4.9000000000000004	0	sepalLength	5.0
0	sepalWidth	3.0	0	sepalWidth	3.6000000000000001
0	petalLength	1.3999999999999999	0	petalLength	1.3999999999999999
0	petalWidth	0.20000000000000001	0	petalWidth	0.20000000000000001
0	sepalLength	4.7000000000000002	0	sepalLength	5.4000000000000004
0	sepalWidth	3.2000000000000002	0	sepalWidth	3.8999999999999999
0	petalLength	1.3	0	petalLength	1.7
0	petalWidth	0.20000000000000001			

步骤5：既然训练数据集已被过滤，剩下的数据集可以用于测试开发的模型。因为我们选择了那些不能被3整除的行id用于训练，可以被3整除的行id用于测试。另外，因为原始数据集中包括一列表示类别的属性，我们需要从测试数据集中移除class列，以使模型能够对其进行分类。

```
class NBJob(args: Args) extends Job(args) {

val input = args("input")
val output = args("output")

val iris = Tsv(input, ('id, 'class, 'sepalLength,
        'sepalWidth, 'petalLength, 'petalWidth))
.read

val irisMelted = iris
.unpivot(('sepalLength, 'sepalWidth, 'petalLength,
          'petalWidth) -> ('feature, 'score))

val irisTrain = irisMelted.filter('id)
            {id: Int => (id % 3) != 0}.discard('id)

val irisTest = irisMelted
 .filter('id){id: Int => (id % 3) ==0}
 .discard('class)
 .write(Tsv(output))

}
```

步骤6：统计训练数据集合中每个类的数据大小。

201

```
class NBJob(args: Args) extends Job(args) {

val input = args("input")
val output = args("output")

val iris = Tsv(input, ('id, 'class, 'sepalLength,
        'sepalWidth, 'petalLength, 'petalWidth))
.read

val irisMelted = iris
```

```
.unpivot(('sepalLength, 'sepalWidth, 'petalLength,
          'petalWidth) -> ('feature, 'score))

val irisTrain = irisMelted.filter('id)
             {id: Int => (id % 3) != 0}.discard('id)

val irisTest = irisMelted
 .filter('id){id: Int => (id % 3) ==0}
 .discard('class)

val counts = irisTrain.groupBy('class) {
             _.size('classCount).reducers(10) }
   .write(Tsv(output))
 }
```

输出　类以及每个类具有的数据的数量。

class	classcount
0	132
1	132
2	136

步骤 7：全部类计数。

```
class NBJob(args: Args) extends Job(args) {

val input = args("input")
val output = args("output")

val iris = Tsv(input, ('id, 'class, 'sepalLength,
         'sepalWidth, 'petalLength, 'petalWidth))
.read

val irisMelted = iris
.unpivot(('sepalLength, 'sepalWidth, 'petalLength,
          'petalWidth) -> ('feature, 'score))

val irisTrain = irisMelted.filter('id)
             {id: Int => (id % 3) != 0}.discard('id)

val irisTest = irisMelted
 .filter('id){id: Int => (id % 3) ==0}
 .discard('class)

val counts = irisTrain.groupBy('class) {
             _.size('classCount).reducers(10) }

val totSum = counts.groupAll(_.sum[Double](
            'classCount -> 'totalCount))
          .write(Tsv(output))
}
```

202

输出　类以及每个类具有的特征数目。

totalcount
400

步骤 8：确定类先验 /p(C)，它为 $\log\left(\frac{\text{classcount}}{\text{totalcount}}\right)$。这通过下述步骤实现。

- 创建 class、classcount 和 totalcount 的叉积。
- 对于每一行，使用 mapTo 函数，通过 $\log\left(\frac{\text{classcount}}{\text{totalcount}}\right)$计算 classprior。字段（class, classcount, totalcount)⇒(class, classPrior, classcount)。
- 丢弃 classcount。

```
class NBJob(args: Args) extends Job(args) {

val input = args("input")
val output = args("output")

val iris = Tsv(input, ('id, 'class, 'sepalLength,
         'sepalWidth, 'petalLength, 'petalWidth))
.read

val irisMelted = iris
.unpivot(('sepalLength, 'sepalWidth, 'petalLength,
          'petalWidth) -> ('feature, 'score))

val irisTrain = irisMelted.filter('id)
              {id: Int => (id % 3) != 0}.discard('id)

val irisTest = irisMelted
 .filter('id){id: Int => (id % 3) ==0}
 .discard('class)

val counts = irisTrain.groupBy('class) {
             _.size('classCount).reducers(10) }

val totSum = counts.groupAll(_.sum[Double](
            'classCount -> 'totalCount))
        .write(Tsv(output))

val prClass = counts
  .crossWithTiny(totSum)
  .mapTo(('class, 'classCount, 'totalCount) ->
         ('class, 'classPrior, 'classCount)) {
     x : (String, Double, Double) =>
           (x._1, math.log(x._2 / x._3), x._2)
  }
  .discard('classCount)
  .write(Tsv(output))
 }
```

203

输出 类和类先验。

class	classprior
0	-1.1086626245216111
1	-1.1086626245216111
2	-1.0788096613719298

步骤 9：根据高斯朴素贝叶斯实现，我们需要计算均值（均值）和方差。Scalding 以函数 sizeAveStdev 的形式，为此提供了现成的解决方案，它是分组函数的一部分。

```
group.sizeAveStdev(field, fields)
```

样本使用方法：求男孩与女孩的数量，及其平均年龄和标准差。新管道包含“sex”“count”“meanAge”和“stdevAge”字段。更多内容可参考第 4 章。

```
val demographics = people.groupBy('sex){
  _.sizeAveStdev('age->('count,'meanAge,'stdevAge))}
```

对该问题应用相同的概念。训练集包含字段 class、feature 和 score。执行 groupBy 操作：

groupBy(feature, score) ⟹ (featureclasssize, theta, sigma)

groupBy 方法也接受 reducer 参数。我们使用 10。

204

```
class NBJob(args: Args) extends Job(args) {

val input = args("input")
val output = args("output")

val iris = Tsv(input, ('id, 'class, 'sepalLength,
         'sepalWidth, 'petalLength, 'petalWidth))
.read

val irisMelted = iris
.unpivot(('sepalLength, 'sepalWidth, 'petalLength,
          'petalWidth) -> ('feature, 'score))

val irisTrain = irisMelted.filter('id)
             {id: Int => (id % 3) != 0}.discard('id)

val irisTest = irisMelted
 .filter('id){id: Int => (id % 3) ==0}
 .discard('class)

val counts = irisTrain.groupBy('class) {
             _.size('classCount).reducers(10) }

val totSum = counts.groupAll(_.sum[Double](
            'classCount -> 'totalCount))
            .write(Tsv(output))

val prClass =
 counts
     .crossWithTiny(totSum)
     .mapTo(('class, 'classCount, 'totalCount) ->
            ('class, 'classPrior, 'classCount)) {
       x : (String, Double, Double) =>
              (x._1, math.log(x._2 / x._3), x._2)
     }
     .discard('classCount)

val prFeatureClass = irisTrain
   .groupBy('feature, 'class) {
      _.sizeAveStdev('score ->
         ('featureClassSize, 'theta, 'sigma))
        .reducers(10)
    }
    .write(Tsv(output))
  }
```

步骤 10：训练模型

在指定的一组字段上连接两个管道。当 pipe2 的行数少于 pipe1 时，这样使用。Join 声明如下：

```
pipe1.joinWithSmaller(fields, pipe2)
```

示例：这里 people 是一个带有“birthCityId”字段的大型管道。将它加入较小的“cities”管道，其中包含“id”字段。

```
val peopleWithBirthplaces =  people.joinWithSmaller
                    ('birthCityId -> 'id, cities)
```

在 city.id 和 state.id 上进行连接。

205

```
val peopleWithBirthplaces = people.joinWithSmaller(
 ('birthCityId,'birthStateID)->('id,'StateID),cities)
```

训练可以进一步分为：

- 在 irisTrain 集和 prClass 之间进行第一个连接操作，类先验在上一步已经确定，样本输出如表 6-1 所示。

表 6-1　连接 1

Class	Feature	Score	classPrior
0	sepalLength	4.9000000000000004	−1.1086626245216111
0	sepalWidth	3.0	−1.1086626245216111
0	petalLength	1.3999999999999999	−1.1086626245216111
1	petalWidth	1.8	−1.1086626245216111
1	sepalLength	6.0999999999999996	−1.1086626245216111
1	sepalWidth	2.7999999999999998	−1.1086626245216111

第二个连接操作用在上一个连接 irisTrain 和上一个步骤确定的 prFeatureClass 上，样本输出如表 6-2 所示。

表 6-2　连接 2

Class	Feature	score	classPrior	FCSize	theta	sigma
0	pvetalLength	1.3999999	−1.10866111	33	1.45151512	0.1844114
0	pvetalLength	1.3	−1.10866111	33	1.45151512	0.1844114
0	pvetalLength	1.3999999	−1.10866111	33	1.45151512	0.1844114
1	pvetalLength	4.7000002	−1.10866111	33	4.29090091	0.45684435
1	pvetalLength	4.9000004	−1.10866111	33	4.29090091	0.4568443
1	pvetalLength	4.0	−1.10866111	33	4.29090091	0.4568443

```
class NBJob(args: Args) extends Job(args) {
```

```
val input = args("input")
val output = args("output")

val iris = Tsv(input, ('id, 'class, 'sepalLength,
         'sepalWidth, 'petalLength, 'petalWidth))
.read

val irisMelted = iris
```

[206]

```
.unpivot(('sepalLength, 'sepalWidth, 'petalLength,
          'petalWidth) -> ('feature, 'score))

val irisTrain = irisMelted.filter('id)
             {id: Int => (id % 3) != 0}.discard('id)

val irisTest = irisMelted
 .filter('id){id: Int => (id % 3) ==0}
 .discard('class)

val counts = irisTrain.groupBy('class) {
             _.size('classCount).reducers(10) }

val totSum = counts.groupAll(_.sum[Double](
            'classCount -> 'totalCount))
        .write(Tsv(output))

val prClass =
 counts
     .crossWithTiny(totSum)
     .mapTo(('class, 'classCount, 'totalCount) ->
              ('class, 'classPrior, 'classCount)) {
       x : (String, Double, Double) =>
                (x._1, math.log(x._2 / x._3), x._2)
     }
     .discard('classCount)

val prFeatureClass =
 irisTrain
     .groupBy('feature, 'class) {
       _.sizeAveStdev('score ->
           ('featureClassSize, 'theta, 'sigma))
        .reducers(10)
     }

val model = irisTrain
 .joinWithSmaller('class ->
      'class, prClass, reducers=10)
 .joinWithSmaller(('class, 'feature) ->
       ('class, 'feature), prFeatureClass, reducers=10)
 .mapTo(('class, 'classPrior, 'feature,
         'featureClassSize, 'theta, 'sigma) ->
          ('class, 'feature, 'classPrior,
                     'theta, 'sigma)) {
     values : (String, Double, String,
                Double, Double, Double) =>
     val (classId, classPrior, feature,
      featureClassSize, theta, sigma) = values
     (classId, feature, classPrior,
                theta, math.pow(sigma, 2))
   }

 .write(Tsv(output))
 }
```

[207]

步骤 11：在测试集上，将训练集和 Model 结果进行连接。函数 skewJoinWithSmaller 用于连接具有极大倾斜的数据。例如，考虑一个 Twitter 数据集，其中分别连接两个粉丝和性别的管道。由于 Twitter 的粉丝分布不均匀，有些人有大量的粉丝，因此这个数据将被传递到单个 reducer 中，这可能导致性能瓶颈。倾斜函数将缓解这个问题。

```
def skewJoinWithSmaller(fs : (Fields, Fields),
        otherPipe : Pipe, sampleRate : Double = 0.001,
        reducers : Int = -1,
        replicator : SkewReplication =
                    SkewReplicationA())
```

工作原理如下：

- 来自两个管道的第一个样本以一定概率被选中，并且检查连接键的频率。
- 使用定义的复制策略来复制这些连接键。
- 最后，将复制的管道连接在一起。

采样率：当估计键计数时，可以控制从左右管道中抽取的频率。

复制器：用于确定在左侧和右侧管道中复制连接键的数量的算法。

注意：由于我们没有设置复制计数，因此只允许内部连接。（否则，当没有对应的其他管道，复制的行将保持复制。）

```
class NBJob(args: Args) extends Job(args) {

val input = args("input")
val output = args("output")

val iris = Tsv(input, ('id, 'class, 'sepalLength,
          'sepalWidth, 'petalLength, 'petalWidth))
.read

val irisMelted = iris
.unpivot(('sepalLength, 'sepalWidth, 'petalLength,
          'petalWidth) -> ('feature, 'score))

val irisTrain = irisMelted.filter('id)
              {id: Int => (id % 3) != 0}.discard('id)

val irisTest = irisMelted
 .filter('id){id: Int => (id % 3) ==0}
 .discard('class)

val counts = irisTrain.groupBy('class) {
              _.size('classCount).reducers(10) }

val totSum = counts.groupAll(_.sum[Double](
             'classCount -> 'totalCount))
        .write(Tsv(output))

val prClass =
 counts
     .crossWithTiny(totSum)
     .mapTo(('class, 'classCount, 'totalCount) ->
              ('class, 'classPrior, 'classCount)) {
       x : (String, Double, Double) =>
                (x._1, math.log(x._2 / x._3), x._2)
     }
```

208

```
    .discard('classCount)

val prFeatureClass =
 irisTrain
    .groupBy('feature, 'class) {
      _.sizeAveStdev('score ->
          ('featureClassSize, 'theta, 'sigma))
        .reducers(10)
    }

val model = irisTrain
 .joinWithSmaller('class ->
      'class, prClass, reducers=10)
 .joinWithSmaller(('class, 'feature) ->
       ('class, 'feature), prFeatureClass, reducers=10)
 .mapTo(('class, 'classPrior, 'feature,
        'featureClassSize, 'theta, 'sigma) ->
         ('class, 'feature, 'classPrior,
                     'theta, 'sigma)) {
    values : (String, Double, String,
              Double, Double, Double) =>
    val (classId, classPrior, feature,
     featureClassSize, theta, sigma) = values
    (classId, feature, classPrior,
                theta, math.pow(sigma, 2))
  }

val joined = irisTest
  .skewJoinWithSmaller('feature -> 'feature,
                       model, reducers=10)
  .write(Tsv(output))
}
```

209

步骤 12：应用高斯概率并确定类预测。

```
class NBJob(args: Args) extends Job(args) {

val input = args("input")
val output = args("output")

val iris = Tsv(input, ('id, 'class, 'sepalLength,
        'sepalWidth, 'petalLength, 'petalWidth))
.read

val irisMelted = iris
.unpivot(('sepalLength, 'sepalWidth, 'petalLength,
         'petalWidth) -> ('feature, 'score))

val irisTrain = irisMelted.filter('id)
             {id: Int => (id % 3) != 0}.discard('id)

val irisTest = irisMelted
 .filter('id){id: Int => (id % 3) ==0}
 .discard('class)

val counts = irisTrain.groupBy('class) {
             _.size('classCount).reducers(10) }

val totSum = counts.groupAll(_.sum[Double](
            'classCount -> 'totalCount))
            .write(Tsv(output))
```

```
val prClass =
 counts
     .crossWithTiny(totSum)
     .mapTo(('class, 'classCount, 'totalCount) ->
              ('class, 'classPrior, 'classCount)) {
       x : (String, Double, Double) =>
                (x._1, math.log(x._2 / x._3), x._2)
     }
     .discard('classCount)

val prFeatureClass =
 irisTrain
     .groupBy('feature, 'class) {
       _.sizeAveStdev('score ->
           ('featureClassSize, 'theta, 'sigma))
         .reducers(10)
     }

val model = irisTrain
 .joinWithSmaller('class ->
      'class, prClass, reducers=10)
 .joinWithSmaller(('class, 'feature) ->
        ('class, 'feature), prFeatureClass, reducers=10)
 .mapTo(('class, 'classPrior, 'feature,
         'featureClassSize, 'theta, 'sigma) ->
           ('class, 'feature, 'classPrior,
                      'theta, 'sigma)) {
     values : (String, Double, String,
                Double, Double, Double) =>
     val (classId, classPrior, feature,
      featureClassSize, theta, sigma) = values
     (classId, feature, classPrior,
                theta, math.pow(sigma, 2))
   }

val joined = irisTest
  .skewJoinWithSmaller('feature -> 'feature,
                         model, reducers=10)

def _gaussian_prob(theta : Double,
                   sigma : Double,
                   score : Double) : Double = {

val outside = -0.5 * math.log(math.Pi * sigma)
val expo = 0.5 * math.pow(score - theta, 2) / sigma
outside - expo
}

val result = joined
  .map(('theta, 'sigma, 'score) -> 'evidence) {
    values : (Double, Double, Double) =>
     _gaussian_prob(values._1, values._2, values._3)}
  .project('id, 'class, 'classPrior, 'evidence)
  .groupBy('id, 'class) {
     _.sum[Double]('evidence -> 'sumEvidence)
     .max('classPrior)
  }

  .mapTo(('id, 'class, 'classPrior, 'sumEvidence) ->
                     ('id, 'class, 'logLikelihood)) {
    values : (String, String, Double, Double) =>
    val (id, className, classPrior, sumEvidence) = values
```

210

```
    (id, className, classPrior + sumEvidence)
  }

  .groupBy('id) {
    _.sortBy('logLikelihood)
    .reverse
    .take(1)
    .reducers(10)
  }
  .rename(('id, 'class) -> ('id2, 'classPred))
  .write(Tsv(output))
}
```

211

步骤 13：映射类预测。

```
class NBJob(args: Args) extends Job(args) {

val input = args("input")
val output = args("output")

val iris = Tsv(input, ('id, 'class, 'sepalLength,
         'sepalWidth, 'petalLength, 'petalWidth))
.read

val irisMelted = iris
.unpivot(('sepalLength, 'sepalWidth, 'petalLength,
          'petalWidth) -> ('feature, 'score))

val irisTrain = irisMelted.filter('id)
             {id: Int => (id % 3) != 0}.discard('id)

val irisTest = irisMelted
 .filter('id){id: Int => (id % 3) ==0}
 .discard('class)

val counts = irisTrain.groupBy('class) {
             _.size('classCount).reducers(10) }

val totSum = counts.groupAll(_.sum[Double](
            'classCount -> 'totalCount))
         .write(Tsv(output))

val prClass =
 counts
     .crossWithTiny(totSum)
     .mapTo(('class, 'classCount, 'totalCount) ->
             ('class, 'classPrior, 'classCount)) {
       x : (String, Double, Double) =>
               (x._1, math.log(x._2 / x._3), x._2)
     }
     .discard('classCount)

val prFeatureClass =
 irisTrain
     .groupBy('feature, 'class) {
       _.sizeAveStdev('score ->
           ('featureClassSize, 'theta, 'sigma))
         .reducers(10)
     }

val model = irisTrain
 .joinWithSmaller('class ->
```

```
      'class, prClass, reducers=10)
  .joinWithSmaller(('class, 'feature) ->
       ('class, 'feature), prFeatureClass, reducers=10)
  .mapTo(('class, 'classPrior, 'feature,
         'featureClassSize, 'theta, 'sigma) ->
          ('class, 'feature, 'classPrior,
                       'theta, 'sigma)) {
     values : (String, Double, String,
                Double, Double, Double) =>
     val (classId, classPrior, feature,
      featureClassSize, theta, sigma) = values
     (classId, feature, classPrior,
                 theta, math.pow(sigma, 2))
   }

val joined = irisTest
  .skewJoinWithSmaller('feature -> 'feature,
                          model, reducers=10)

def _gaussian_prob(theta : Double,
                   sigma : Double,
                   score : Double) : Double = {


val outside = -0.5 * math.log(math.Pi * sigma)
val expo = 0.5 * math.pow(score - theta, 2) / sigma
outside - expo
}

val result = joined
  .map(('theta, 'sigma, 'score) -> 'evidence) {
    values : (Double, Double, Double) =>
     _gaussian_prob(values._1, values._2, values._3)}
  .project('id, 'class, 'classPrior, 'evidence)
  .groupBy('id, 'class) {
     _.sum[Double]('evidence -> 'sumEvidence)
     .max('classPrior)
  }

  .mapTo(('id, 'class, 'classPrior, 'sumEvidence) ->
                   ('id, 'class, 'logLikelihood)) {
    values : (String, String, Double, Double) =>
    val (id, className, classPrior, sumEvidence) = values
    (id, className, classPrior + sumEvidence)
  }

  .groupBy('id) {
    _.sortBy('logLikelihood)
    .reverse
    .take(1)
    .reducers(10)
  }
  .rename(('id, 'class) -> ('id2, 'classPred))

val results = iris
  .leftJoinWithTiny('id -> 'id2, result)
  .discard('id2)
  .map('classPred -> 'classPred) {x: String =>
                              Option(x).getOrElse("")}
  .project('id, 'class, 'classPred,
             'petalLength, 'petalWidth)
  .write(Tsv(output))
}
```

212

213

6.4.2　结果

萼片长度与萼片宽度的分类结果如图 6-3 所示，花瓣长度与花瓣宽度的分类结果如图 6-4 所示，萼片长度与花瓣宽度的分类结果如图 6-5 所示，花瓣长度与萼片长度的分类结果如图 6-6 所示。

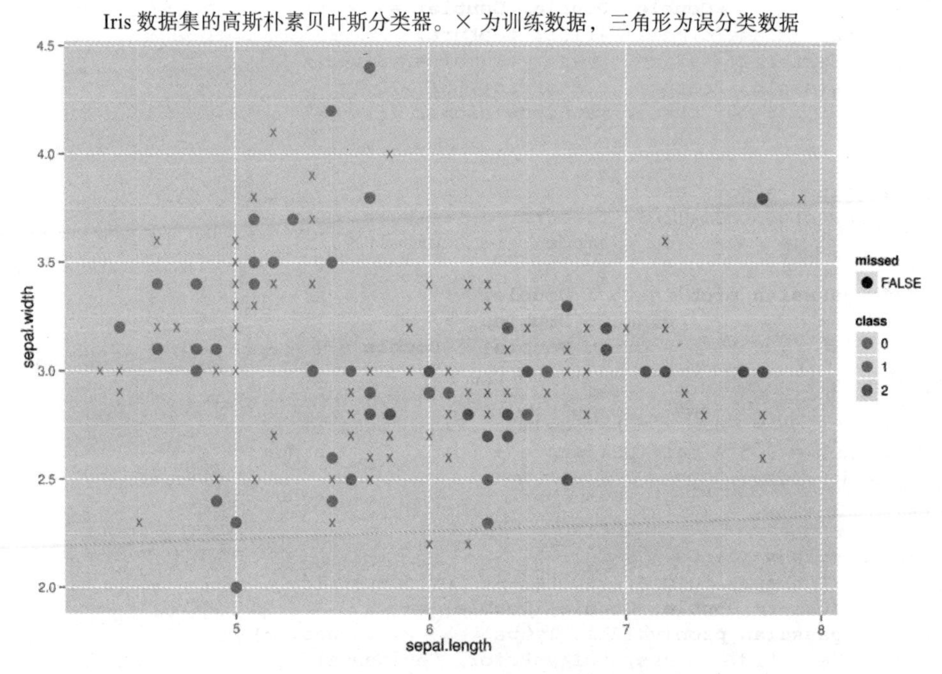

214

图 6-3　萼片长度与萼片宽度的分类结果

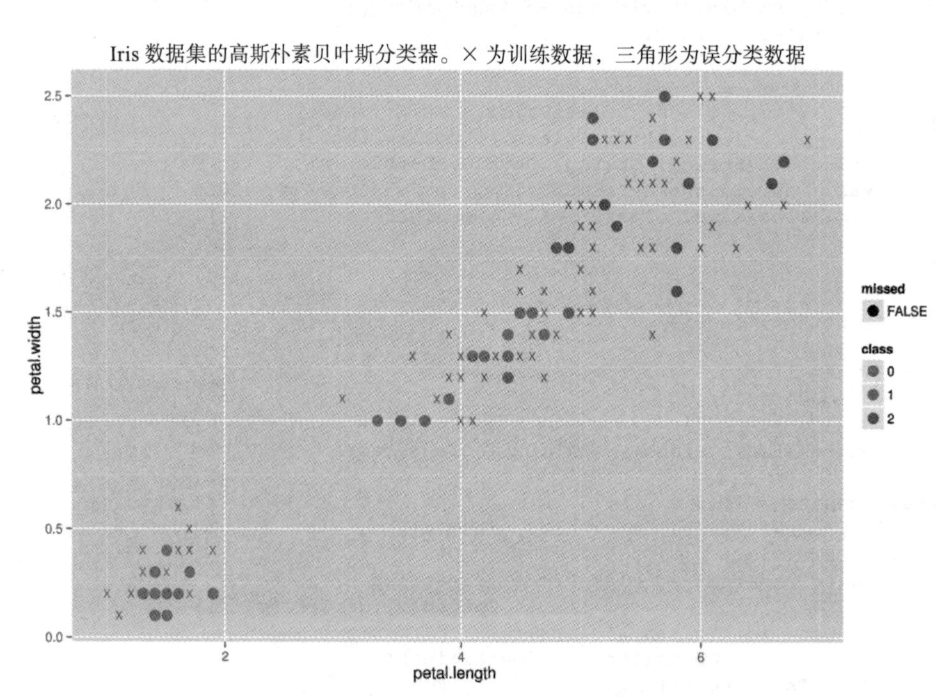

图 6-4　花瓣长度与花瓣宽度的分类结果

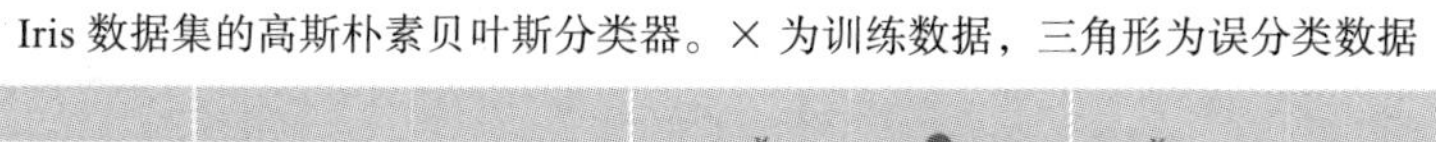

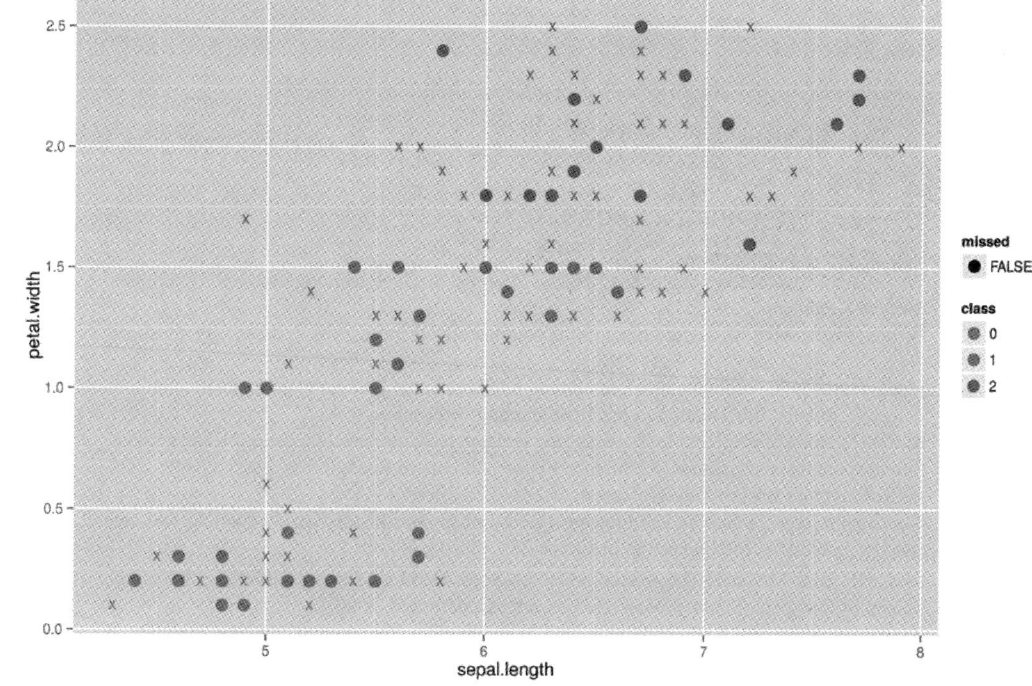

图 6-5　萼片长度与花瓣宽度的分类结果

215

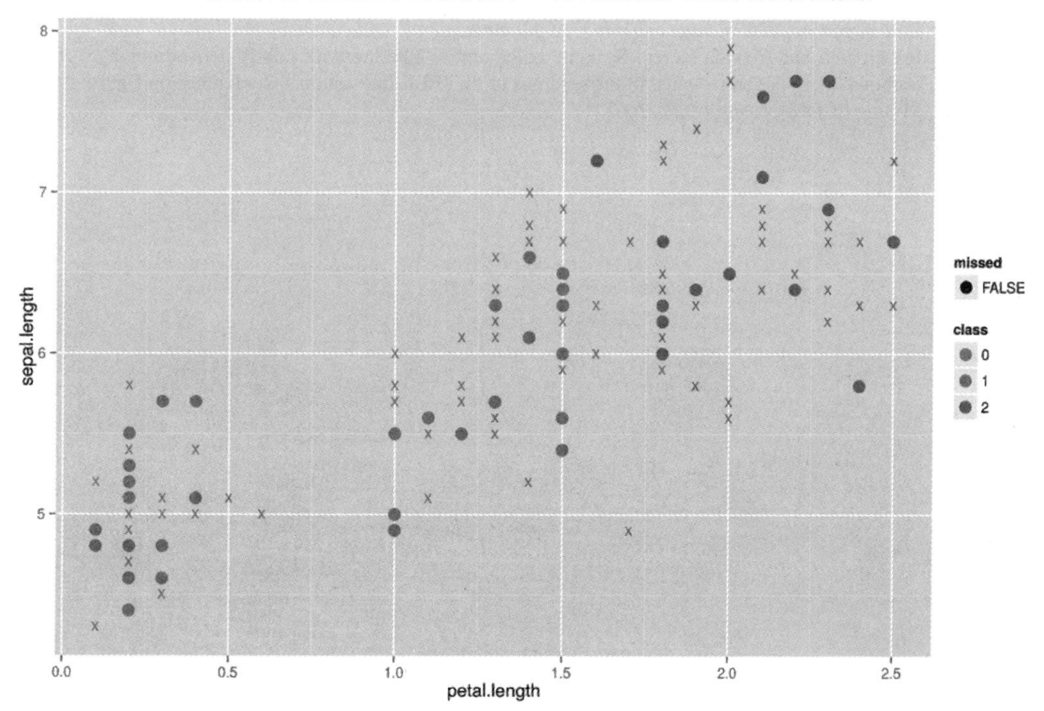

图 6-6　花瓣长度与萼片长度的分类结果

问题

6.1　使用 Spark 实验上述朴素贝叶斯算法，并且验证结果。参考第 4 章介绍的 Spark 编程指南。完整的源代码可以在 https://github.com/4ni1/hpdc-scalding-spark 中找到。

参考文献

1. Witten, Ian H., and Eibe Frank. Data Mining: Practical machine learning tools and techniques. Morgan Kaufmann, 2005.
2. Bishop, Christopher M. Pattern recognition and machine learning. Vol. 1. New York: springer, 2006.
3. Hand, David J. "Consumer credit and statistics." Statistics in Finance (1998): 69-81.
4. Alpaydin, Ethem. Introduction to machine learning. MIT press, 2004.
5. Bartlett, Marian Stewart, et al. "Recognizing facial expression: machine learning and application to spontaneous behavior." Computer Vision and Pattern Recognition, 2005. CVPR 2005. IEEE Computer Society Conference on. Vol. 2. IEEE, 2005.
6. Kononenko, Igor. "Machine learning for medical diagnosis: history, state of the art and perspective." Artificial Intelligence in medicine 23.1 (2001): 89-109.
7. Mitchell, Tom Michael. The discipline of machine learning. Carnegie Mellon University, School of Computer Science, Machine Learning Department, 2006.
8. Kotsiantis, Sotiris B., I. D. Zaharakis, and P. E. Pintelas. "Supervised machine learning: A review of classification techniques." (2007): 3-24.
9. Nguyen, Thuy TT, and Grenville Armitage. "A survey of techniques for internet traffic classification using machine learning." Communications Surveys & Tutorials, IEEE 10.4 (2008): 56-76.
10. Barto, Andrew G. Reinforcement learning: An introduction. MIT press, 1998.
11. Matthew Richardson, Amit Prakash, and Eric Brill. Beyond pagerank: machine learning for static ranking. In Les Carr, David De Roure, Arun Iyengar, Carole A. Goble, and Michael Dahlin, editors, WWW, pages 707-715. ACM, 2006.
12. Robert Bell and Yehuda Koren. Scalable collaborative filtering with jointly derived neighborhood interpolation weights. In Proceedings of the IEEE International Conference on Data Mining (ICDM), pages 43 52, 2007.

216 ~ 218

第 7 章

案例研究Ⅲ：使用 Scalding 和 Spark 进行回归分析

回归分析通常用于预测，与机器学习领域有重叠。通过回归确定因变量和自变量之间的关系，并探索这些关系的不同形式。在某些假设被限制的情况下，回归有助于推断出偶然的关系。但是，请注意这可能会造成假象[1]。

使用回归分析来研究变量之间的函数关系是简单的。房地产经纪人可以通过评估建筑物的物理特征和对这个建筑物上的征税（当地、学校、国家）来判断一些房屋的价值。我们可以检查香烟消费与年龄、性别、教育、收入和价格之间的关系。这种关系可以用方程或者一个连接因变量和自变量的模型来表示。关于香烟消费的例子，因变量为烟草消费量（按照某一年的国家人均收入通过给定的包装数量进行计算），自变量是社会经济和人口变量，如性别、年龄等。在房地产领域，例如，因变量是房子的价格、自变量是房子的物理特征以及为房子支付的税款。将因变量记为 Y，自变量使用 $X_1, X_2, \cdots, X_p$ 表示，其中 p 代表预测器的个数。这些变量之间的关系可以使用模型来表示：

$$Y=f(X_1, X_2, \cdots, X_p)+\varepsilon$$

其中，ε 为近似的随机错误。它考虑了模型拟合中的误差。$f(X_1, X_2, \cdots, X_p)$，描述了 Y 与 $X_1, X_2, \cdots, X_p$ 之间的关系。例如线性回归模型：

$$Y=\beta_0+\beta_1 X_1+\beta_2 X_2+\cdots+\beta_p X_p+\varepsilon$$

其中，$\beta_0, \beta_1 X_1, \beta_2 X_2, \cdots, \beta_p X_p$ 称为回归参数或者因子，它们由数据确定。

7.1 回归分析的步骤

回归分析通常包括以下步骤。

步骤 1：问题形式化是回归分析中第一个也许是最重要的一步，这是因为一个定义不明确的问题直接会造成徒劳无功。确定要回答的问题是很重要的，以防止选择会产生错误模型的特征。考虑这样一个例子，我们确定雇主是否歧视女雇员。为了解决这个问题，我们从公司收集数据，如薪水、资格和性别等特征。

我们在许多方面定义歧视，认为如果有以下情况则认为女性受到歧视：

- 与同等资格的男性相比，女性的报酬较少。
- 女性比同酬的男性更能胜任。

特征选择：我们需要确定因变量（Y）和自变量（X）。对于第一个问题，薪资是因变量，而资格和性别是自变量。对于第二个问题，资格是因变量，而薪资和性别是自变量。重要的是要注意，特征是根据回答的问题进行选择的。

步骤 2：数据收集。选择变量后进行分析，收集来自环境的数据。有时收集的数据是受具体问题控制的，其中不是主要兴趣的参数可以用作常数。更多时候在非实验和无范围控制的条件下收集数据。

表 7-1 所示的观察结果包括每个潜在的相关数据的测量结果。该表中的列是特征，每行表示一次观察。符号 x_{ij} 表示第 j 个变量的第 i 个值。第一个下标是观察次数，第二个是变量数。

表 7-1 回归分析中使用的数据记号

观察编号	响应	X_1	X_2	…	X_p
1	y_1	x_{11}	x_{12}	…	x_{1p}
2	y_2	x_{21}	x_{22}	…	x_{2p}
3	y_3	x_{31}	x_{32}	…	x_{3p}
4	y_4	x_{41}	x_{42}	…	x_{4p}
5	y_5	x_{51}	x_{52}	…	x_{5p}
⋮	⋮	⋮	⋮	⋮	⋮
n	y_n	x_{n1}	x_{n2}	…	x_{np}

表 7-1 中的每个变量可以分为定量的或定性的。一些定量变量属性是价格、卧室数量、年龄和税收。一些定性变量是街道类型、房屋风格等。在大多数情况下，变量是定量的。然而，如果存在定性变量，它就必须用作指标（indicator）或虚拟变量（dummy variable）。响应变量为二值的情况称为逻辑回归。如果一些预测变量是定量的，而另一些是定性的，在这些情况下回归分析称为协方差分析。

220

步骤 3：模型规范。研究人员可以使用他们的主观和目标知识来确定与因变量和自变量有关的模型的初始形式。基于对数据的分析，就可以证实或者驳倒假设模型。重要的是，注意，模型只需在形式上明确，并且它可以取决于未知参数。我们需要选择函数 $f(X_1, X_2, \cdots, X_p)$ 的形式。该函数可分为线性和非线性两种。线性函数的一个例子是

$$Y=\beta_0+\beta_1 X_1+\varepsilon$$

而非线性函数的一个例子为

$$y=\beta_0+e^{\beta_1 X_1}+\varepsilon$$

注意：这里的术语线性 / 非线性没有描述 Y 和 $X_1, X_2, \cdots, X_p$ 之间的关系。这与回归参

数线性地 / 非线性地进入等式的事实有关。以下每种模型都是线性的。

$$Y=\beta_0+\beta_1 X+\beta_2 X^2+\varepsilon$$

$$Y=\beta_0+\beta_1 \ln X+\varepsilon$$

因为在每种情况下参数之间的关系是线性的，而 Y 和 X 是非线性的。从中可以看出，如果两个模型分别重新表示为如下形式：

221

$$Y=\beta_0+\beta_1 X_1+\beta_2 X_2+\varepsilon$$

$$Y=\beta_0+\beta_1 X_1+\varepsilon$$

其中，在第一个等式中，有 $X_1=X$ 和 $X_2=X^2$，在第二个等式中，有 $X_1=\ln X$。重新表达或变换这些变量。

线性化函数是可以转换成线性函数的非线性函数。然而，并不是所有的非线性函数都是可线性化的，以下函数可以线性化。

$$y=\beta_0+e^{\beta_1 X_1}+\varepsilon$$

只有一个预测变量的回归方程称为简单的回归方程。包含多个预测变量的方程称为多元回归方程。一个简单回归的例子：通过研究发现，一台机器的修理时间与要修复的部件的个数有关系。这里的自变量是部件数量，而因变量是修复的时间。多元回归问题的示例：大量环境和社会经济因素影响（预测变量）下不同地理区域（响应变量）的年龄死亡率。

自变量不一定是单个变量，它可以是一组变量，比如 $Y_1, Y_2, \cdots, Y_p$，认为这与对应的一组预测变量 $X_1, X_2, \cdots, X_p$ 有关。例如，文献 [3] 中提供的数据集由 148 个健康的人组成。在这个数据集中，选择了 11 个变量，其中 6 个变量表示测量的传感阈值的不同类型（例如，振动、手和足底温度），5 个可能影响 6 个传感阈值中一些或全部的基准协变量（例如，年龄、性别、身高和体重）。在这里有 6 个响应变量和 5 个预测变量。可以在文献 [3] 中进一步了解数据。

单变量回归只处理一个响应变量。回归中两个或多个响应变量称为多变量。简单多元回归方法容易与单变量和多变量回归分析相混淆。两者之间的区别在于使用的自变量的数量，简单回归涉及一个自变量，而多元回归模型涉及两个或更多的自变量 [4]。

步骤 4：模型拟合。既然我们收集了数据并定义了模型，我们就需要估计模型的参数。这个模型估计也称为模型拟合。常用的估计方法是最小二乘法。在某些假设下，这种方法是可取的。如果最小二乘法的假设不成立，也可以使用其他方法，如最大似然、脊和主成分。

222

回归参数 $\beta_0, \beta_1, \cdots, \beta_p$ 的估计值记为 $\hat{\beta}_0, \hat{\beta}_1, \cdots, \hat{\beta}_p$，回归等式就变成：

$$\hat{Y}=\hat{\beta}_0+\hat{\beta}_1 X_1+\hat{\beta}_2 X_2+\cdots+\hat{\beta}_p X_p$$

参数 p 的估计使用在参数的顶部加一个“帽子”的形式 $\hat{p}$ 来表示。$\hat{Y}$ 称为拟合值。使用输入数据，对于每一个观测，计算拟合值。例如，第 i 个拟合值 $\hat{Y}_i$ 为：

$$\hat{y}_i=\hat{\beta}_0+\hat{\beta}_1 x_{i1}+\hat{\beta}_2 x_{i2}+\cdots+\hat{\beta}_p x_{ip}, \quad i=1, 2, \cdots, n$$

其中，X_{i1}，X_{i2}，$\cdots$，X_{ip} 是对 p 个预测变量的第 i 个观测值。这个等式可以在自变量的任何值都不在观测值中时用于预测自变量。在此，将所得到的 Y 称为预测值。预测值和拟合值之间的差别在于：自变量的值是数据中的 n 个观测值之一，而对于自变量的任何取值都可以获得预测值。在预测时，自变量的范围不建议超出我们的数据范围。在自变量值表示未来值的情况下，将预测的结果称为预测值（*forecasted value*）。

步骤 5：模型验证和鉴定。回归分析和其他这样的统计方法的有效性取决于特定的假设。这些假设通常与数据和模型有关。模型的准确性取决于这些假设的有效性。为了确定模型假设是否成立，我们需要解决以下问题：

1. 假设是什么？
2. 如何验证这些假设？
3. 当不止一个假设不成立时可以做些什么？

回归分析是一个迭代过程，其中输出用于诊断、验证、鉴定和修改输入。重复该过程，直到获得令人满意的输出。这个输出是一个满足假设并且合理地拟合数据的估计模型。

回归分析的目标　回归方程的确定是分析得出的最重要的结果。它是因变量 Y 和自变量 $X_1, X_2, \cdots, X_n$ 之间关系的总结。这个等式可以用于许多目的：它可以用于评估各个预测器的重要性，通过改变预测变量的值来分析模型的影响，以预测给定的一组自变量的响应变量。

223

尽管回归方程是一个最终结果，但有一些有用的中间结果。我们还使用这些中间结果来了解特定环境中变量之间的关系。回归分析的任务是了解数据反映的环境。我们推断最终方程的过程中所发现的结论也很重要。

7.2　实现细节

这里的目标是在 Scalding 和 Spark 框架中实现一个线性回归模型，基于一个城市的人口规模预测食品货车的利润。

数据集　数据集包含 97 个数据点：第一列是一个城市的人口，第二列是该市的食品货车的利润。利润值为负表示亏损。

- 列 0：自变量 X，表示城市的人口，单位为 10 000。
- 列 1：因变量 Y，表示食品货车的利润大小，单位为 10 000 美元。

使用 R 绘制数据：

```
#!/usr/bin/env Rscript
library(ggplot2)
x <- read.csv("in.txt", header=FALSE, sep=",")
names(x) <- c("x", "y")
ggplot() +
  geom_point(data=x, aes(x=x, y=y), size=4) +
  labs(x="Population in 10,000's",
      y ="Profit in  \$10,000's") +
  ggtitle("Food Truck Dataset") +
  ggsave(file="lrdataset.png", width=10, height=7)
```

224

数据分布如图 7-1 所示。

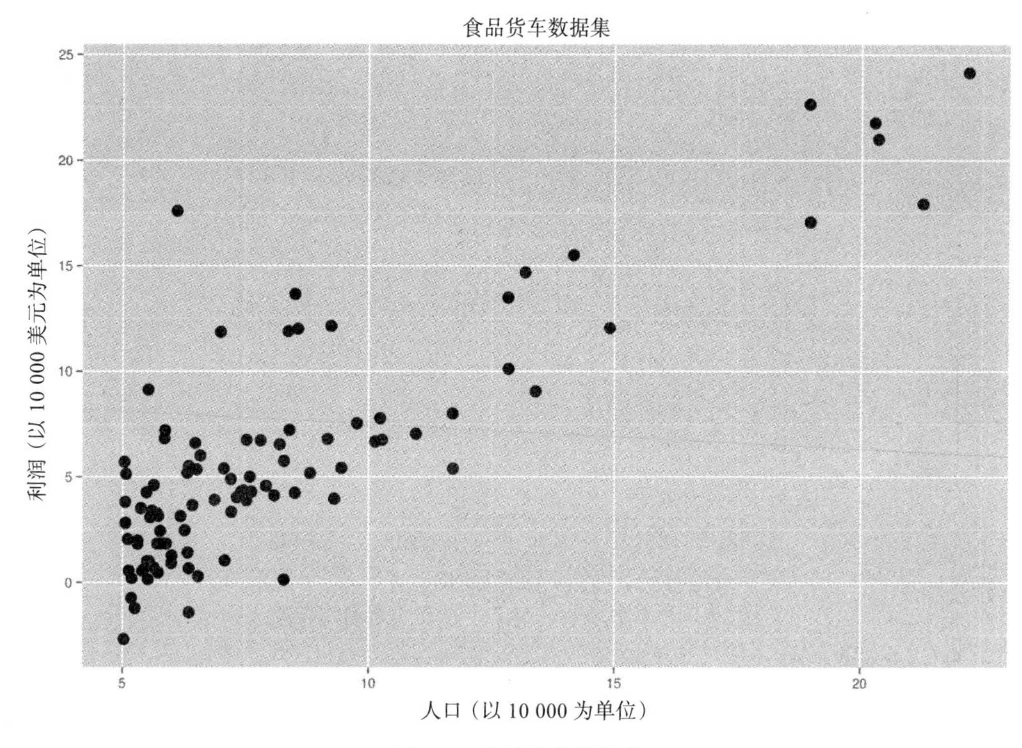

图 7-1　食品货车数据集

样本数据集：表 7-2 中显示了一部分数据。

表 7-2　样本数据集

人口 （以 10 000 为单位）	利润 （以 10 000 美元为单位）	人口 （以 10 000 为单位）	利润 （以 10 000 美元为单位）
6.1101	17.592	8.3829	11.886
5.5277	9.1302	7.4764	4.3483
8.5186	13.662	8.5781	12
7.0032	11.854	6.4862	6.5987
5.8598	6.8233	5.0546	3.8166

225

7.2.1　线性回归：代数方法

考虑图 7-2，它绘制了一个样本数据集，并清楚地表示出平方误差（由连接点和线的垂线标记）。

考虑图中的点 (x_1, y_1)，(x_2, y_2)，(x_3, y_3)，…，(x_n, y_n)，并且直线的表达式可以表示为 y=mx+b。我们需要求出使得平方误差最小化的 m 和 b。如图 7-2 所示，平方误差由灰线表示。

灰线段上满足 y=mx+b 的点都为（x_i, mx_i+b）；其中点 (x, y) 和（x, $mx+b$）之间的距离为 y-(mx+b)。

这可以形式化为平方误差（Squared Error，SE）：

$$SE=(y_1-(mx_1+b))^2+(y_2-(mx_1+b))^2+\cdots+(y_n-(mx_1+b))^2$$

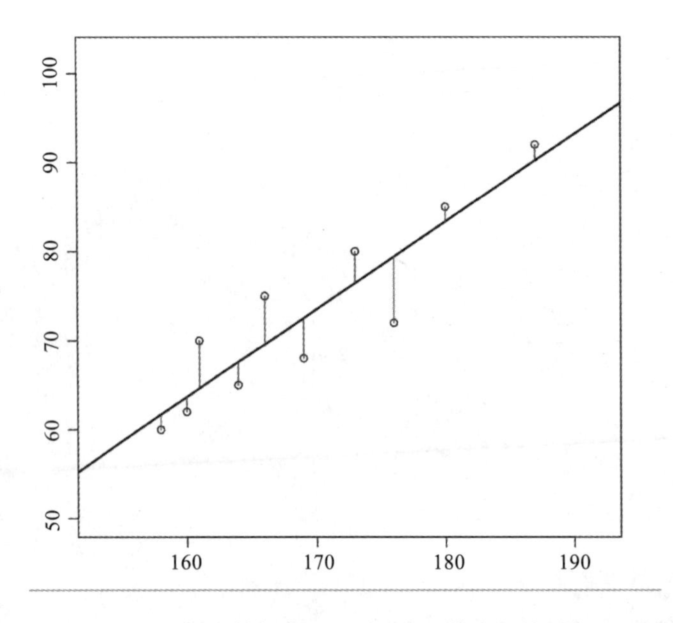

226

图 7-2　样本数据集，显示了点和线之间的距离

将上式展开：

$$SE=(y_1-(mx_1+b))^2+(y_1-(mx_1+b))^2+\cdots+(y_1-(mx_1+b))^2$$

$$=y_1^2-2y_1(mx_1+b)+(mx_1+b)^2+y_2^2-2y_2(mx_2+b)+(mx_2+b)^2+\cdots y_n^2-2y_n(mx_n+b)+(mx_n+b)^2$$

经过几次代数操作然后取平均值，上式如下：

$$SE=n\overline{y^2}-2mn\overline{xy}-2bn\overline{y}+m^2n\overline{x^2}+2mbn\overline{x}+nb^2$$

现在要尽量最小化上式，并且要满足我们原来的前提，因为只有 m 和 b 这两个变量，我们需要对上式中的 m 和 b 取偏导数。即：

$$\frac{\partial SE}{\partial m}=0 \quad 并且 \quad \frac{\partial SE}{\partial b}=0$$

$$\frac{\partial SE}{\partial m}=-2n\overline{xy}+2n\overline{x^2}m+2bn\overline{x}=0$$

$$\frac{\partial SE}{\partial b}=-2n\overline{y}+2mn\overline{x}+2nb=0$$

进一步简化的等式类似于给定两个未知类型问题的等式。

$$\overline{x^2}m+b\overline{x}=\overline{xy}$$

$$m\overline{x}+b=-\overline{y}$$

从上式中可以看出通过优化 m 和 b，将得到 $\overline{x}$ 和 $\overline{y}$：

$$m=\frac{\overline{x}\,\overline{y}-\overline{xy}}{\overline{x}^2-\overline{x^2}}$$

227

$$b=\overline{y}-m\overline{x}$$

7.2.2　代数方法的 Scalding 实现

使用 Scalding 来实现是很直接的。为了方便，我们使用 Scalding Fields API。

求解单变量线性回归问题的步骤如下。

步骤1：初始化一个Scalding作业LRJob，它继承了Job类，实现了必要的I/O和用于执行作业的流定义。

注意：每一个Scalding作业必须确保有定义成功执行的源和汇。

```
import com.twitter.scalding._
class LRJob(args: Args) extends Job(args) {

// Code Goes Here

}
```

步骤2：我们需要为输入和读取数据定义源（Source），如表7-2所示，数据集存储在`in.csv`中，可以查看本书的`github`仓库。

读取方法创建一个管道，请参考级联（Cascading）[29]。

```
import com.twitter.scalding._
class LRJob(args: Args) extends Job(args) {
val input = Csv("in.csv", ",",  ('x, 'y))
     .read
     .write(Tsv("sampleinout.tsv"))
}
```

步骤3：在7.2.1节中，我们已经推导并识别了斜率和截距计算的特定变量。一个这样的变量是（x，y）的乘积，需要取平均值。

这段代码使用Scalding Fields API来映射数据集的每一行并使用x和y的乘积创建一个新的字段。

228

```
import com.twitter.scalding._
class LRJob(args: Args) extends Job(args) {
val input = Csv("in.csv", ",",  ('x, 'y))
     .read
     .map(('x, 'y) -> 'xy){
       f: (Double, Double) =>
       val (x,y) = f
       (x * y)
     }
     .write(Tsv("out.tsv"))
}
```

样本输出：以下列由字段`'x`、`'y`和`'xy`表示。x和y的乘积如表7-3所示。

表7-3 x和y的乘积

x	y	$x*y$	x	y	$x*y$
6.1101	17.592	107.4888792	8.3829	11.886	99.639149398
5.5277	9.1302	50.46900654	7.4764	4.3483	32.50963012
8.5186	13.662	116.3811132	8.5781	12	102.937199
7.0032	11.854	83.015932799	6.4862	6.5987	42.8004879404
5.8598	6.8233	39.98317334	5.0546	3.8166	19.29138636

步骤 4：在这一步中，确定 $\bar{x}$，也就是 Mean(x)。为了得到 $\bar{x}$，可以传统的对所有的 x 执行加法，并除以总数，或者使用已有的 Scalding AIP 来计算均值。

Scalding 提供了分组（Grouping）API，称为 `_.sizeAveStdev`，输入为类型 Fields 的一个字段，输出为计数、均值、标准差（σ）。

我们执行一个 groupAll 操作，它创建一个由整个管道组成的分组。在 Hadoop 上使用此函数之前，请仔细思考。它消除了在 reducer 中执行任何并行性的能力。也就是说，积累一个全局变量可能需要它。在这种情况下，需要创建单个变量来计算均值和标准差。

API 如下所示：

```
pipe.groupAll{ group => ... }
```

229

下面给出这样操作的一个例子。要找到词汇表中单词的总数。

```
val vocabSize = wordCounts.groupAll { _.size }
```

我们也知道 σ^2= 方差，我们通过 Scala 库执行一个简单的 `math.pow(xsigma,2)` 来计算方差。关于变量 x 的方差可以写为（均值的平方 – 平方的均值），正如斜率 m 的分母中看到的那样。

然后把字段 `xmean` 和 `xvariance` 投影到 `MVX.tsv` 文件。

$$\text{variance}(x)=(\overline{x^2})-(\bar{x})^2$$

```
import com.twitter.scalding._
class LRJob(args: Args) extends Job(args) {

val input = Csv("in.csv", ",",  ('x, 'y))
    .read
    .map(('x, 'y) -> 'xy){
      f: (Double, Double) =>
      val (x,y) = f
      (x * y)
    }

val MVofx = input
    .groupAll{
    _.sizeAveStdev('x -> ('count, 'xmean, 'xsigma))
    }
    .map('xsigma -> 'xvariance){
      (xsigma :Double) => (math.pow(xsigma,2))
    }
    .project('xmean, 'xvariance)
    .write(Tsv("MVX.tsv"))
}
```

样本输出：这些列在 Scalding 内部表示为字段 `xmean` 和 `xvariance`。均值和方差如表 7-4 所示。

表 7-4　均值和方差

Mean(x)	Variance(x)
8.159800006	14.821606782061853

步骤 5：如上一步所讨论的，使用 sizeAveStdev API 来求 y 的 Count、Mean 和 StdDeviation。然后重复与步骤 4 中相同的步骤，但针对变量 y。

把字段 ymean 投影到 MVY.tsv 文件。

230

```
import com.twitter.scalding._
class LRJob(args: Args) extends Job(args) {

val input = Csv("in.csv", ",", ('x, 'y))
    .read
    .map(('x, 'y) -> 'xy){
      f: (Double, Double) =>
      val (x,y) = f
      (x * y)
    }

val MVofx = input
    .groupAll{
    _.sizeAveStdev('x -> ('count, 'xmean, 'xsigma))
    }
    .map('xsigma -> 'xvariance){
      (xsigma :Double) => (math.pow(xsigma,2))
    }
    .project('xmean, 'xvariance)

val MVofy = input
    .groupAll{
      _.sizeAveStdev('y -> ('count, 'ymean, 'ysigma))
    }
    .project('ymean)
    .write(Tsv("MVY.tsv"))
}
```

样本输出：这些列在 Scalding 内部表示为字段 ymean，如表 7-5 所示。

表 7-5　字段 y 的均值

Mean(y)
5.839135051546394

步骤 6：重复在字段 xy 上的步骤 5，像在步骤 3 中计算的那样，求字段 xy 的平均值并将其投影到 MVXY.tsv 文件。

231

```
import com.twitter.scalding._
class LRJob(args: Args) extends Job(args) {

val input = Csv("in.csv", ",", ('x, 'y))
    .read
    .map(('x, 'y) -> 'xy){
      f: (Double, Double) =>
      val (x,y) = f
      (x * y)
    }

val MVofx = input
    .groupAll{
    _.sizeAveStdev('x -> ('count, 'xmean, 'xsigma))
    }
```

```
    .map('xsigma -> 'xvariance){
      (xsigma :Double) => (math.pow(xsigma,2))
    }
    .project('xmean, 'xvariance)

val MVofy = input
    .groupAll{
      _.sizeAveStdev('y -> ('count, 'ymean, 'ysigma))
    }
    .project('ymean)

val MVofxy = input
    .groupAll{
        _.sizeAveStdev('xy -> ('count, 'xymean, 'xysigma))
     }
    .project('xymean)
    .write(Tsv("MVXY.tsv"))
}
```

样本输出：在 Scalding 内部列表示为字段 `Mean(xy)`。字段 *xy* 的均值如表 7-6 所示。

表 7-6　字段 *xy* 的均值

Mean(*xy*)
65.3288497455567

步骤 7：到现在为止，我们已经计算了 Mean(*x*): $\bar{x}$, Variance(*x*): $\sigma^2(x)$, Mean(*y*): $\bar{y}$ 和 Mean(*xy*): $\overline{x}$y。

现在我们需要将它们组合成一个管道，也就是，通过执行 MVofx、MVofy 和 MVofxy 的叉积来实现。Scalding 提供了如下一个便捷的 API：

```
pipe1.crossWithTiny(pipe2)
```

由于 `crossWithTiny` 需要一个源和汇，因此思考在 Linux 中连接两个管道。需要像这样执行两次。现在执行两个 map 操作。

- 求斜率 *m* 并将其识别为字段 `slope`。

$$m=\frac{\text{Mean}(xy)-(\text{Mean}(x)*\text{Mean}(y))}{\text{Variance}(x)}$$

- 求截距 *b*，并将其识别为字段 `intercept`。

232

$$b=\text{Mean}(y)-(m * \text{Mean}(x))$$

将 `slope` 和 `intercept` 投影到 Final.tsv 文件。

```
import com.twitter.scalding._
class LRJob(args: Args) extends Job(args) {

val Input = Csv("in.csv", ",", ('x, 'y))
    .read
    .map(('x, 'y) -> 'xy){
      f: (Double, Double) =>
      val (x,y) = f
      (x * y)
    }
```

```
val MVofx = Input
    .groupAll{
    _.sizeAveStdev('x -> ('count, 'xmean, 'xsigma))
    }
    .map('xsigma -> 'xvariance){
      (xsigma :Double) => (math.pow(xsigma,2))
    }
    .project('xmean, 'xvariance)

val MVofy = Input
    .groupAll{
      _.sizeAveStdev('y -> ('count, 'ymean, 'ysigma))
    }
    .project('ymean)

val MVofxy = Input
    .groupAll{
      _.sizeAveStdev('xy -> ('count, 'xymean, 'xysigma))
     }
    .project('xymean)
}
val Final = MVofx
    .crossWithTiny(MVofy)
    .crossWithTiny(MVofxy)
    .map(('xmean, 'xvariance, 'ymean, 'xymean)->'slope){
        f: (Double, Double, Double, Double) =>
        val (mx, vx, my, mxy) = f
        ( (mxy - ( mx * my )) / vx)
    }
    .map(('xmean, 'ymean, 'slope) -> 'intercept){
        f : (Double, Double, Double) =>
        val(mx, my, slope) = f
        (my - (slope * mx))
    }
    .project('slope, 'intercept)
    .write(Tsv("final.tsv"))
```

233

样本输出：列在内部表示为 slope 和 intercept。斜率和截距如表 7-7 所示。

表 7-7　斜率和截距

斜　率	截　距
1.1930336441895903	-3.8957808783118333

7.2.3　代数方法的 Spark 实现

解决单变量回归问题的步骤。

Spark 项目的初始化：为了编译和执行基于 Spark 的程序，需要创建一个 Spark 项目。具体的步骤如下。

- 创建 src/main/scala 的目录结构。
- 创建一个 project-name.sbt 文件，也称为 Scala 构建文件，它用于声明项目依赖关系，跟踪项目版本等。
- 在创建的 scala 文件夹路径中创建 Scala Spark 类。
- 使用 sbt package 命令来编译和构建项目。

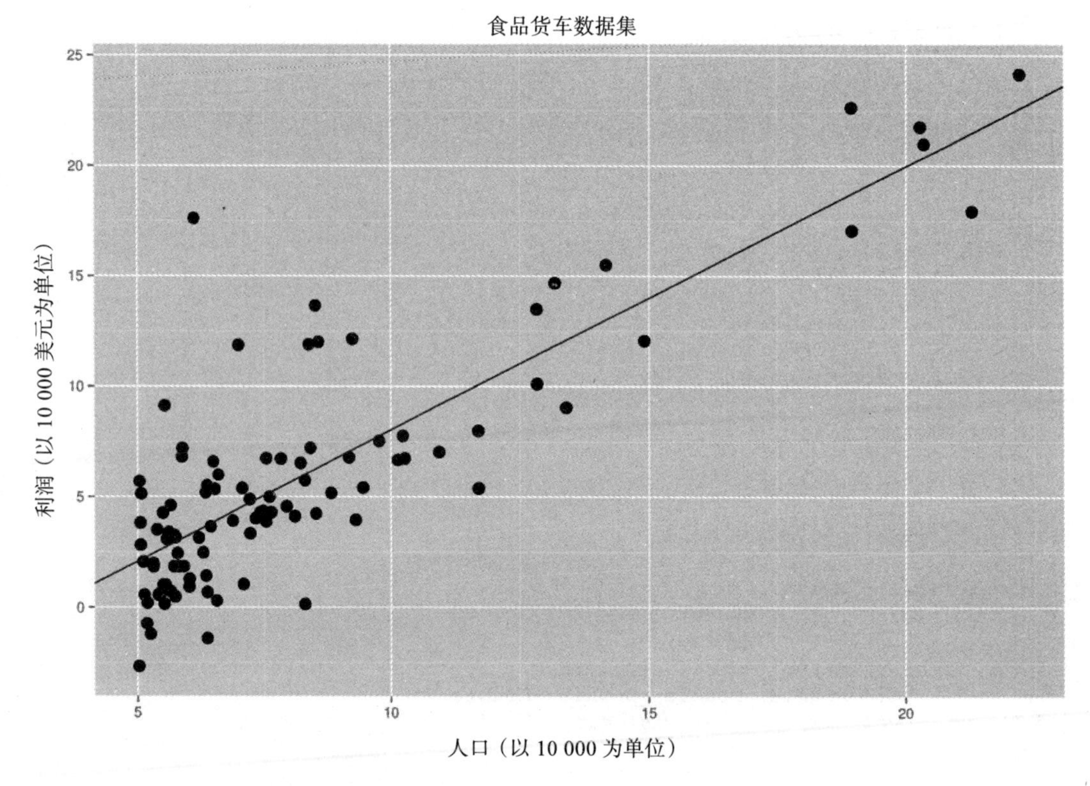

图 7-3　Scalding: 食物货车数据集回归线

- 使用以下代码示例将程序提交到 Spark 集群 Master 上。

```
spark-submit --class <Class-Name> --master <cluster Url>
 <path/to/project.jar>
```

  - 将 `<Class-Name>` 换为你在程序中使用的 Spark 类的名称。
  - 将 `Cluster url` 换成 Spark Master 的路径和端口，通常为 `spark://hostname:7077`。
  - 通常把 `path/to/project.jar` 替换为 jar 包 target/scala-2.10/project.jar。

步骤 1：在 Spark 中编程与常规 Scala 的编程非常相似。

这里创建 Spark Configuration，类似于 Scalding Job 或 Hadoop Configuration，它用于将各种参数设置为键值对。可以使用如下命令创建一个新配置：

```
new SparkConf()
```

这会加载系统的默认属性和类路径。也可以使用以下代码跳过加载外部配置。

```
new SparkConf(loadDefaults: Boolean)
```

这个类中的所有配置方法支持链接，比如，可以创建一个配置：

```
new SparkConf().setMaster("local").setAppName("My app")
```

注意：重要的是，要记住，一旦 Spark Conf. 被创建并传递给 Spark 集群，它就会被复制，并且不能在运行时更改。

还创建了 SparkContext 的一个实例，具有定义的配置 conf，这是利用 Spark 功能的主要入口点。SparkContext 表示与 Spark 集群的连接，并公开 API 来创建 RDD（弹性分布式数据集，参见第 3 章），创建累加器和广播变量。

```
import org.apache.spark.SparkContext
import org.apache.spark.SparkContext._
import org.apache.spark.SparkConf

object SimpleApp {
  def main(args: Array[String]) {
    val conf = new SparkConf().setAppName("Simple
                                  Application")
    val sc = new SparkContext(conf)
}
```

234
～
235

步骤 2：通过 SparkContext 实例 sc 读取输入，使用方便的方法读取文本文件。API 如下所示。它在 Hadoop 分布式文件系统或本地系统中（在所有节点上可用）或任何其他 Hadoop 支持的文件系统中接受文件的路径。它返回一个字符串 RDD。

```
textFile(path: String,
         minSplits: Int = defaultMinSplits): RDD[String]
```

输入（参考表 7-2）被处理，以便你映射每行输入并用逗号进行分割，它返回 *x* 和 *y* 的数组，以分离 *x* 和 *y* 列。将 String 类型的值转换为 Double，用于预定义过程后的算术运算。

然后，使用 saveAsTextFile 方法将生成的 RDD x 另存为压缩的 TextFile。API 定义如下所示，它接受用于保存文件 Path 和进行压缩的 CompressionCodec。

```
 saveAsTextFile(path: String,
                codec: Class[_ <: CompressionCodec]):Unit
```

```
import org.apache.spark.SparkContext
import org.apache.spark.SparkContext._
import org.apache.spark.SparkConf

object SimpleApp {
  def main(args: Array[String]) {
    val conf = new SparkConf().setAppName("Simple
                                  Application")
    val sc = new SparkContext(conf)
    val input = sc.textFile("in.txt")
    val x = input
    .map( line => {
      val parts = line.split(',')
      (parts(0).toDouble)
    })
    x.saveAsTextFile("x.txt")
}
```

样本输出：根据代码我们隔离了数据集（见表 7-2）的第一列作为自变量 x，如表 7-8 所示。

表 7-8　x 的 RDD

x	x
6.1101	7.4764
5.5277	8.5781
8.5186	6.4862
7.0032	5.0546
5.8598	5.7107
8.3829	14.164

步骤 3：重复步骤 2，创建 y 列的 RDD，参见表 7-2。

```
import org.apache.spark.SparkContext
import org.apache.spark.SparkContext._
import org.apache.spark.SparkConf

object SimpleApp {
  def main(args: Array[String]) {
    val conf = new SparkConf().setAppName("Simple
                               Application")
    val sc = new SparkContext(conf)
    val input = sc.textFile("in.txt")
    val x = input
    .map( line => {
      val parts = line.split(',')
      (parts(0).toDouble)
    })

val y = input
    .map( line => {
      val parts = line.split(',')
        (parts(1).toDouble)
    })
    .saveAsTextFile("y.txt")
}
```

样本输出：y.txt 的内容如表 7-9 所示。

表 7-9　y 的 RDD

y	y
17.592	4.3483
9.1302	12
13.662	6.5987
11.854	3.8166
6.8233	3.2522
11.886	15.505

步骤 4：既然我们已经创建了 x 和 y 的 RDD，我们就需要（x，y）乘积的 RDD。最简单的方法是映射输入数据集的每一行，参考表 7-2，拆分每个映射行并乘以所得到的元组。

236～237

```
import org.apache.spark.SparkContext
import org.apache.spark.SparkContext._
import org.apache.spark.SparkConf

object SimpleApp {
  def main(args: Array[String]) {
    val conf = new SparkConf().setAppName("Simple
                                  Application")
    val sc = new SparkContext(conf)
    val input = sc.textFile("in.txt")
    val x = input
    .map( line => {
      val parts = line.split(',')
      (parts(0).toDouble)
    })

val y = input
    .map( line => {
      val parts = line.split(',')
        (parts(1).toDouble)
    })
}

val xy = input
    .map( line => {
      val parts = line.split(',')
      (parts(0).toDouble * parts(1).toDouble)
    })
    .saveAsTextFile("xy.txt")
```

表 7-10　x 和 y 的乘积

$x*y$	$x*y$
107.4888792	99.639149398
50.46900654	32.50963012
116.3811132	102.937199
83.015932799	42.8004879404
39.98317334	19.29138636

样本输出：

步骤 5：为了计算斜率 m，需要计算 Mean(x): $\bar{x}$, Variance(x): $\sigma^2(x)$, Mean(y): $\bar{y}$ 和 Mean (xy): $\overline{xy}$。Spark 提供了方便的方法，无须额外的处理，就像 Scalding 那样。由于 x、y 和 xy 的 RDD 是 `RDD[Double]` 类型的，因此内置的 Double RDD API 提供了求均值、方差等结果的简便方法。

```
import org.apache.spark.SparkContext
import org.apache.spark.SparkContext._
import org.apache.spark.SparkConf

object SimpleApp {
  def main(args: Array[String]) {
    val conf = new SparkConf().setAppName("Simple
                                  Application")
    val sc = new SparkContext(conf)
```

```
    val input = sc.textFile("in.txt")
    val x = input
    .map( line => {
      val parts = line.split(',')
      (parts(0).toDouble)
    })

val y = input
    .map( line => {
      val parts = line.split(',')
        (parts(1).toDouble)
    })
}

val xy = input
    .map( line => {
      val parts = line.split(',')
      (parts(0).toDouble * parts(1).toDouble)
    })

val slope = (xy.mean - (x.mean * y.mean)) / x.variance

val intercept = y.mean - slope * x.mean

println (slope, intercept)
```

238～239

输出：

```
1.1930336441895903  -3.8957808783118333
```

步骤 6：绘制图形，使用由 ggplot2 库辅助的 R 编程语言。

```
#!/usr/bin/env Rscript
library(ggplot2)
x <- read.csv("in.txt", header=FALSE, sep=",")
names(x) <- c("x", "y")

ggplot() +
    geom_point(data=x, aes(x=x, y=y), size=4) +
    geom_abline(intercept=-3.89, slope=1.193, colour="blue") +
    ggtitle("Regression Line for Food Truck Dataset") +
    ggsave(file="LR.png", width=10, height=7)
```

以上代码的运行结果如图 7-4 所示。

7.2.4　线性回归：梯度下降法

如前所述，线性回归是拟合模型到数据的过程。当我们试图预测的目标变量是连续值时，我们称之为**回归**问题。当 y 只能取少量离散值时，我们就称之为**分类**问题。线性回归假设在 X（自变量）和 y（因变量）之间的关系是线性的，即 y=mX+b，其中 m 是斜率，b 是截距。

$$h_\theta(x)=\theta_0+\theta_1 x$$

这可以表示为以下等式，通常称为假设。可以注意到该表达式与线性表达式 $y=mx+b$ 很相似。线性回归的思想是找到 θ_0 和 θ_1 的组合，使得对于训练样例 (x, y)，h_θ 接近于 y。

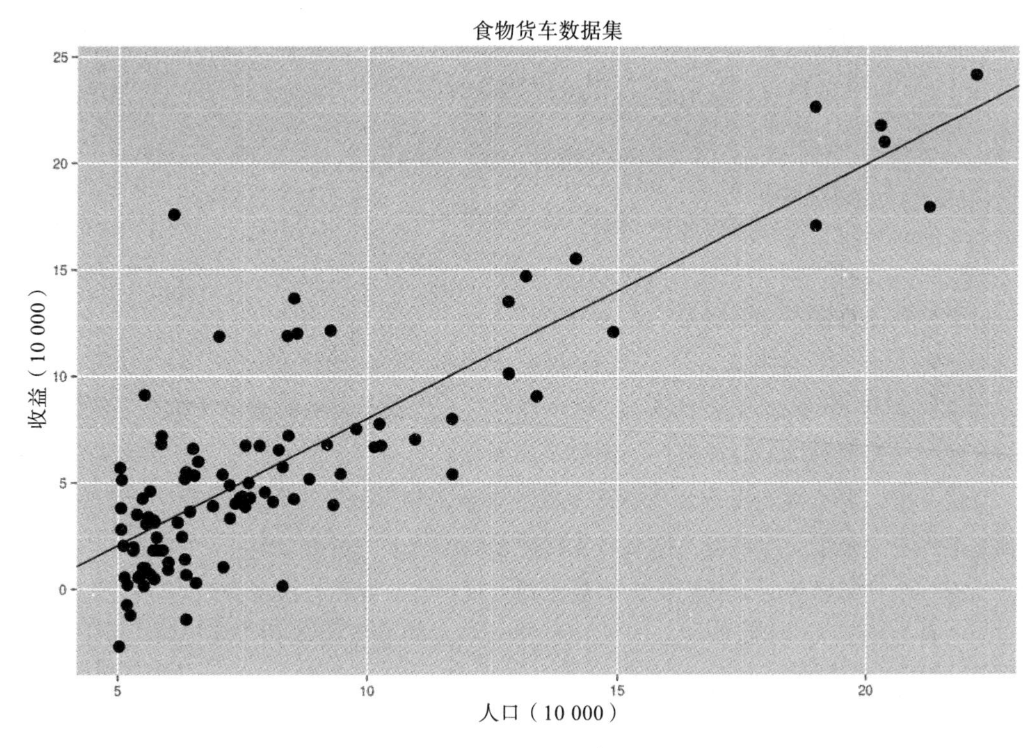

图 7-4　Spark: 食物货车数据集的回归线

形式化来说，就是为了解决在 (θ_0, θ_1) 上的最小化问题。我们想要使 $(h_\theta - y)$ 的差值很小。要最小化这个差值的一种方案是最小化差值的平方，即 $(h_\theta - y)^2$。需要对数据集中的所有点执行这项操作，这通过如下等式实现

$$\text{Minimize}(\theta_0, \theta_1)=\sum_{i=1}^{m}(h_\theta(x_i)-y_i)^2$$

现在的任务就是最小化点和直线之间的误差平方。这种方法通常称为普通最小二乘法（OLS）。

定义了一个代价函数（$J(\theta_0, \theta_1)$）为：

$$J(\theta_0, \theta_1)=\sum_{i=1}^{m}(h_\theta(x_i)-y_i)^2$$

此代价函数也称为误差平方代价函数。这是最广泛使用的函数，因为它非常适合用于解决线性回归问题。

我们使用**梯度下降**来最小化代价函数，就像你在讨论中看到的那样，梯度下降的描述更为通用，并用于各种最小化问题中。梯度下降从一些初始 θ 开始，并重复执行以下更新：

$$\theta_j := \theta_j - \alpha \frac{\partial}{\partial \theta_j} J(\theta)$$

240
~
241

注意：更新操作对于 j=0, 1, 2, 3, ⋯, n 的所有值同时执行。

这里 α 称为学习率。这是一个非常直观的算法，它不断朝向 J 的最小值迈出一步。为了实现这一点，需要计算 $J(\theta)$ 的偏导数。计算只有一个训练样本（x, y）情形下的偏导数，

这样我们忽略 $J(\theta)$ 定义中的和。

$$\begin{aligned}\frac{\partial}{\partial\theta_j}J(\theta_j)&=\frac{\partial}{\partial\theta_j}\frac{1}{2}(h_\theta(x)-y)^2\\&=2\cdot\frac{1}{2}(h_\theta(x)-y)\cdot\frac{\partial}{\partial\theta_j}(h_\theta(x)-y)\\&=(h_\theta(x)-y)\cdot\frac{\partial}{\partial\theta_j}\left(\sum_{i=0}^{m}-\theta_i x_i-y\right)\\&=(h_\theta(x)-y)x_j\end{aligned}$$

对于单个训练样本，更新为[⊖]：

$$\theta_j:=\theta_j+\alpha(y-h_\theta(x))x_j$$

这也称为 Widrow-Hoff 学习规则。这个规则有几个似乎自然而直观的属性。例如，更新的幅度与误差项 $(y-h_\theta(x))$ 成正比。例如，如果我们遇到一个训练样例，其预测结果几乎与 y 值相匹配，那么我们发现几乎不需要改变参数。相反，如果我们遇到一个训练样例，其预测结果有一个很大的错误，那么参数就需要做出较大的更改。

当有一个训练样例时，我们得出了最小均方规则。有两种方法来修改它，以管理整个训练集。首先用下列内容取代它：

```
Repeat until convergence {
```

$$\theta_j:=\theta_j+\alpha\sum_{i=1}^{m}(y-h_\theta(x))x_j \quad (\forall j)$$

```
}
```

可以在上述更新规则中验证总和的大小就是 $\partial(J(\theta))/\partial\theta_j$。所以，这是原始成本函数 J 上的一个梯度下降。

242

这种方法在每个步骤中都会查看每个训练样例，称为**批量梯度下降**。

注意：虽然梯度下降法可以有许多局部最小值，但我们为线性回归定义的优化问题将只有一个全局最小值。因此梯度下降法总是收敛于（假设学习率 α 不太大）全局最小值。

有关梯度下降法如何进展的简单示例，请查看图 7-5。

图 7-5 所示的椭圆是二次函数的轮廓。还给出了在（48，30）初始化的梯度下降法所采用的轨迹。图 7-5 中的 ×（由直线连接）标记了梯度下降法经过的 θ 的连续值。

批量梯度下降法有一种替代方法，考虑如下算法：

```
Loop {
      for i=1 to m{
```

$$\theta_j:=\theta_j+\alpha(y-h_\theta(x))x_j \quad (\forall j)$$

```
      }
}
```

根据上述算法，我们根据该训练示例的梯度误差处理每个训练集并更新每项的参数。这个算法称为**随机梯度下降法**或**递增下降法**。这种方法与以前的批量下降法之间的区别在于，在单步执行之前，参数将针对所有训练示例进行更新，如果 m 较大，代价是昂贵的。

⊖ 我们使用符号 a:=b 表示（在计算机程序中）将变量 a 的值设置为 b 的值。换句话说，这个操作会改变 b 的值。相反，写为 a=b，表示我们正在声明一个事实陈述，那就是 a 的值等于 b 的值。

随机方法对它遇到的每一个训练示例进行更新。据观察，随机梯度下降法中 θ 达到最小值的速度比批处理方法更快。由于这些原因，当训练集较大时，首选随机方法。

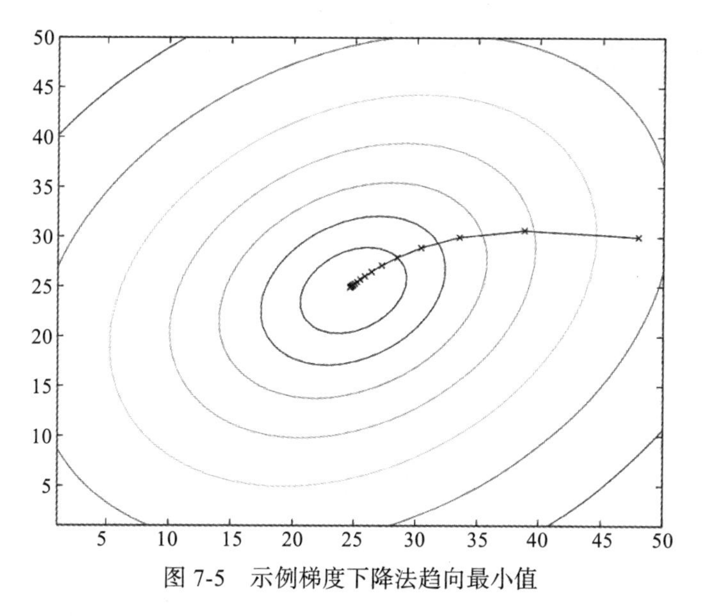

图 7-5　示例梯度下降法趋向最小值

注意：随机方法可能不会收敛到最小值，而参数 θ 可以在最小的 $J(\theta)$ 周围不断振荡，但在大多数情况下，获得的最小值将是真实最小值很好的近似。[⊖]

7.2.5　梯度下降法的 Scalding 实现

基于 MapReduce 来实现像线性回归这样的迭代算法是不可取的，因为用于执行最小化的算法明确表示依赖关系。也就是说，θ_{j+1} 的值依赖于 θ_j 的值，这不适合 MapReduce 范例。也就是说，可以使用 Scalding 以多种方式来实现。

- 链接多个 Scalding 作业
- 递归 Scalding 工作

这两种方法效率都不高。我们将专注于用第一种方法实现。实施的步骤如下：

- 输入预处理

243～244

步骤 1：输入预处理。如前所见，输入的格式如表 7-2。

为了让我们应用批量梯度法并使用链接的 Scalding 作业来实现线性回归，我们需要初始化参数的初始点 θ_0 和 θ_1，其中 θ_0 是截距，θ_1 是斜率。假设是：

$$y=\theta_0+\theta_1 * x$$

初始化 θ_0=0.0 并且 θ_1=0.0。克服之前提到的依赖问题的一个聪明的方法是在输入中添加 θ 作为附加列。一个简单的方法是创建一个 Scalding 作业，它完成以下操作。

- 读取输入数据集。

⊖ 像我们所描述的那样，使用固定学习率 α 运行随机梯度下降法的做法更常见，而也有方法是在算法运行时让学习速率缓慢降低到零，也可以确保参数将会收敛到全局最小值，而不是只在最低点附近摆动。

- 对于每行输入，对于每个（x，y），将 θ_0 和 θ_1 作为额外字段。
- 将结果写入 swapin.tsv 文件。

```
import com.twitter.scalding._
class LRInputJob(args: Args) extends Job(args) {

val input = Csv("in.csv", ",", ('x, 'y))
    .read

val init = input
    .map(('x, 'y) -> ('t0, 't1)){
      f : (Double, Double) =>
      val (x, y) = f
      (0.0, 0.0)
    }

    .write(Tsv("swapin.tsv"))
```

245

样本输出：这是预处理后的输入，如表 7-11 所示。

表 7-11　预处理后的输入

x	y	θ_0	θ_1	x	y	θ_0	θ_1
6.1101	17.592	0.0	0.0	8.3829	11.886	0.0	0.0
5.5277	9.1302	0.0	0.0	7.4764	4.3483	0.0	0.0
8.5186	13.662	0.0	0.0	8.5781	12	0.0	0.0
7.0032	11.854	0.0	0.0	6.4862	6.5987	0.0	0.0
5.8598	6.8233	0.0	0.0	5.0546	3.8166	0.0	0.0

步骤 2：既然设定了初始 θ 值，就需要设计一个程序使得第一个 Scalding 作业的输出是第二个作业的输入，……这意味着我们需要一个机制来交换输出和输入文件。仔细看看 `Job` 类的源代码，我们发现有两个函数可以执行：

- `clone` 方法

该方法的定义如下，可以看出 `clone` 方法接受用于启动新作业的参数。

```
def clone(nextargs: Args): Job
```

- `next` 方法

该方法的定义如下，我们实现这个方法，从而使得 Scalding 在当前作业之后运行一些其他作业（在此方法中定义）。理想情况下，可以将其用于清理操作。`next` 作业不会执行，直到当前作业顺利完成，安全地说，可以在发生任何错误的情况下轻松调试。

```
def next: Option[Job] = None
```

为了实现 swapfiles 机制，使用一个临时文件作为作业之间的缓冲。需要一个 tempFile 的原因是一个 `Source`（在这种情况下的 inputFile）不能是 `Sink`（outputFile）。它的工作原理是：

$$
\begin{aligned}
\text{inputFile} &= \text{tempFile} \\
\text{tempFile} &= \text{out putFile} \\
\text{out putFile} &= \text{inputFile}
\end{aligned}
$$

246

Scalding 代码段如下所示：

```
override def next: Option[Job] = {
    val nextArgs = args +
      ("input", Some(args("output"))) +
      ("temp", Some(args("output"))) +
      ("output", Some(args("temp")))

    Some(clone(nextArgs))
}
```

上面的代码虽然不能独立存在，但是能够说明如何才能使用 clone 方法和 next 方法来创建多个作业。以上代码交换文件一次。但线性回归包括一组需要达到最小值的迭代。为此，添加另一个命令行参数，叫作 JobCount。最初将此值设置为 MAX_ITERATIONS，当你复制下一个作业时，将 JobCount 减少 1，当 JobCount 为 0 时退出。

```
import com.twitter.scalding._
class SwapJob(args: Args) extends Job(args) {

val JOB_COUNT = args("jobCount").toInt

override def next: Option[Job] = {
    val nextArgs = args +
    ("input", Some(args("output"))) +
    ("temp", Some(args("output"))) +
    ("output", Some(args("temp"))) +
    ("jobCount", Some((JOB_COUNT - 1).toString))

    if ((JOB_COUNT > 1)) {
      Some(clone(nextArgs))
    }
    else {
      None
    }
}

    val input = Tsv(args("input"))
          .read
          .write(Tsv(args("output")))
  }
```

输出：可以观察到作业计数设置为 2，以创建两个作业，并完成了文件交换。

```
\$ ../scripts/scald.rb --local swapfiles.scala --input swapin.tsv \
    --output swapout.tsv --temp swaptemp.tsv --jobCount 2

INFO property.AppProps: using app.id: B7E22898CDF7439AAC94757FE477B0F0
INFO util.Version: Concurrent, Inc - Cascading 2.5.4
... starting
...  source: FileTap["TextDelimited[[UNKNOWN]->[ALL]]"]["swapin.tsv"]
...  sink: FileTap["TextDelimited[[UNKNOWN]->[ALL]]"]["swapout.tsv"]
...  parallel execution is enabled: true
...  starting jobs: 1
...  allocating threads: 1
... starting step: local
... starting
...  source: FileTap["TextDelimited[[UNKNOWN]->[ALL]]"]["swapout.tsv"]
...  sink: FileTap["TextDelimited[[UNKNOWN]->[ALL]]"]["swaptemp.tsv"]
...  parallel execution is enabled: true
```

247

```
...  starting jobs: 1
...  allocating threads: 1
... starting step: local
```

步骤 3：通过批处理梯度下降法来计算斜率和截距的 Scalding 完成初始化。首先，初始化一个继承 Job 类的 Scalding 作业。

```
import com.twitter.scalding._
class LRBGDJob(args: Args) extends Job(args) {

// Code Goes Here

}
```

步骤 4：结合之前解释过的 clone 和 next Job 方法实现。

```
import com.twitter.scalding._
class LRBGDJob(args: Args) extends Job(args) {
  val JOB_COUNT = args("jobCount").toInt

  override def next: Option[Job] = {
     val nextArgs = args + ("input", Some(args("output"))) +
     ("temp", Some(args("output"))) +
     ("output", Some(args("temp"))) +
     ("jobCount", Some((JOB_COUNT - 1).toString))

     if ((JOB_COUNT > 1)) {
       Some(clone(nextArgs))
     }
     else {
       None
     }
  }
}
```

步骤 5：读取输入，初始化字段 x, y, θ_0 和 θ_1。

248

```
import com.twitter.scalding._
class LRBGDJob(args: Args) extends Job(args) {
  val JOB_COUNT = args("jobCount").toInt

  override def next: Option[Job] = {
     val nextArgs = args + ("input", Some(args("output"))) +
     ("temp", Some(args("output"))) +
     ("output", Some(args("temp"))) +
     ("jobCount", Some((JOB_COUNT - 1).toString))

     if ((JOB_COUNT > 1)) {
       Some(clone(nextArgs))
     }
     else {
       None
     }
  }

  val input = Tsv(args("input"), ('x, 'y, 't0, 't1))
      .read
      .write(Tsv("Testout.tsv"))
}
```

步骤 6：计算预测与每对 (x, y) 的误差。

$$\text{prediction}=\theta_0+\theta_1 * x$$

$$\text{error}(\theta_0)=\text{prediction}-y$$

$$\text{error}(\theta_1)=(\text{prediction}-y) * x$$

代码如下：

```
import com.twitter.scalding._
class LRBGDJob(args: Args) extends Job(args) {
  val JOB_COUNT = args("jobCount").toInt

  override def next: Option[Job] = {
     val nextArgs = args + ("input", Some(args("output"))) +
     ("temp", Some(args("output"))) +
     ("output", Some(args("temp"))) +
     ("jobCount", Some((JOB_COUNT - 1).toString))

     if ((JOB_COUNT > 1)) {
       Some(clone(nextArgs))
     }
     else {
       None
     }
  }

  val input = Tsv(args("input"), ('x, 'y, 't0, 't1))
      .read

  val errors = input
      .map(('x, 'y, 't0, 't1) -> ('e1, 'e2)){
         f : (Double, Double, Double, Double) =>
         val (x, y, t0, t1) = f
         val prediction = (t0 + (t1 * x))
         val e1 = prediction - y
         val e2 = (prediction - y) * x
         (e1, e2)
      }
      .write(Tsv("lrerrors.tsv"))
}
```

249

输出：显示了 Error(θ_0) 和 Error(θ_1)。含 θ 误差的输出如表 7-12 所示。

表 7-12　含 θ 误差的输出

x	y	θ_0	θ_1	error(θ_0)	error(θ_1)
6.1101	17.592	0.0	0.0	−17.592	−107.4888792
5.5277	9.1302	0.0	0.0	−19.1302	−50.46900654
8.5186	13.662	0.0	0.0	−13.662	−116.3811132
7.0032	11.854	0.0	0.0	−11.854	−83.015932799
5.8598	6.8233	0.0	0.0	−6.8233	−39.98317334
8.3829	11.886	0.0	0.0	−11.886	−99.639149398
7.4764	4.3483	0.0	0.0	−4.3483	−32.50963012
8.5781	12	0.0	0.0	−12.0	−102.9371999
6.4862	6.5987	0.0	0.0	−6.5987	−42.80044004
5.0546	3.8166	0.0	0.0	−3.8166	−19.29138636

步骤 7：计算误差的总和。

$$\text{Sum}(\text{error}\theta_0)=\sum_{i=1}^{m}(y-h_\theta(x))$$

$$\text{Sum}(\text{error}\theta_1)=\sum_{i=1}^{m}(y-h_\theta(x))x_j$$

代码如下所示。在字段 'e1 和 'e2 上分别执行一个 groupAll 和 sum 操作。

```
import com.twitter.scalding._
class LRBGDJob(args: Args) extends Job(args) {
  val JOB_COUNT = args("jobCount").toInt

  override def next: Option[Job] = {
     val nextArgs = args + ("input", Some(args("output"))) +
     ("temp", Some(args("output"))) +
     ("output", Some(args("temp"))) +
     ("jobCount", Some((JOB_COUNT - 1).toString))

     if ((JOB_COUNT > 1)) {
       Some(clone(nextArgs))
     }
     else {
       None
     }
  }

  val input = Tsv(args("input"), ('x, 'y, 't0, 't1))
      .read

  val errors = input
      .map(('x, 'y, 't0, 't1) -> ('e1, 'e2)){
         f : (Double, Double, Double, Double) =>
         val (x, y, t0, t1) = f
         val prediction = (t0 + (t1 * x))
         val e1 = prediction - y
         val e2 = (prediction - y) * x
         (e1, e2)
      }

  val sums = errors
      .groupAll{
        _.sum[Double]('e1 -> 'se1)
        .sum[Double]('e2 -> 'se2)
      }
      .write(Tsv("sums.tsv"))
}
```

250

样本输出：表 7-13 所示是第一次迭代的输出。

表 7-13　第一次迭代的输出

sum(e1)	sum(e2)
−566.3960999999998	−6336.898425319003

步骤 8：需要使这个求和结果可用来执行 θ_0 和 θ_1 更新。

为了实现这一点，利用 Scaldings crossWithTiny 执行两个管道的叉乘。

```
import com.twitter.scalding._
```

```
class LRBGDJob(args: Args) extends Job(args) {
  val JOB_COUNT = args("jobCount").toInt

  override def next: Option[Job] = {
     val nextArgs = args + ("input", Some(args("output"))) +
     ("temp", Some(args("output"))) +
     ("output", Some(args("temp"))) +
     ("jobCount", Some((JOB_COUNT - 1).toString))

     if ((JOB_COUNT > 1)) {
       Some(clone(nextArgs))
     }
     else {
       None
     }
  }

  val input = Tsv(args("input"), ('x, 'y, 't0, 't1))
      .read

  val errors = input
      .map(('x, 'y, 't0, 't1) -> ('e1, 'e2)){
         f : (Double, Double, Double, Double) =>
         val (x, y, t0, t1) = f
         val prediction = (t0 + (t1 * x))
         val e1 = prediction - y
         val e2 = (prediction - y) * x
         (e1, e2)
      }

  val sums = errors
      .groupAll{
        _.sum[Double]('e1 -> 'se1)
        .sum[Double]('e2 -> 'se2)
      }
 val errorswithsum = errors
      .crossWithTiny(sums)
      .write(Tsv("errorswithsum.tsv"))
}
```

[251]

样本输出：添加新的字段 'se1 和 'se2 到 outputFile 中。含有 θ 误差总和的输出如表 7-14 所示。

表 7-14　含有 θ 误差总和的输出

x	y	θ_0	θ_1	θ_0 误差	θ_1 误差	θ_0 误差总和	θ_1 误差总和
6.1101	17.592	0.0	0.0	−17.592	−107.4888792	−566.39609998	−6336.8984253
5.5277	9.1302	0.0	0.0	−9.1302	−50.46900654	−566.39609998	−6336.8984253
8.5186	13.662	0.0	0.0	−13.662	−116.3811132	−566.39609998	−6336.8984253
7.0032	11.854	0.0	0.0	−11.854	−83.015932799	−566.3960998	−6336.8984253
5.8598	6.8233	0.0	0.0	−6.8233	−39.98317334	−566.39609998	−6336.8984253
8.3829	11.886	0.0	0.0	−11.886	−99.639149398	−566.3960998	−6336.8984253
7.4764	4.3483	0.0	0.0	−4.3483	−32.50963012	−566.39609998	−6336.8984253
8.5781	12	0.0	0.0	−12.0	−102.9371999	−566.39609998	−6336.8984253
6.4862	6.5987	0.0	0.0	−6.5987	−42.80044004	−566.39609999	−6336.8984253
5.0546	3.8166	0.0	0.0	−3.8166	−19.29138636	−566.39609999	−6336.8984253

[252]

步骤 9：更新 θ_0 和 θ_1：

$$\theta_0=\theta_0-\alpha\cdot\frac{1}{m}\cdot\sum_{i=1}^{m}(y-h_\theta(x))$$
$$\theta_1=\theta_1-\alpha\cdot\frac{1}{m}\cdot\sum_{i=1}^{m}(y-h_\theta(x))\cdot x$$

```
import com.twitter.scalding._
class LRBGDJob(args: Args) extends Job(args) {
  val JOB_COUNT = args("jobCount").toInt

  override def next: Option[Job] = {
     val nextArgs = args + ("input", Some(args("output"))) +
     ("temp", Some(args("output"))) +
     ("output", Some(args("temp"))) +
     ("jobCount", Some((JOB_COUNT - 1).toString))

     if ((JOB_COUNT > 1)) {
       Some(clone(nextArgs))
     }
     else {
       None
     }
  }

  val input = Tsv(args("input"), ('x, 'y, 't0, 't1))
      .read

  val errors = input
      .map(('x, 'y, 't0, 't1) -> ('e1, 'e2)){
         f : (Double, Double, Double, Double) =>
         val (x, y, t0, t1) = f
         val prediction = (t0 + (t1 * x))
         val e1 = prediction - y
         val e2 = (prediction - y) * x
         (e1, e2)
      }

  val sums = errors
      .groupAll{
        _.sum[Double]('e1 -> 'se1)
        .sum[Double]('e2 -> 'se2)
      }
 val errorswithsum = errors
      .crossWithTiny(sums)

}
 val newthetas = errorswithsum
     .map(('t0, 't1, 'se1, 'se2) -> ('nt0, 'nt1)){
       f : (Double, Double, Double, Double) =>
       val(t0, t1, se1, se2) = f
       val nt0 = t0 - (0.01) * (1.0 / 97) * se1
       val nt1 = t1 - (0.01) * (1.0 / 97) * se2
       (nt0, nt1)
     }
     .project('x, 'y, 'nt0, 'nt1)
     .write(Tsv(args("output")))
```

253

输出：查看输出文件，观察列 θ_0 和 θ_1 来求值。

```
\$ ../scripts/scald.rb --local LRBGDJob.scala --input swapin.tsv
    --output swapout.tsv --temp swaptemp.tsv --jobCount 4250

-3.8957808783118333 1.1930336441895903
```

7.2.6 梯度下降法的 Spark 实现

Spark 非常适合需要像在有依赖关系的线性回归中分发和执行迭代的应用程序。

步骤 1：初始化 SparkContext 和 Spark 相关配置。SparkContext 作为 spark 引擎的入口点。它提供了几个构造和方法来简化创建，在内存中操纵大型数据。在 Spark 中编程非常类似于 Scala 编程，定义一个 Object 和一个主函数并开始执行。

```
import org.apache.spark.SparkContext
import org.apache.spark.SparkContext._
import org.apache.spark.SparkConf

object BGD {
    def main(args: Array[String]) {
      val conf = new SparkConf()
           .setAppName("Simple Application")
      val sc = new SparkContext(conf)
    }
}
```

步骤 2：使用 SparkContext 的 `textFile` 方法读取输入。这个命令的 API 接受 inputFile 的路径并返回一个 RDD（弹性分布式数据集），可以在其上执行操作。

```
textFile(path: String,
         minSplits: Int = defaultMinSplits): RDD[String]
```

254

```
import org.apache.spark.SparkContext
import org.apache.spark.SparkContext._
import org.apache.spark.SparkConf

object BGD {
  def main(args: Array[String]) {
    val conf = new SparkConf()
         .setAppName("Simple Application")
    val sc = new SparkContext(conf)
    val input = sc.textFile("in.txt")
  }
}
```

步骤 3：输入预处理，使其可用于后续计算。映射输入从而使得 inputFile 中的每一行都被','分割，并且将结果数组另存为元组。

```
object BGD {
  def main(args: Array[String]) {
    val conf = new SparkConf()
        .setAppName("Simple Application")
    val sc = new SparkContext(conf)
    val input = sc.textFile("in.txt")

    val xy = input
        .map( line => {
            val parts = line.split(',')
```

```
            (parts(0).toDouble, parts(1).toDouble)
        })
    }
}
```

样本输出：显示了 (x, y) 元组的数组。

```
 WARN NativeCodeLoader: Unable to load native-hadoop
library for your platform...
WARN LoadSnappy: Snappy native library not loaded
 INFO FileInputFormat: Total input paths to process : 1
INFO SparkContext: Starting job: collect at <console>:17
.
.
.
INFO DAGScheduler: Stage 0 (collect at <console>:17)
finished in 0.159 s
INFO SparkContext: Job finished:
collect at <console>:17, took 0.275020439 s
res0: Array[(Double, Double)] = Array((6.1101,17.592),
 (5.5277,9.1302), (8.5186,13.662), (7.0032,11.854),
 (5.8598,6.8233), (8.3829,11.886), (7.4764,4.3483),
 (8.5781,12.0), (6.4862,6.5987), (5.0546,3.8166),
 (5.7107,3.2522), (14.164,15.505), (5.734,3.1551),
(8.4084,7.2258), (5.6407,0.71618), (5.3794,3.5129),
(6.3654,5.3048), (5.1301,0.56077),
(6.4296,3.6518), (7.0708,5.3893), (6.1891,3.1386),
(20.27,21.767), (5.4901,4.263), (6.3261,5.1875),
(5.5649,3.0825), (18.945,22.638), (12.828,13.501),
(10.957,7.0467), (13.176,14.692), (22.203,24.147),
(5.2524,-1.22), (6.5894,5.9966), (9.2482,12.134),
(5.8918,1.8495), (8.2111,6.5426), (7.9334,4.5623), . . .
```

255

步骤 4：设置初始 θ_0 和 θ_1 为 0.0，并求输入的大小。

```
object BGD {
  def main(args: Array[String]) {
    val conf = new SparkConf()
        .setAppName("Simple Application")
    val sc = new SparkContext(conf)
    val input = sc.textFile("in.txt")

    val xy = input
        .map( line => {
            val parts = line.split(',')
            (parts(0).toDouble, parts(1).toDouble)
        })

    var m = input.count().toDouble

    var theta0 : Double = 0.0
    var theta1 : Double = 0.0

    var e1sum : Double = 0.0
    var e2sum : Double = 0.0
  }
}
```

步骤 5：由于 Spark 是一个内存中的处理平台，因此它正在邀请我们写一个简单的 for 循环来执行回归。更新 θ 值发生在循环内部。

$$\text{Sum}(\text{error}\theta_0)=\sum_{i=1}^{m}(y-h_\theta(x))$$

$$\text{Sum}(\text{error}\theta_1)=\sum_{i=1}^{m}(y-h_\theta(x))x_j$$

使用下列代码段实现 sum(errorθ_0)：

```
e1sum = xy.map( line => {
      var prediction s= theta0 + theta1 * line._1
      var diff = prediction - line._2
      (diff)
    }).sum()
```

使用下列代码片段实现 sum(errorθ_1)：

256

```
e2sum = xy.map( line => {
    var prediction = theta0 + theta1 * line._1
    var diff = (prediction - line._2) * line._1
    (diff)
}).sum()
```

更新 θ':

```
theta0 = theta0 - 0.01 * ( 1.0 / m ) * e1sum
theta1 = theta1 - 0.01 * ( 1.0 / m ) * e2sum
```

将所有这些代码插入一个 for 循环遍历中，被选的数字用于 θ' 的收敛。

```
object BGD {
  def main(args: Array[String]) {
    val conf = new SparkConf()
        .setAppName("Simple Application")
    val sc = new SparkContext(conf)
    val input = sc.textFile("in.txt")

    val xy = input
        .map( line => {
            val parts = line.split(',')
            (parts(0).toDouble, parts(1).toDouble)
        })

    var m = input.count().toDouble

    var theta0 : Double = 0.0
    var theta1 : Double = 0.0

    var e1sum : Double = 0.0
    var e2sum : Double = 0.0

    for( i <- 1 to 4250){
      e1sum = xy.map(
        line => {
          var prediction = theta0 + theta1 * line._1
          var diff = prediction - line._2
          (diff)
        }).sum()

      e2sum = xy.map(
        line => {
          var prediction = theta0 + theta1 * line._1
          var diff = (prediction - line._2) * line._1
```

```
          (diff)
        }).sum()
      theta0 = theta0 - 0.01 * ( 1.0 / m ) * e1sum
      theta1 = theta1 - 0.01 * ( 1.0 / m ) * e2sum
    }
    println(theta0, theta1)
  }
}
```

257

输出：执行以下命令将在 Spark 引擎中运行上述代码：

```
sbt package
../bin/spark-submit --class "BGD" --master <path/to/spark/master> \
 target/scala-2.10/bgd.jar
```

-3.8957808783118333 1.1930336441895903

使用本章前面提到的 R 代码绘制图形：

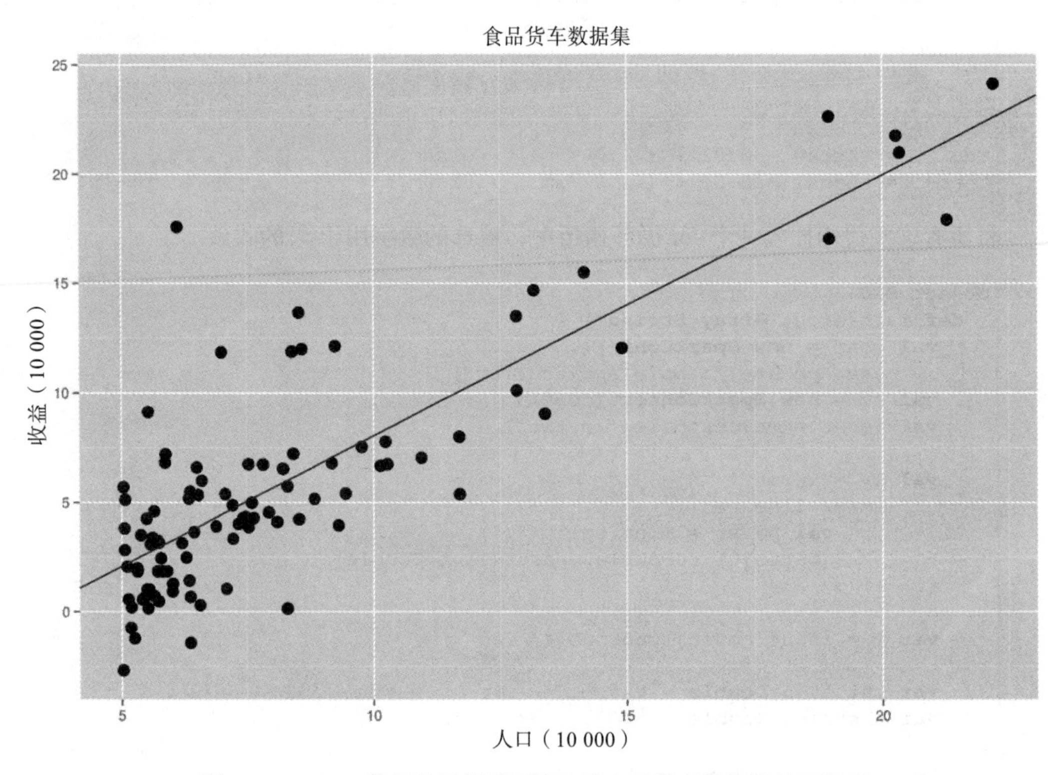

图 7-6　Spark：使用批量梯度下降法的食品货车数据集的回归线

问题

7.1　在本书的 github 库中的 Linear Regression 部分的 problemset.txt 中使用数据集确定如下关系：

(a) 大学 GPA 和高中 GPA 之间的关系。

(b) 数学 SAT 分数、口语 SAT 分数与大学 GPA 之间的关系。

258

7.2　本章实现了批量梯度下降法，但由于明显的原因它不可扩展。可扩展版本在理论上称为随机梯度下降法（SGD）。你的任务是修改这里提供的代码，在 Scalding 和 Spark 中实现 SGD 算法。

参考文献

1. Armstrong, J. Scott (2012). "Illusions in Regression Analysis". International Journal of Forecasting (forthcoming) 28 (3): 689.
2. *Cascading Pipes* http://docs.cascading.org/cascading/1.2/javadoc/cascading/pipe/Pipe.html
3. Bartlett, G., Stewart, J. D., Tamblyn, R., & Abrahamowicz, M. (1998). *Normal distributions of thermal and vibration sensory thresholds*. Muscle & nerve, 21(3), 367-374.
4. Rencher, Alvin C., and William F. Christensen. *Methods of multivariate analysis*. Vol. 709. John Wiley & Sons, 2012.

259
~
260

第 8 章

案例研究Ⅳ：使用 Scalding 和 Spark 实现推荐系统

推荐系统是基于某些假设给用户推荐物品的软件工具 [1] [2]。这里的物品是指系统推荐给用户的一个实体，相应地，推荐系统的设计、GUI、推荐技术取决于讨论中具体的物品类型。

推荐系统针对缺乏区分在网络上发现的许多物品的经验的用户。例如，在销售图书的热门网站中，比如亚马逊，推荐系统用于向用户推荐书籍。推荐是多样的，并且对用户是个性化的 [3]。有更简单的但不具有个性化的推荐，比如书籍或 CD 的前 10 名。虽然这些推荐是有用的，但它们在推荐系统研究中并不重要。

8.1 推荐系统

推荐通常以物品排名列表的形式呈现。这些物品的排名基于用户的偏好和其他约束。计算排名时，系统或者明确地通过产品的评分来获取用户的偏好，或隐含地将用户在产品页面上的行为和轨迹作为用户偏好的标志。

在购买或使用资源时依靠他人提供的推荐是一种常见的做法。推荐系统产生于这种做法 [4] [5]。在招聘员工时依靠推荐信，同行的建议对决定阅读什么书籍是很常见的，电影评论在选择一部电影中是很重要的。协同过滤是推荐系统中使用的策略，它取决于来自一组与当前活跃用户具有相似品味的人所推荐的物品，如果用户接受此推荐，那么未来来自这组人的任何推荐都是相关的。推荐系统模仿此行为，对一个活跃的用户使用依据社区用户进行推荐的算法。

261

由于电子商务在因特网上的爆炸性增长，用户被网上五花八门的选择所淹没，导致他们做出不好的决定 [6]。推荐系统用于处理这些信息过载问题。推荐系统通过给用户指定与用户当前任务可能相关但用户缺乏相关经验的物品来解决这一问题。推荐系统在提供推荐时使用各种标准，比如用户上下文、需求和通过用户隐含的反馈所捕获的一些数据。这些数据存储在推荐系统数据库中，并用于进一步的推荐引擎和推荐物品。

8.1.1　目标

改进上述定义以深入了解推荐系统可以扮演的角色范围是很重要的。我们需要区分推荐系统的角色和系统的用户。例如，像 Expedia.com 这样的旅游中介机构使用推荐系统来增加酒店房间的预订量，增加到目的地的游客数量，而用户使用推荐系统 [7] 想要在目的地找到合适的酒店和有趣的景点。服务提供商想要利用这个系统存在着各种原因：

1. 增加销售的物品数量
2. 提高用户满意度
3. 增加用户忠诚度
4. 出售不同的物品
5. 了解用户需求

上述动机使得更多的电子商务供应商采用推荐系统作为自己的核心业务。如果可以满足用户的需求，用户也需要推荐系统。找到用户和商家两者之间的平衡，并能够给两者提供有价值的服务是很重要的。

有很多方法可以使用推荐系统，最明显的是向用户推荐有用的物品。其他方法感觉起来更具有机会性 [8]，例如，搜索引擎也是一种推荐系统，用于定位文件和用户需求 / 查询相关的文档。该系统还可用于检查网页的重要性，在网页集合中发现单词组合和单词使用情况等。提供给用户一组推荐物品排名列表，以及一些关于每个物品与用户喜好相关程度的预测。给定上下文，强调用户长期的兴趣，例如，电视推荐系统可能在节目表中标记用户偏爱的电视节目。推荐一系列物品而不是仅仅推荐一个满足需求的最好的物品，可以提高用户体验，例如，基于用户查询推荐一组相同类型的音乐序列。推荐一组效果不错的物品，而不是一个单独的物品，例如，计划一场旅行将包括按照时间仔细选择目的地和各种住宿方式。用户可能浏览物品而无意购买，目录需要呈现与用户兴趣相互匹配的物品，推荐必须落在用户兴趣的范围内 [9]。有时推荐系统不能提供可靠的良好的推荐，除了获得建议之外，一些系统还提供测试系统行为的功能。系统必须允许用户更新他们的兴趣、喜恶。这在提供个性化的推荐时至关重要，如果系统没有了解用户的特定兴趣，就提供给用户类似于“平均”用户的推荐。有些用户可能不关心这些推荐，并且可能想要改善系统。系统能够给那些想要通过评分、评论等表达自己兴趣的用户提供方案是很重要的，这有助于维护用户忠诚度并且收集的信息在很大程度上有助于系统效率的提升。推荐系统也可能被恶意用户欺骗，这类用户经常影响特定的物品，一些物品由于恶意的原因评价较低。系统应该考虑这些评分。

262

8.1.2　推荐系统的数据源

推荐系统主要是信息处理系统，它们收集有关物品的各种信息以建立推荐。数据通常关于物品和用户。这个数据是否可以利用取决于所使用的推荐技术。一般来说，有知识独立的推荐技术，例如基于用户评分的基本推荐，这仅仅是一个数据查询列表。一些推荐技术是知识依赖的，例如，使用用户的社会互动。

推荐系统使用的数据通常有三种：*物品*、*用户*和*事务*。

*物品*是推荐的对象。物品的特点是价值、效用和复杂性。根据用户的使用情况，该物品的值为正或负。影响推荐物品的成本有两种。搜索物品的*认知成本*（Cognitive Cost）和物品本身的*货币成本*（Monetory Cost）。例如，搜索新闻就是认知相关的，即使用户没有购买新闻。如果选择这条新闻，那么成本就由获取这条新闻的好处所主导，但是如果该物品被拒绝，那么这个物品 / 新闻片段的净值对于该用户为负。在汽车、金融投资方面，实际货物成本用于推荐。在复杂的物品（比如电影推荐系统）中，流派（喜剧、动作等），以及导演和演员用来学习电影如何依赖于其特征[10]。

用户可能有不同的目标和特点。捕获一系列关于用户的数据点以提供个性化推荐。这个信息可以根据所使用的推荐技术以各种方式进行结构化。在协同过滤方法中，把用户另存为一个包含用户对不同物品评分的列表。在一个依赖人口统计的推荐系统中，对年龄、性别、职业和教育信息进行建模[11]。推荐系统也可以定义为基于用户模型生成建议的工具，个性化推荐不可能不需要用户模型[12]。也可以通过用户的行为模式进行建模，例如网站浏览历史、旅游搜索历史等[13]。此外，还可以捕获不同用户的信任级别，以便可以基于受信任的用户做出推荐。

事务表明了用户和推荐系统之间记录的交互信息。它们是类似日志的，存储有关交互的重要信息，例如，它可以包含所选择的物品和推荐的上下文（例如，查询）。事务还可以包括类似物品评分的反馈。这些信息可以通过多种方式捕获，下面给出一些例子[14]。

- 数字评分，比如使用星的个数的系统，例如，亚马逊 5 星级表示最高评分。
- 意见评分，如强烈同意，同意，中立，不同意，强烈不同意。
- 二进制评分，通过用户是否喜欢一个物品进行建模。
- 一般评分表示用户是否观察、购买或评估了一个物品。如果缺失，则认为该用户和该物品之间没有关系。

在收集隐性评分的时候，系统的目的是基于用户的交互观察观点。例如，如果用户查询“分布式系统”，则 Amazon 会提供与查询匹配的商品列表。如果选择其中的一个物品来查看更多信息，那么我们可以假设用户对这样一个商品感兴趣。在基于事务的系统中，推荐系统收集许多请求 – 响应，并从这些数据中学习，以提供更好的未来响应。

8.1.3 推荐系统中使用的技术

在确定有用的物品之前，推荐系统必须预测每个物品的价值。预测价值意味着确定每个物品的效用或者比较物品之间的效用，然后使用比较结果进行推荐。预测步骤可能明确地不是算法的一部分，但仍然可以广泛用于物品推荐。例如，当缺少有关用户偏好的信息时，为了给用户推荐歌曲，可以给用户选择一首流行的并且有着高效用的歌曲，而不是随机的歌曲。这将被大多数用户接受。一些基于知识的系统通过应用某些启发式规则对物品的效用做出假设，从而提供推荐。物品的效用可以是布尔值，因此系统将确定该物品是否有用。如果有一些关于用户、物品和其他以前接受过推荐的用户的一些知识，系统将利用这些知识并使用合适的算法来生成各种预测 [2]。

对一个用户来说，物品的效用也可以依赖于其他变量，通常称为“上下文”[15]，例如，用户的领域知识，用户请求的时间，基于位置的请求。推荐需要适应这些额外的细节，并且自然地，推荐想要实现正确的估计就变得越来越难。

基于内容：这里基于物品之间特征的相似性度量来推荐物品。例如，如果用户对一个喜剧类别的电影进行了正面评价，系统就可以学习来推荐这种类型的其他电影。基于内容的推荐引擎分析用户对物品的相关文档和描述的评分，围绕用户评分的物品的特征构建模型。推荐过程通常是将用户属性与内容属性相匹配的方式。如果模型准确地反映了用户偏好，那么评估信息访问的有效性是很重要的。基于内容的系统概述包括以下几部分。

- **分析器**：提取结构化或相关信息的预处理步骤。通过特征提取技术分析数据项，并将信息从原始格式转换为目标格式。例如将文件转换为关键字向量。
- **学习器**：该组件通过概括用户偏好数据来构建模型。机器学习采用泛化技术 [16] 通过查看用户是否喜欢一些物品来开发用户兴趣模型。
- **过滤器**：该组件将用户模型与物品相匹配，并推荐相关物品。相似性指标用于判断，得到了相关物品的排名列表。

基于内容的系统的优点如下。

265

- *用户依赖性*：它主要依赖于活跃用户提供的评分建立一个模型。而在协同过滤中，推荐使用“最近邻”原则，有着类似品味评分的用户会被推荐。
- *透明度*：推荐系统的工作可以通过列出创建模型时使用的特征来确定。这些特征指示了系统的可靠因素。
- *新物品*：它们可以在没有任何评分的情况下推荐物品，而协同过滤方法需要处理首次评价问题。

缺点如下。

- *有限分析*：可用于推荐的属性数量是有限的，领域知识对于有效的推荐很重要。当特征较少难以区分物品时，基于内容的系统很难提供推荐。它不能单独用来提供一个很好的推荐，因为除了物品的特征以外，还存在其他影响推荐的特征。
- *超专业化*：推荐的物品通常是评分很高的物品，无关用户偏好。这导致推荐缺乏新颖性，推荐通常是有最高评分的物品。
- *新用户*：在系统提供良好的推荐之前，需要收集足够的评分数据，否则不可能提供可靠的推荐。

协同过滤：此方法向活跃用户推荐和他们兴趣相似的用户在过去喜欢的物品。确定相似性的简单方法是通过用户的评分历史的相似性来判断。有时也称为“人对人”相关性，这是最受欢迎的推荐系统技术之一。这种方法的假设是如果 u 和 v 都已经用类似的方式对物品进行评分，用户 u 对新事物 i 的评分类似于另一个用户 v 对事物 i 的评分。

协同过滤解决了基于内容系统的缺点，对于那些难以获取细节的物品，如果有用户提供了这些物品的反馈，仍然可以推荐它们。这取决于由其他用户评价的物品的质量，而不是物品的内容。协同过滤方法可以广泛地分为两类：近邻和模型方法。在基于领域的模型中，也称为基于启发式或基于记忆（memory-based），可以从用户 - 物品评分上直接进行预测。例如，Grouplens[17]，用户 *u* 对物品 *i* 的兴趣可以使用其他有着相似评分历史的用户——邻居的评分进行评估。这称为基于用户的邻域方法。在基于物品的邻域方法中，用户 *u* 评估物品 *i* 的评分根据用户 *u* 对于相似物品的评分模式进行预测。如果用户以相同的方式对两个物品进行了评分，这两个物品就是相似的 [18]。

266

在基于模型的方法中，评分直接用于预测模型的学习过程。一般的做法是对用户和物品的特征进行建模，比如用户偏好和物品类别。有许多基于模型的方法，如贝叶斯聚类 [19]，隐语义分析 [20]，最大熵 [21] 等。

人口统计：用户的人口统计资料对于这些类型的系统至关重要，这些资料为不同的人口统计类别提供了不同的推荐。例如，根据用户的语言或国家，把用户引导到相应网站，根据用户的年龄进一步改进推荐。虽然这些方法已经与其他技术一起使用，但很少有研究在人口统计相关的推荐系统中进行 [22]。

基于知识：物品的推荐基于特定的领域信息，这些信息体现了物品如何满足用户的需求。这些都是基于案例的 [23]。相似度函数评估了用户需求和物品推荐之间的匹配程度。另一类基于知识的推荐系统根据所使用的知识，类似于基于案例的系统，但是不同之处在于解决方案如何计算。提供显式规则来确定物品的特征与用户偏好的相关程度。他们在开始时表现良好，但如果去掉了规则，效果就会下降。

基于社区：这种推荐系统使用与用户相关的圈子 / 朋友的偏好来进行物品推荐。很明显，人们往往相信由他们的朋友提供的推荐，而不是陌生人 [24]。随着像 Facebook 这样的社交网络越来越受欢迎，Facebook 已经增加了基于社区的系统的使用。这类系统依赖于活跃用户的社会关系和用户的朋友的喜好。社交网络的兴起已经缓解了这些系统中的数据收集问题。这个领域还处在新生状态，在这个意义上，使用这些系统的结果是混合的，结果显示除了物品评分很高的情况以外，这种系统不比传统的推荐系统更好。传统的推荐系统以及社交网络数据可以产生更好的结果 [25]。

8.2　实现细节

在这里，我们使用 Scalding 和 Spark 在电影数据集上实现基于物品的推荐系统，根据类似的评分来推荐电影。

267

数据集　我们选择 MovieLens 数据集 [28]。该数据集包含两个文件。

- ua.base：数据是随机排序的。这是制表符分隔的列表：用户 id | 物品 id | 评分 | 时间戳。时间戳是 UNIX 系统从 1970 年 1 月 1 日 UTC 起经过的秒数。
- u.item ：该文件包含由“|”分隔的记录。记录是：电影 id | 电影名称 | 发布日期 | 视

频发布日期 | IMDb URL | 未知 | 动作 | 冒险 | 动画 | 儿童 | 喜剧 | 犯罪 | 纪录片 | 戏剧 | 幻想 | 黑色电影 | 恐怖 | 音乐 | 神秘 | 浪漫 | 科幻 | 惊悚 | 战争 | 西方。最后的 19 个字段是流派，1 表示电影是这样类型的，0 表示该电影不属于相应类型。

ua.base 包括 `userID`，`movieID` 和 rating，u.item 包括 `movieID` 和 `movieName`。我们已经将 Movielens 数据集划分为仅包含 `movie id` 和 `movie title` 的格式。Movielens 数据集的样本数据如表 8-1、表 8-2 所示。

268

表 8-1　u.item 数据集：Movie ID 和 Movie Title

Movie ID	Movie Title	Movie ID	Movie Title
1	Toy Story(1995)	9	Dead Man Walking(1995)
2	GoldenEye(1995)	10	Richard III(1995)
3	Four Rooms(1995)	11	Seven(Se7en)(1995)
4	Get Shorty(1995)	12	Usual Suspects, The(1995)
5	Copycat(1995)	13	Mighty Aphrodite(1995)
6	Shanghai Triad(1995)	14	Postino, II(1994)
7	Twelve Monkeys(1995)	15	Mr. Holland's Opus(1995)
8	Babe(1995)		

表 8-2　ua.base 数据集

user ID	Movie ID	评　分	时　间　戳	user ID	Movie ID	评　分	时　间　戳
1	1	5	874965758	1	9	5	878543541
1	2	3	876893171	1	10	3	875693118
1	3	4	878542960	1	11	2	875072262
1	4	3	876893119	1	12	5	878542960
1	5	3	889751712	1	13	5	875071805
1	6	5	887431973	1	14	5	874965706
1	7	4	875071561	1	15	5	875071608
1	8	1	875072484				

概念：想象一下，你是一个在线电影业的所有者，你想根据用户的喜好生成电影推荐。你引入了一个评分系统（1～5 星）。我们使用这些评分作为用户偏好，并且用户与电影的关系用于未来的电影推荐。

你想要计算出电影的相似度，或者如果一个用户看过电影《狮子王》，是否你可以推荐他 / 她看《玩具总动员》。我们如何确定两个实体之间的相似性？

解决方案：相关性。

- 对于每一对电影 A 和 B，都可以找到所有给 A 和 B 评分的人。
- 使用这些评分建立电影 A 的向量和电影 B 的向量。
- 计算两个向量之间的相关性。
- 每当有人观看一部特定的已评分的电影，你就可以推荐一部与之密切相关的新电影。

8.2.1 Spark 实现

Spark 项目的初始化：为了编译和执行基于 Spark 的程序，你需要创建一个 Spark 项目。步骤如下。

269

- 创建一个 src/main/scala 的目录结构。
- 创建一个 project-name.sbt 文件，也称为 scala 构建文件，它用于声明项目依赖关系，跟踪项目版本等。
- 在早期创建的 scala 文件夹路径中创建 Scala Spark 类。
- 使用 sbt package 命令来编译和构建项目。
- 使用以下代码示例将程序提交到 Spark 集群 master。

```
spark-submit --class <Class-Name> --master <cluster Url>
 <path/to/project.jar>
```

  - 使用你在程序中使用的 Spark 类名替换 <Class-Name>。
  - 使用 Spark Master 的路径和端口替换 cluster Url，通常它为 spark://hostname:7077。
  - path/to/project.jar 通常由 jar 包 target/scala-2.10/project.jar 代替。

步骤 1：创建 Spark Configuration 和作为 Spark 引擎输入点的 Spark Context。Spark Context 提供了执行 Spark 相关操作所需的基本 API。

```
import org.apache.spark.SparkContext
import org.apache.spark.SparkContext._
import org.apache.spark.SparkConf

object Recommend {
    def main(args: Array[String]) {
      val conf = new SparkConf()
           .setAppName("RecommendMovies")
      val sc = new SparkContext(conf)
    }
}
```

步骤 2：读取数据集 u.item，它包含关于电影及其类型的由制表符分隔的信息，请参考表 8-1。

输入在 \t 上进行拆分，从而获取元组（MovieId，MovieTitle）。

```
import org.apache.spark.SparkContext
import org.apache.spark.SparkContext._
import org.apache.spark.SparkConf

object Recommend {
    def main(args: Array[String]) {
      val conf = new SparkConf()
           .setAppName("RecommendMovies")

      val sc = new SparkContext(conf)

      val movies = sc.textFile("u.item")
          .map(line => {
```

270

```
            val fields = line.split("\t")
            (fields(0).toInt, fields(1))
          })
    }
}
```

步骤 3：收集由步骤 2 中获得的元组数组，作为未来基于 MovieId 的映射，以返回 MovieTitle。这将用于在相似度计算后优雅地输出。

使用 Spark API `collectAsMap()`。API 定义如下所示：

```
def collectAsMap(): Map[K, V]
```

`collectAsMap` 返回一个 HashMap[K,V]，其中 `K` 是 `MovieId`，`V` 是 `MovieTitle`。

```
import org.apache.spark.SparkContext
import org.apache.spark.SparkContext._
import org.apache.spark.SparkConf

object Recommend {
    def main(args: Array[String]) {
      val conf = new SparkConf()
           .setAppName("RecommendMovies")

      val sc = new SparkContext(conf)

      val movies = sc.textFile("u.item")
          .map(line => {
            val fields = line.split("\t")
            (fields(0).toInt, fields(1))
          })

      val moviesName = movies.collectAsMap()

    }
}
```

步骤 4：读取 `ua.base` 数据集并提取 `userID`、`MovieID` 和 `rating` 字段。　271

把输入读取为字符串，因此需要转换为算术表达式的整数值。

```
import org.apache.spark.SparkContext
import org.apache.spark.SparkContext._
import org.apache.spark.SparkConf

object Recommend {
  def main(args: Array[String]) {
    val conf = new SparkConf()
        .setAppName("RecommendMovies")

    val sc = new SparkContext(conf)

    val movies = sc.textFile("u.item")
      .map(line => {
        val fields = line.split("\t")
        (fields(0).toInt, fields(1))
      })

    val moviesName = movies.collectAsMap()
```

```
    val ratings = sc.textFile("ua.base")
     .map(line => {
       val fields = line.split("\t")
       (fields(0).toInt,
       fields(1).toInt,
       fields(2).toInt)
     })
  }
}
```

步骤 5：计算每部电影的评分数量。movieID 是键，并且 numRaters 是值。

使用 groupBy Spark API，它具有以下定义，它返回一个分组物品的 RDD，其中每个组都包含一个键和映射到该键的值序列。在该例子中，Key 是 movieID，而值自然就是 rating。

```
def groupBy[K](f: T => K): RDD[(K, Iterable[T])]
```

一旦我们通过过去的语句得到了下面的排列（movieID，[$rating_1$，$rating_2$，…，$rating_n$]），

272 我们就需要找到映射到 movieID 的 Value 向量的大小。

我们使用 Spark map API 迭代每个电影分组，并找到与它相关的评分向量的大小。

```
ratings.map(grouped => (grouped._1, grouped._2.size))
```

代码如下：

```
import org.apache.spark.SparkContext
import org.apache.spark.SparkContext._
import org.apache.spark.SparkConf

object Recommend {
  def main(args: Array[String]) {
    val conf = new SparkConf()
       .setAppName("RecommendMovies")

    val sc = new SparkContext(conf)

    val movies = sc.textFile("u.item")
          .map(line => {
            val fields = line.split("\t")
            (fields(0).toInt, fields(1))
          })

    val moviesName = movies.collectAsMap()

    val ratings = sc.textFile("ua.base")
      .map(line => {
        val fields = line.split("\t")
        (fields(0).toInt,
        fields(1).toInt,
        fields(2).toInt)
      })

   val numRatersPerMovie = ratings
     .groupBy(tup => tup._2)
     .map(grouped =>
            (grouped._1,
            grouped._2.size))
```

```
      .saveAsTextFile("numRatersPerMovie.txt")
  }
}
```

273

样本输出：包含 movieId 和 numRaters。

表 8-3　movieId 和 numRaters 元组

元组 (movieId, numRaters)	元组 (movieId, numRaters)
(1084, 17)	(464, 26)
(454, 13)	(14, 161)
(1410, 4)	(466, 49)
(772, 46)	(1040, 22)
(752, 36)	(912, 7)
(586, 32)	(1338, 4)
(428, 115)	(1494, 1)
(1328, 6)	(1336, 9)

步骤 6：现在我们已经计算出每部电影的评分数，我们需要将其添加到原始电影评分列表中。在 movieID 上执行 join 操作。

Spark join API 定义如下所示：通过 this RDD 和 other RDD 中匹配的键，它返回一个包含所有元素对的 RDD。每对元素将作为（k，（v_1，v_2））元组返回，其中（k，v_1）在 *this* 中，（k，v_2）在 other 中。使用给定的分区器来分区输出 RDD。

```
def join[W](other: RDD[(K, W)],
        partitioner: Partitioner): RDD[(K, (V, W))]
```

一旦我们获得了连接后的结果，我们就需要对结果进行平坦化（flatten），以便我们有清晰、明确的字段用于进一步计算。为此，Spark 提供了一个 flatMap API。

它首先在所有元素上应用一个函数，然后对结果进行平坦化来返回一个 RDD。

```
def flatMap[U: ClassTag]
                (f: T => TraversableOnce[U]): RDD[U]
```

flatMap 中的函数是所选字段的简单投影。选择的字段是 userID、movieID、rating、numOfRatings。

```
import org.apache.spark.SparkContext
import org.apache.spark.SparkContext._
import org.apache.spark.SparkConf

object Recommend {
  def main(args: Array[String]) {
    val conf = new SparkConf()
        .setAppName("RecommendMovies")

    val sc = new SparkContext(conf)

    val movies = sc.textFile("u.item")
      .map(line => {
```

274

```
        val fields = line.split("\t")
        (fields(0).toInt, fields(1))
      })

    val moviesName = movies.collectAsMap()

    val ratings = sc.textFile("ua.base")
      .map(line => {
        val fields = line.split("\t")
        (fields(0).toInt,
        fields(1).toInt,
        fields(2).toInt)
      })

   val numRatersPerMovie = ratings
      .groupBy(tup => tup._2)
      .map(grouped =>
            (grouped._1,
            grouped._2.size))

   val ratingsWithSize = ratings
      .groupBy(tup => tup._2)
      .join(numRatersPerMovie)
      .flatMap(joined => {
        joined._2._1.map(f => (
                      f._1,
                      f._2,
                      f._3,
                      joined._2._2))
      })
      .saveAsTextFile("ratingsWithSize.txt")
  }
}
```

步骤 7：为了计算两部电影的相关性，我们需要创建一个组合（userID，($movie_1$，$movie_2$)）。组合中不应该包含与由相同的电影构成的对，如（userID，($movie_1$，$movie_1$)），这可能在自连接（self-join）操作中产生。为了避免这种情况，我们过滤组合，使得 $movie_1$ <$movie_2$，确保我们得到唯一的对。

首先，创建一个关于评分的重复 RDD，来执行自连接操作。其次，对 `userID` 执行连接操作。第三，过滤电影组合，使得 $movieID_1$ <$movieID_2$。

```
import org.apache.spark.SparkContext
import org.apache.spark.SparkContext._
import org.apache.spark.SparkConf

object Recommend {
  def main(args: Array[String]) {
  val conf = new SparkConf()
      .setAppName("RecommendMovies")

  val sc = new SparkContext(conf)

  val movies = sc.textFile("u.item")
    .map(line => {
      val fields = line.split("\t")
      (fields(0).toInt, fields(1))
    })
```

```
  val moviesName = movies.collectAsMap()

  val ratings = sc.textFile("ua.base")
   .map(line => {
     val fields = line.split("\t")
     (fields(0).toInt,
     fields(1).toInt,
     fields(2).toInt)
   })

   val numRatersPerMovie = ratings
     .groupBy(tup => tup._2)
     .map(grouped =>
            (grouped._1,
            grouped._2.size))

   val ratingsWithSize = ratings
     .groupBy(tup => tup._2)
     .join(numRatersPerMovie)
     .flatMap(joined => {
       joined._2._1.map(f => (
                      f._1,
                      f._2,
                      f._3,
                      joined._2._2))
     })

   val ratings2 = ratingsWithSize.keyBy(tup => tup._1)

   val ratingPairs =
       ratingsWithSize
       .keyBy(tup => tup._1)
       .join(ratings2)
       .filter(f => f._2._1._2 < f._2._2._2)
       .saveAsTextFile("ratingPairs")

 }
}
```

276

样本输出：计算相关性的电影对。

表 8-4　电影对

userID, ((movie$_i$ 的评分),(movie$_j$ 的评分)))	userID, ((movie$_i$ 的评分),(movie$_j$ 的评分)))
(68, ((68, 282, 1, 206), (68, 288, 4, 386)))	(68, ((68, 282, 1, 206), (68, 596, 2, 115)))
(68, ((68, 282, 1, 206), (68, 286, 5, 400)))	(68, ((68, 282, 1, 206), (68, 471, 3, 195)))
(68, ((68, 282, 1, 206), (68, 926, 1, 94)))	(68, ((68, 282, 1, 206), (68, 475, 5, 222)))
(68, ((68, 282, 1, 206), (68, 1028, 4, 133)))	(68, ((68, 282, 1, 206), (68, 763, 1, 138)))
(68, ((68, 282, 1, 206), (68, 458, 1, 83)))	

步骤 8：我们将电影确定为评分的向量。为了计算相关性，需要以下几项。

- 评分的点积：将 movie$_i$ 的评分和 movie$_j$ 的评分相乘。
- 评分规范。
- movie$_i$ 的评分平方。
- movie$_j$ 的评分平方。

- $movie_i$ 评分的总和。
- $movie_j$ 评分的总和。
- 每个电影向量的大小。

277

要计算评分点积，使用 Spark map API，它在每个物品上迭代并在物品上执行一个函数来计算评分平方。

```
val vectorCalcs = ratingPairs
.map(data => {
  val key = (data._2._1._2, data._2._2._2)
  val stats =
    (data._2._1._3 * data._2._2._3, // rating 1 * rating 2
      data._2._1._3,                // rating movie 1
      data._2._2._3,                // rating movie 2
      math.pow(data._2._1._3, 2),   // square of rating movie 1
      math.pow(data._2._2._3, 2),   // square of rating movie 2
      data._2._1._4,                // number of raters movie 1
      data._2._2._4)                // number of raters movie 2
   (key, stats)
})
```

这里 map 函数在数据上操作并输出：

$$key : (movie_i, movie_j),$$
$$stats : (ratings_i * ratings_j, rating_i, rating_j, rating_i^2, rating_j^2, numRaters_i, numRaters_j)$$

```
import org.apache.spark.SparkContext
import org.apache.spark.SparkContext._
import org.apache.spark.SparkConf

object Recommend {
  def main(args: Array[String]) {
  val conf = new SparkConf()
      .setAppName("RecommendMovies")

  val sc = new SparkContext(conf)

  val movies = sc.textFile("u.item")
    .map(line => {
      val fields = line.split("\t")
      (fields(0).toInt, fields(1))
    })

  val moviesName = movies.collectAsMap()

  val ratings = sc.textFile("ua.base")
    .map(line => {
      val fields = line.split("\t")
      (fields(0).toInt,
      fields(1).toInt,
      fields(2).toInt)
    })

   val numRatersPerMovie = ratings
     .groupBy(tup => tup._2)
     .map(grouped =>
```

278

```
            (grouped._1,
            grouped._2.size))

    val ratingsWithSize = ratings
      .groupBy(tup => tup._2)
      .join(numRatersPerMovie)
      .flatMap(joined => {
        joined._2._1.map(f => (
                        f._1,
                        f._2,
                        f._3,
                        joined._2._2))
      })

    val ratings2 = ratingsWithSize.keyBy(tup => tup._1)

    val ratingPairs =
        ratingsWithSize
        .keyBy(tup => tup._1)
        .join(ratings2)
        .filter(f => f._2._1._2 < f._2._2._2)

val vectorCalcs = ratingPairs
    .map(data => {
      val key = (data._2._1._2, data._2._2._2)
      val stats =
        (data._2._1._3 * data._2._2._3,
          data._2._1._3,
          data._2._2._3,
          math.pow(data._2._1._3, 2),
          math.pow(data._2._2._3, 2),
          data._2._1._4,
          data._2._2._4)
      (key, stats)
    })
  }
}
```

步骤 9：(X, Y) 的相关性可以表达为 [32]：

$$\mathrm{Corr}(X, Y)=\frac{n\sum xy-\sum x\sum y}{\sqrt{n\sum x^2-(\sum x)^2}\sqrt{n\sum y^2-(\sum y)^2}}$$

因此需要求：

- $\mathrm{sum}(X \cdot Y)$
- $\mathrm{sum}(X)$
- $\mathrm{sum}(Y)$
- $\mathrm{sum}(X^2)$
- $\mathrm{sum}(Y^2)$

279

这可以 Spark `groupByKey()` API 来实现，其定义如下，它返回一个按键分组成一个序列的 RDD。

```
def groupByKey(): RDD[(K, Iterable[V])]
```

从结果中将 Spark map 函数应用于 Iterable 以计算各个字段的总和。

```
ratingsPairs.groupByKey()
 .map(data => {
      val key = data._1
      val vals = data._2
      val size = vals.size
      val dotProduct = vals.map(f => f._1).sum
      val ratingSum = vals.map(f => f._2).sum
      val rating2Sum = vals.map(f => f._3).sum
      val ratingSq = vals.map(f => f._4).sum
      val rating2Sq = vals.map(f => f._5).sum
      val numRaters = vals.map(f => f._6).max
      val numRaters2 = vals.map(f => f._7).max
      (key, (size, dotProduct, ratingSum, rating2Sum,
       ratingSq, rating2Sq, numRaters, numRaters2))
    })
```

注意：numRaters 和 numRaters2 受到一个 max 函数的限制，但在这里没有影响，因为在其他情况下，它们都是相同数字的序列，max([a,a,a]) 是 a。这样的函数只是为了确保字段在相似性计算中可见。

```
import org.apache.spark.SparkContext
import org.apache.spark.SparkContext._
import org.apache.spark.SparkConf

object Recommend {
 def main(args: Array[String]) {
 val conf = new SparkConf()
    .setAppName("RecommendMovies")

 val sc = new SparkContext(conf)

 val movies = sc.textFile("u.item")
   .map(line => {
     val fields = line.split("\t")
     (fields(0).toInt, fields(1))
   })

 val moviesName = movies.collectAsMap()

 val ratings = sc.textFile("ua.base")
  .map(line => {
    val fields = line.split("\t")
    (fields(0).toInt,
    fields(1).toInt,
    fields(2).toInt)
  })

   val numRatersPerMovie = ratings
     .groupBy(tup => tup._2)
     .map(grouped =>
            (grouped._1,
            grouped._2.size))

   val ratingsWithSize = ratings
     .groupBy(tup => tup._2)
     .join(numRatersPerMovie)
     .flatMap(joined => {
       joined._2._1.map(f => (
                      f._1,
                      f._2,
                      f._3,
```

280

```
                        joined._2._2))
      })

    val ratings2 = ratingsWithSize.keyBy(tup => tup._1)

    val ratingPairs =
        ratingsWithSize
        .keyBy(tup => tup._1)
        .join(ratings2)
        .filter(f => f._2._1._2 < f._2._2._2)

val vectorCalcs = ratingPairs
    .map(data => {
      val key = (data._2._1._2, data._2._2._2)
      val stats =
        (data._2._1._3 * data._2._2._3,
          data._2._1._3,
          data._2._2._3,
          math.pow(data._2._1._3, 2),
          math.pow(data._2._2._3, 2),
          data._2._1._4,
          data._2._2._4)
      (key, stats)
    })
    .groupByKey()
    .map(data => {
      val key = data._1
      val vals = data._2
      val size = vals.size
      val dotProduct = vals.map(f => f._1).sum
      val ratingSum = vals.map(f => f._2).sum
      val rating2Sum = vals.map(f => f._3).sum
      val ratingSq = vals.map(f => f._4).sum
      val rating2Sq = vals.map(f => f._5).sum
      val numRaters = vals.map(f => f._6).max
      val numRaters2 = vals.map(f => f._7).max
      (key, (size, dotProduct, ratingSum, rating2Sum,
       ratingSq, rating2Sq, numRaters, numRaters2))
    })
  }
}
```

281

步骤 10：现在已经计算了所有用于计算 Correlation(*X*, *Y*) 必要的变量。简单地对这些值应用方程。

定义一个函数 correlation。

```
def correlation(size : Double,
                dotProduct : Double,
                ratingSum : Double,
                rating2Sum : Double,
                ratingNormSq : Double,
                rating2NormSq : Double) = {

val numerator = size*dotProduct - ratingSum*rating2Sum
val denominator =
scala.math.sqrt(size*ratingNormSq - ratingSum*ratingSum) *
scala.math.sqrt(size*rating2NormSq - rating2Sum*rating2Sum)

numerator / denominator

}
```

最终的 RDD 映射到上面的 correlation 函数。

```
import org.apache.spark.SparkContext
import org.apache.spark.SparkContext._
import org.apache.spark.SparkConf

object Recommend {
 def main(args: Array[String]) {
 val conf = new SparkConf()
    .setAppName("RecommendMovies")

 val sc = new SparkContext(conf)

 val movies = sc.textFile("u.item")
   .map(line => {
     val fields = line.split("\t")
     (fields(0).toInt, fields(1))
   })

 val moviesName = movies.collectAsMap()

 val ratings = sc.textFile("ua.base")
  .map(line => {
    val fields = line.split("\t")
    (fields(0).toInt,
    fields(1).toInt,
    fields(2).toInt)
  })

   val numRatersPerMovie = ratings
     .groupBy(tup => tup._2)
     .map(grouped =>
            (grouped._1,
            grouped._2.size))

   val ratingsWithSize = ratings
     .groupBy(tup => tup._2)
     .join(numRatersPerMovie)
     .flatMap(joined => {
       joined._2._1.map(f => (
                     f._1,
                     f._2,
                     f._3,
                     joined._2._2))
     })

   val ratings2 = ratingsWithSize.keyBy(tup => tup._1)

   val ratingPairs =
       ratingsWithSize
       .keyBy(tup => tup._1)
       .join(ratings2)
       .filter(f => f._2._1._2 < f._2._2._2)

 val vectorCalcs = ratingPairs
    .map(data => {
      val key = (data._2._1._2, data._2._2._2)
      val stats =
        (data._2._1._3 * data._2._2._3,
          data._2._1._3,
          data._2._2._3,
```

282

```
          math.pow(data._2._1._3, 2),
          math.pow(data._2._2._3, 2),
          data._2._1._4,
          data._2._2._4)
      (key, stats)
    })
    .groupByKey()
    .map(data => {
      val key = data._1
      val vals = data._2
      val size = vals.size
      val dotProduct = vals.map(f => f._1).sum
      val ratingSum = vals.map(f => f._2).sum
      val rating2Sum = vals.map(f => f._3).sum
      val ratingSq = vals.map(f => f._4).sum
      val rating2Sq = vals.map(f => f._5).sum
      val numRaters = vals.map(f => f._6).max
      val numRaters2 = vals.map(f => f._7).max
      (key, (size, dotProduct, ratingSum, rating2Sum,
       ratingSq, rating2Sq, numRaters, numRaters2))
    })

  val similarities = vectorCalcs
     .map(fields => {
       val key = fields._1
       val (size, dotProduct, ratingSum, rating2Sum,
          ratingNormSq, rating2NormSq, numRaters,
          numRaters2) = fields._2
       val corr = correlation(size, dotProduct, ratingSum,
               rating2Sum, ratingNormSq, rating2NormSq)
       (key, corr)
     })
     .saveAsTextFile("withcorr.txt")
 }

def correlation(size : Double,
                dotProduct : Double,
                ratingSum : Double,
                rating2Sum : Double,
                ratingNormSq : Double,
                rating2NormSq : Double) = {

val numerator = size*dotProduct - ratingSum*rating2Sum
val denominator =
scala.math.sqrt(size*ratingNormSq - ratingSum*ratingSum) *
scala.math.sqrt(size*rating2NormSq - rating2Sum*rating2Sum)

numerator / denominator
}
}
```

283

步骤 11：除了相关函数之外，还有以下相似性度量。

- **余弦相似度**：在两个向量之间做内积的相似度的度量，它测量了向量之间的余弦角度[30]。两个向量的余弦可以从欧几里得点积导出。

  两个向量的内积为：

$$x \cdot y = \|x\| \, \|y\| \cos\theta$$

  给定两个向量 X 和 Y，相似性的度量方法是：

284

$$\cos(\theta)=\frac{X \cdot Y}{\|X\| \|Y\|} = \frac{\sum_{i=1}^{n} X_i \times Y_i}{\sqrt{\sum_{i=1}^{n}(X_i)^2} \times \sqrt{\sum_{i=1}^{n}(Y_i)^2}}$$

```
def cosineSimilarity(dotProduct : Double,
                     ratingNorm : Double,
                     rating2Norm : Double) = {

  dotProduct / (ratingNorm * rating2Norm)
}
```

- **正则化相关**：这适用于降低噪声，其中可能有几个评估者（raters）是共同的。这是通过以下方式完成的：

```
val virtualCount = 10
val priorCorrelation = 0

def regularizedCorrelation(size : Double,
                           dotProduct : Double,
                           ratingSum : Double,
                           rating2Sum : Double,
                           ratingNormSq : Double,
                           rating2NormSq : Double,
                           virtualCount : Double,
                           priorCorrelation : Double) = {

  val unregularizedCorrelation = correlation(size,
                                 dotProduct,
                                 ratingSum,
                                 rating2Sum,
                                 ratingNormSq,
                                 rating2NormSq)

  val w = size / (size + virtualCount)

  w * unregularizedCorrelation + (1 - w) * priorCorrelation
}
```

- **Jaccard 相似性**：它是一种确定两个样本集相似性或差异性的方法。[31] 它表示为：

$$J(X, Y)=\frac{|X \cap Y|}{|X \cup Y|}$$

285

```
def jaccardSimilarity(commonRaters : Double,
                      raters1 : Double,
                      raters2 : Double) = {
  val union = raters1 + raters2 - commonRaters
  commonRaters / union
}
```

代码的最后版本如下：

```
import org.apache.spark.SparkContext
import org.apache.spark.SparkContext._
import org.apache.spark.SparkConf
```

```
object Recommend {
  def main(args: Array[String]) {
  val conf = new SparkConf()
     .setAppName("RecommendMovies")

  val sc = new SparkContext(conf)

  val movies = sc.textFile("u.item")
    .map(line => {
      val fields = line.split("\t")
      (fields(0).toInt, fields(1))
    })

  val moviesName = movies.collectAsMap()

  val ratings = sc.textFile("ua.base")
   .map(line => {
     val fields = line.split("\t")
     (fields(0).toInt,
     fields(1).toInt,
     fields(2).toInt)
   })

   val numRatersPerMovie = ratings
     .groupBy(tup => tup._2)
     .map(grouped =>
            (grouped._1,
            grouped._2.size))

   val ratingsWithSize = ratings
     .groupBy(tup => tup._2)
     .join(numRatersPerMovie)
     .flatMap(joined => {
       joined._2._1.map(f => (
                     f._1,
                     f._2,
                     f._3,
                     joined._2._2))
     })

   val ratings2 = ratingsWithSize.keyBy(tup => tup._1)

   val ratingPairs =
       ratingsWithSize
       .keyBy(tup => tup._1)
       .join(ratings2)
       .filter(f => f._2._1._2 < f._2._2._2)

val vectorCalcs = ratingPairs
   .map(data => {
     val key = (data._2._1._2, data._2._2._2)
     val stats =
       (data._2._1._3 * data._2._2._3,
         data._2._1._3,
         data._2._2._3,
         math.pow(data._2._1._3, 2),
         math.pow(data._2._2._3, 2),
         data._2._1._4,
         data._2._2._4)
     (key, stats)
   })
```

286

```
    .groupByKey()
    .map(data => {
      val key = data._1
      val vals = data._2
      val size = vals.size
      val dotProduct = vals.map(f => f._1).sum
      val ratingSum = vals.map(f => f._2).sum
      val rating2Sum = vals.map(f => f._3).sum
      val ratingSq = vals.map(f => f._4).sum
      val rating2Sq = vals.map(f => f._5).sum
      val numRaters = vals.map(f => f._6).max
      val numRaters2 = vals.map(f => f._7).max
      (key, (size, dotProduct, ratingSum, rating2Sum,
       ratingSq, rating2Sq, numRaters, numRaters2))
    })

  val similarities = vectorCalcs
      .map(fields => {
        val key = fields._1
        val (size, dotProduct, ratingSum, rating2Sum,
             ratingNormSq, rating2NormSq, numRaters,
             numRaters2) = fields._2
        val corr = correlation(size, dotProduct, ratingSum,
                     rating2Sum, ratingNormSq, rating2NormSq)
        val regCorr = regularizedCorrelation(size, dotProduct,
                        ratingSum, rating2Sum, ratingNormSq,
                        rating2NormSq, PRIOR_COUNT,
                        PRIOR_CORRELATION)
        val cosSim = cosineSimilarity(dotProduct,
                       scala.math.sqrt(ratingNormSq),
                       scala.math.sqrt(rating2NormSq))
        val jaccard = jaccardSimilarity(size, numRaters,
                                        numRaters2)

        (key, (corr, regCorr, cosSim, jaccard))
      })
     .saveAsTextFile("withcorr.txt")
  }

def correlation(size : Double,
                dotProduct : Double,
                ratingSum : Double,
                rating2Sum : Double,
                ratingNormSq : Double,
                rating2NormSq : Double) = {

val numerator = size*dotProduct - ratingSum*rating2Sum
val denominator =
scala.math.sqrt(size*ratingNormSq - ratingSum*ratingSum) *
scala.math.sqrt(size*rating2NormSq - rating2Sum*rating2Sum)

numerator / denominator
}

def regularizedCorrelation(size : Double,
                           dotProduct : Double,
                           ratingSum : Double,
                           rating2Sum : Double,
                           ratingNormSq : Double,
                           rating2NormSq : Double,
                           virtualCount : Double,
                           priorCorrelation : Double) = {
```

287

```
  val unregularizedCorrelation = correlation(size,
                     dotProduct, ratingSum,
                     rating2Sum, ratingNormSq,
                     rating2NormSq)
  val w = size / (size + virtualCount)

  w*unregularizedCorrelation + (1-w)*priorCorrelation
}

def cosineSimilarity(dotProduct : Double,
                     ratingNorm : Double,
                     rating2Norm : Double) = {
  dotProduct / (ratingNorm * rating2Norm)
}

def jaccardSimilarity(commonRaters : Double,
                      raters1 : Double,
                      raters2 : Double) = {
  val union = raters1 + raters2 - commonRaters
  commonRaters / union
}
}
```

输出：电影星球大战（1977）的样本输出见表 8-5。 288

表 8-5　推荐

Move 1	Move 2	Correlation	RCorrelation	Cosine	Jaccard
StarWars(1977)	Empire Strikes Back, The(1980)	0.7419	0.7168	0.9888	0.5306
StarWars(1977)	Return of the Jedi(1983)	0.6714	0.6539	0.9851	0.6708
StarWars(1977)	Raiders of the Lost Ark(1981)	0.5074	0.4917	0.9816	0.5607
StarWars(1977)	Meet John Doe(1941)	0.6396	0.4397	0.9840	0.0442
StarWars(1977)	Love in the Aner-noon(1957)	0.9234	0.4374	0.9912	0.0181
StarWars(1977)	Man Of the Year(1995)	1.0000	0.4118	0.9995	0.0141

8.2.2　Scalding 实现

步骤 1：初始化一个 RecommendMovies 类，它继承了 Scalding Job 类，实现了所需的 I/O 和执行 Scalding 作业所需的 Flow 定义。

```
import com.twitter.scalding._
class RecommendMovies(args : Args) extends Job(args) {

// Code Goes Here.

}
```

步骤 2：从表 8-2 显示的数据中读取输入，其中包括了电影的细节、`userID`、`movieID`、`rating` 和 `timestamp`。

```
import com.twitter.scalding._
class RecommendMovies(args : Args) extends Job(args) {
val INPUT_FILENAME = "ua.base"
val ratings = Tsv(INPUT_FILENAME)
```

```
  .read
  .mapTo((0, 1, 2) -> ('user, 'movie, 'rating)) {
    fields : (Int, Int, Double) => fields
  }
  .write(Tsv("ratings.tsv"))
}
```

步骤 3：求每个电影的评分数。使用 Scalding 分组函数对 movieID 进行分组，并求组的大小。

289

```
import com.twitter.scalding._
class RecommendMovies(args : Args) extends Job(args) {
val ratings = Tsv("ua.base")
  .read
  .mapTo((0, 1, 2) -> ('user, 'movie, 'rating)) {
    fields : (Int, Int, Double) => fields
  }

val ratingsWithSize = ratings
  .groupBy('movie) { _.size('numRaters) }
  .write(Tsv("ratingsWithSize.tsv"))
}
```

步骤 4：我们需要对每个电影连接这个分组的结果，以便将来计算相似度。使用 Scalding 的 joinWithLarger 函数通过 movieID 连接两个管道。

Scalding 中 joinWithLarger 的 API 如下，它以连接的字段（fs）、级联管道 [29] 以及连接类型（默认为 InnerJoin）、reducer 的数量作为参数。

```
def joinWithLarger(fs: (Fields, Fields),
            that: Pipe,
            joiner: Joiner = new InnerJoin,
            reducers: Int = -1)
```

注意：执行连接操作时不要有任何冲突的字段名称。因此，在该例子中，我们将连接管道的 movieID 重命名为 movieX 并丢弃副本。

```
import com.twitter.scalding._
class RecommendMovies(args : Args) extends Job(args) {
val ratings = Tsv("ua.base")
  .read
  .mapTo((0, 1, 2) -> ('user, 'movie, 'rating)) {
    fields : (Int, Int, Double) => fields
  }

val ratingsWithSize = ratings
  .groupBy('movie) { _.size('numRaters) }
  .write(Tsv("ratingsWithSize.tsv"))

val ratingsJoinWithSize = ratings
  .rename('movie -> 'movieX)
  .joinWithLarger('movieX -> 'movie, ratings)
  .discard('movieX)
  .write(Tsv("ratingsWithSize.tsv"))
}
```

样本输出：结果具有字段 userID、movieID、ratings 和 numRatings 如表 8-6 所示。

表 8-6　电影评分与评分数

userID	movieID	评　分	评分数目	userID	movieID	评　分	评分数目
1	1	5.0	392	16	1	5.0	392
2	1	4.0	392	18	1	5.0	392
6	1	4.0	392	20	1	3.0	392
10	1	4.0	392	21	1	5.0	392
13	1	3.0	392	23	1	5.0	392
15	1	1.0	392	25	1	5.0	392

步骤 5：为了计算两个电影向量之间的相关性，对于每次电影评分的出现需要将这两个向量作为字段。 290

首先，创建一个 ratingJoinWithSize 的副本。

```
import com.twitter.scalding._
class RecommendMovies(args : Args) extends Job(args) {
val ratings = Tsv("ua.base")
  .read
  .mapTo((0, 1, 2) -> ('user, 'movie, 'rating)) {
    fields : (Int, Int, Double) => fields
  }

val ratingsWithSize = ratings
  .groupBy('movie) { _.size('numRaters) }
  .write(Tsv("ratingsWithSize.tsv"))

val ratingsJoinWithSize = ratings
  .rename('movie -> 'movieX)
  .joinWithLarger('movieX -> 'movie, ratings)
  .discard('movieX)


val ratings2 = ratingsJoinWithSize
      .rename(('user, 'movie, 'rating, 'numRaters) ->
       ('user2, 'movie2, 'rating2, 'numRaters2))
      .write(Tsv("ratings2.tsv"))
}
```

其次，创建电影对来轻松计算每对之间的相关性。要实现这一点，需要以这样的方式将评分和自己进行连接，使得没有重复的对。去重复可以通过检查是否 $movieID_i$ <$movieID_j$ 来完成，来确保唯一的电影对。

这通过对重复的 `ratings2` 执行 `JoinWithSmaller` 操作来实现。其结果必须被过滤以删除具有 ($movie_i$, $movie_i$) 组合的重复项。Scalding 提供了过滤数据的方便函数。API 如下所示： 291

```
def filter[A](f: Fields)(fn: (A) => Boolean): Pipe
```

`filter` 函数返回一个管道，以便检查管道的每个条目以满足由函数定义的谓词。在外部情况下，函数是（$movie_i$ <$movie_j$）。

```
import com.twitter.scalding._
class RecommendMovies(args : Args) extends Job(args) {
val ratings = Tsv("ua.base")
  .read
  .mapTo((0, 1, 2) -> ('user, 'movie, 'rating)) {
    fields : (Int, Int, Double) => fields
  }

val ratingsWithSize = ratings
  .groupBy('movie) { _.size('numRaters) }
  .write(Tsv("ratingsWithSize.tsv"))

val ratingsJoinWithSize = ratings
  .rename('movie -> 'movieX)
  .joinWithLarger('movieX -> 'movie, ratings)
  .discard('movieX)


val ratings2 = ratingsJoinWithSize
      .rename(('user, 'movie, 'rating, 'numRaters) ->
       ('user2, 'movie2, 'rating2, 'numRaters2))

val ratingPairs =
    ratingsJoinWithSize
      .joinWithSmaller('user -> 'user2, ratings2)
      .filter('movie, 'movie2) {
         movies : (String, String) => movies._1 < movies._2}
      .project('movie, 'rating, 'numRaters, 'movie2,
               'rating2, 'numRaters2)
      .write(Tsv("ratingPairs.tsv"))
}
```

292

样本输出：输出如表 8-7 所示。

表 8-7　电影特征对

$movie_i$	$rating_i$	$numRatings_i$	$move_j$	$rating_j$	$numRatings_j$
1	5.0	392	2	3.0	121
1	5.0	392	3	4.0	85
1	5.0	392	4	3.0	198
1	5.0	392	5	3.0	79
1	5.0	392	6	5.0	23
1	5.0	392	7	4.0	346
1	5.0	392	8	1.0	194
1	5.0	392	9	5.0	268
1	5.0	392	10	3.0	82
1	5.0	392	11	2.0	217

步骤 6：参考相关函数。

$$\mathrm{Corr}(X, Y)=\frac{n\sum xy-\sum x\sum y}{\sqrt{n\sum x^2-(\sum x)^2}\sqrt{n\sum y^2-(\sum y)^2}}$$

首先，需要计算 $X \cdot Y$、X^2 和 Y^2。

```
import com.twitter.scalding._
class RecommendMovies(args : Args) extends Job(args) {
val ratings = Tsv("ua.base")
  .read
  .mapTo((0, 1, 2) -> ('user, 'movie, 'rating)) {
    fields : (Int, Int, Double) => fields
  }

val ratingsWithSize = ratings
  .groupBy('movie) { _.size('numRaters) }
  .write(Tsv("ratingsWithSize.tsv"))

val ratingsJoinWithSize = ratings
  .rename('movie -> 'movieX)
  .joinWithLarger('movieX -> 'movie, ratings)
  .discard('movieX)


val ratings2 = ratingsJoinWithSize
  .rename(('user, 'movie, 'rating, 'numRaters) ->
    ('user2, 'movie2, 'rating2, 'numRaters2))

val ratingPairs = ratingsJoinWithSize
  .joinWithSmaller('user -> 'user2, ratings2)
  .filter('movie, 'movie2) {
     movies : (String, String) => movies._1 < movies._2}
  .project('movie, 'rating, 'numRaters, 'movie2,
             'rating2, 'numRaters2)

val vectorCalcs = ratingPairs
  .map(('rating, 'rating2) -> ('ratingProd, 'ratingSq,
    'rating2Sq)) {
    ratings : (Double, Double) =>
    (ratings._1 * ratings._2,
     scala.math.pow(ratings._1, 2),
     scala.math.pow(ratings._2, 2))
  }
  .write(Tsv("vectorCalcs.tsv"))
}
```

293

其次，计算：

- $\sum \text{ratings}_i \cdot \text{ratings}_j$
- $\sum \text{ratings}_i$
- $\sum \text{ratings}_j$
- $\sum \text{ratings}_i^2$
- $\sum \text{ratings}_j^2$

要实现这一点，需要根据电影对执行 groupBy 操作。Scalding 提供了 `groupBy` API，它以字段作为参数并对分组结果应用函数。

```
import com.twitter.scalding._
class RecommendMovies(args : Args) extends Job(args) {
val ratings = Tsv("ua.base")
  .read
  .mapTo((0, 1, 2) -> ('user, 'movie, 'rating)) {
    fields : (Int, Int, Double) => fields
  }
```

```
val ratingsWithSize = ratings
  .groupBy('movie) { _.size('numRaters) }
  .write(Tsv("ratingsWithSize.tsv"))

val ratingsJoinWithSize = ratings
  .rename('movie -> 'movieX)
  .joinWithLarger('movieX -> 'movie, ratings)
  .discard('movieX)


val ratings2 = ratingsJoinWithSize
  .rename(('user, 'movie, 'rating, 'numRaters) ->
    ('user2, 'movie2, 'rating2, 'numRaters2))

val ratingPairs = ratingsJoinWithSize
  .joinWithSmaller('user -> 'user2, ratings2)
  .filter('movie, 'movie2) {
     movies : (String, String) => movies._1 < movies._2}
  .project('movie, 'rating, 'numRaters, 'movie2,
              'rating2, 'numRaters2)

val vectorCalcs = ratingPairs
  .map(('rating, 'rating2) -> ('ratingProd, 'ratingSq,
    'rating2Sq)) {
    ratings : (Double, Double) =>
    (ratings._1 * ratings._2,
     scala.math.pow(ratings._1, 2),
     scala.math.pow(ratings._2, 2))
  }
  .groupBy('movie, 'movie2) {
    _.spillThreshold(500000)
    .size // length of each vector
    .sum[Double]('ratingProd -> 'dotProduct)
    .sum[Double]('rating -> 'ratingSum)
    .sum[Double]('rating2 -> 'rating2Sum)
    .sum[Double]('ratingSq -> 'ratingNormSq)
    .sum[Double]('rating2Sq -> 'rating2NormSq)
    .max('numRaters)
    .max('numRaters2)
      }
  .write(Tsv("vectorCalcs.tsv"))
}
```

294

重要提示：请注意 groupBy 构造中的 spillThreshold 选项，这一点允许我们设置键的数量并为 AggregateBy 函数覆盖默认阈值集合。这要求在计算之前键的数量能够存储在内存中。

步骤 7：在 Scala 中实现相关表达式作为函数。

```
def correlation(size : Double,
                dotProduct : Double,
                ratingSum : Double,
                rating2Sum : Double,
                ratingNormSq : Double,
                rating2NormSq : Double) = {

    val numerator = size*dotProduct - ratingSum*rating2Sum
    val denominator =
    scala.math.sqrt(size*ratingNormSq - ratingSum*ratingSum) *
```

```
    scala.math.sqrt(size*rating2NormSq - rating2Sum*rating2Sum)

    numerator / denominator
  }
```

295

将相关函数应用于结果字段，这将解释两个电影向量之间的依赖关系。

```
import com.twitter.scalding._
class RecommendMovies(args : Args) extends Job(args) {
val ratings = Tsv("ua.base")
  .read
  .mapTo((0, 1, 2) -> ('user, 'movie, 'rating)) {
    fields : (Int, Int, Double) => fields
  }

val ratingsWithSize = ratings
  .groupBy('movie) { _.size('numRaters) }
  .write(Tsv("ratingsWithSize.tsv"))

val ratingsJoinWithSize = ratings
  .rename('movie -> 'movieX)
  .joinWithLarger('movieX -> 'movie, ratings)
  .discard('movieX)


val ratings2 = ratingsJoinWithSize
  .rename(('user, 'movie, 'rating, 'numRaters) ->
    ('user2, 'movie2, 'rating2, 'numRaters2))

val ratingPairs = ratingsJoinWithSize
  .joinWithSmaller('user -> 'user2, ratings2)
  .filter('movie, 'movie2) {
     movies : (String, String) => movies._1 < movies._2}
  .project('movie, 'rating, 'numRaters, 'movie2,
              'rating2, 'numRaters2)

val vectorCalcs = ratingPairs
  .map(('rating, 'rating2) -> ('ratingProd, 'ratingSq,
    'rating2Sq)) {
    ratings : (Double, Double) =>
    (ratings._1 * ratings._2,
     scala.math.pow(ratings._1, 2),
     scala.math.pow(ratings._2, 2))
  }
  .groupBy('movie, 'movie2) {
    _.spillThreshold(500000)
    .size // length of each vector
    .sum[Double]('ratingProd -> 'dotProduct)
    .sum[Double]('rating -> 'ratingSum)
    .sum[Double]('rating2 -> 'rating2Sum)
    .sum[Double]('ratingSq -> 'ratingNormSq)
    .sum[Double]('rating2Sq -> 'rating2NormSq)
    .max('numRaters)
    .max('numRaters2)
      }
val similarities = vectorCalcs
    .map(('size, 'dotProduct, 'ratingSum, 'rating2Sum,
          'ratingNormSq, 'rating2NormSq, 'numRaters,
          'numRaters2) ->
         ('correlation)) {
```

296

```
      fields : (Double, Double, Double, Double, Double,
                Double, Double, Double) =>

      val (size, dotProduct, ratingSum, rating2Sum,
           ratingNormSq, rating2NormSq, numRaters,
           numRaters2) = fields

      val corr = correlation(size, dotProduct, ratingSum,
             rating2Sum, ratingNormSq, rating2NormSq)

       (corr)
     }
     .write(Tsv("similarties.tsv"))

def correlation(size : Double,
                dotProduct : Double,
                ratingSum : Double,
                rating2Sum : Double,
                ratingNormSq : Double,
                rating2NormSq : Double) = {

    val numerator = size*dotProduct - ratingSum*rating2Sum
    val denominator =
    scala.math.sqrt(size*ratingNormSq - ratingSum*ratingSum) *
    scala.math.sqrt(size*rating2NormSq - rating2Sum*rating2Sum)
    numerator / denominator
  }
```

步骤 8：除一般相关相似性之外，还有其他相似函数，可以用来进一步洞察两个电影向量之间的依赖关系，参考 8.2.1 节。

- 正则相关
- 余弦相似度
- Jaccard 相似度

```
import com.twitter.scalding._
class RecommendMovies(args : Args) extends Job(args) {
val ratings = Tsv("ua.base")
  .read
  .mapTo((0, 1, 2) -> ('user, 'movie, 'rating)) {
    fields : (Int, Int, Double) => fields
  }

val ratingsWithSize = ratings
  .groupBy('movie) { _.size('numRaters) }
  .write(Tsv("ratingsWithSize.tsv"))

val ratingsJoinWithSize = ratings
  .rename('movie -> 'movieX)
  .joinWithLarger('movieX -> 'movie, ratings)
  .discard('movieX)


val ratings2 = ratingsJoinWithSize
  .rename(('user, 'movie, 'rating, 'numRaters) ->
    ('user2, 'movie2, 'rating2, 'numRaters2))

val ratingPairs = ratingsJoinWithSize
  .joinWithSmaller('user -> 'user2, ratings2)
```

297

```
  .filter('movie, 'movie2) {
     movies : (String, String) => movies._1 < movies._2}
  .project('movie, 'rating, 'numRaters, 'movie2,
              'rating2, 'numRaters2)

val vectorCalcs = ratingPairs
  .map(('rating, 'rating2) -> ('ratingProd, 'ratingSq,
    'rating2Sq)) {
    ratings : (Double, Double) =>
    (ratings._1 * ratings._2,
     scala.math.pow(ratings._1, 2),
     scala.math.pow(ratings._2, 2))
  }
  .groupBy('movie, 'movie2) {
    _.spillThreshold(500000)
    .size // length of each vector
    .sum[Double]('ratingProd -> 'dotProduct)
    .sum[Double]('rating -> 'ratingSum)
    .sum[Double]('rating2 -> 'rating2Sum)
    .sum[Double]('ratingSq -> 'ratingNormSq)
    .sum[Double]('rating2Sq -> 'rating2NormSq)
    .max('numRaters)
    .max('numRaters2)
      }

val PRIOR_COUNT = 10
val PRIOR_CORRELATION = 0

val similarities = vectorCalcs
  .map(('size, 'dotProduct, 'ratingSum, 'rating2Sum,
       'ratingNormSq, 'rating2NormSq, 'numRaters,
       'numRaters2) ->
         ('correlation, 'regularizedCorrelation,
          'cosineSimilarity, 'jaccardSimilarity)) {

  fields : (Double, Double, Double, Double,
            Double, Double, Double, Double) =>

  val (size, dotProduct, ratingSum, rating2Sum,
       ratingNormSq, rating2NormSq, numRaters,
       numRaters2) = fields

  val corr = correlation(size, dotProduct,
    ratingSum, rating2Sum, ratingNormSq, rating2NormSq)

  val regCorr = regularizedCorrelation(size, dotProduct,
          ratingSum, rating2Sum, ratingNormSq,
          rating2NormSq, PRIOR_COUNT, PRIOR_CORRELATION)

  val cosSim = cosineSimilarity(dotProduct,
                  scala.math.sqrt(ratingNormSq),
                  scala.math.sqrt(rating2NormSq))

  val jaccard = jaccardSimilarity(size, numRaters,
                                  numRaters2)

  (corr, regCorr, cosSim, jaccard)
}
 .write(Tsv("similarties.tsv"))

def correlation(size : Double,
                dotProduct : Double,
```

298

```
                ratingSum : Double,
                rating2Sum : Double,
                ratingNormSq : Double,
                rating2NormSq : Double) = {

    val numerator = size*dotProduct - ratingSum*rating2Sum
    val denominator =
    scala.math.sqrt(size*ratingNormSq - ratingSum*ratingSum) *
    scala.math.sqrt(size*rating2NormSq - rating2Sum*rating2Sum)
    numerator / denominator
  }

def regularizedCorrelation(size : Double,
                           dotProduct : Double,
                           ratingSum : Double,
                           rating2Sum : Double,
                           ratingNormSq : Double,
                           rating2NormSq : Double,
                           virtualCount : Double,
                           priorCorrelation : Double) = {

  val unregularizedCorrelation = correlation(size,
                    dotProduct, ratingSum,
                    rating2Sum, ratingNormSq,
                    rating2NormSq)
  val w = size / (size + virtualCount)

  w*unregularizedCorrelation + (1-w)*priorCorrelation
}

def cosineSimilarity(dotProduct : Double,
                     ratingNorm : Double,
                     rating2Norm : Double) = {
  dotProduct / (ratingNorm * rating2Norm)
}

def jaccardSimilarity(commonRaters : Double,
                      raters1 : Double,
                      raters2 : Double) = {
  val union = raters1 + raters2 - commonRaters
  commonRaters / union
}


}
```

299

问题

8.1 下载 Book-Crossing 数据集 [33]。使用 Spark 和 Scalding，并利用数据集中图书的评分来建立一个推荐系统。使用第 4 章中介绍的 Spark 编程指南。

参考文献

1. Resnick, P., Varian, H.R.: *Recommender systems*. Communications of the ACM 40(3), 56-58 (1997)
2. Burke, R.: *Hybrid web recommender systems. In: The Adaptive Web*, pp. 377-408. Springer

Berlin / Heidelberg (2007)
3. Jannach, D.: *Finding preferred query relaxations in content-based recommenders*. In: 3rd International IEEE Conference on Intelligent Systems, pp. 355-360 (2006)
4. Mahmood, T., Ricci, F.: *Improving recommender systems with adaptive conversational strategies*. In: C. Cattuto, G. Ruffo, F. Menczer (eds.) Hypertext, pp. 73-82. ACM (2009)
5. McSherry, F., Mironov, I.: *Differentially private recommender systems: building privacy into the net*. In: KDD 09: Proceedings of the 15th ACM SIGKDD international conference on Knowledge discovery and data mining, pp. 627-636. ACM, New York, NY, USA (2009)
6. Schwartz, B.: *The Paradox of Choice*. ECCO, New York (2004)
7. Ricci, F.: Travel recommender systems. IEEE Intelligent Systems 17(6), 55-57 (2002)
8. Herlocker, J., Konstan, J., Riedl, J.: Explaining collaborative filtering recommendations. In: In proceedings of ACM 2000 Conference on Computer Supported Cooperative Work, pp. 241-250 (2000)
9. Brusilovsky, Peter. *Methods and techniques of adaptive hypermedia*. User modeling and user-adapted interaction 6.2-3 (1996): 87-129.
10. Montaner, M., Lopez, B., de la Rosa, J.L.: *A taxonomy of recommender agents on the Internet*. Artificial Intelligence Review 19(4), 285-330 (2003)
11. Fisher, G.: *User modeling in human-computer interaction*. User Modeling and User-Adapted Interaction 11, 65-86 (2001)
12. Berkovsky, S., Kuflik, T., Ricci, F.: *Mediation of user models for enhanced personalization in recommender systems*. User Modeling and User-Adapted Interaction 18(3), 245-286 (2008)
13. Taghipour, N., Kardan, A., Ghidary, S.S.: *Usage-based web recommendations: a reinforcement learning approach*. In: Proceedings of the 2007 ACM Conference on Recommender Systems, RecSys 2007, Minneapolis, MN, USA, October 19-20, 2007, pp. 113-120 (2007)

300

14. Schafer, J.B., Frankowski, D., Herlocker, J., Sen, S.: *Collaborative filtering recommender systems*. In: The Adaptive Web, pp. 291-324. Springer Berlin / Heidelberg (2007)
15. Adomavicius, G., Sankaranarayanan, R., Sen, S., Tuzhilin, A.: *Incorporating contextual information in recommender systems using a multidimensional approach*. ACM Trans. Inf. Syst. 23 (1), 103-145 (2005)
16. Mitchell, T.: *Machine Learning*. McGraw-Hill, New York (1997)
17. Konstan, J.A., Miller, B.N., Maltz, D., Herlocker, J.L., Gordon, L.R., Riedl, J.: *GroupLens: applying collaborative filtering to usenet news*. Communications of the ACM 40 (3), 77-87 (1997)
18. Linden, G., Smith, B., York, J.: Amazon.com recommendations: Item-to-item collaborative filtering. IEEE Internet Computing 7 (1), 76-80 (2003)
19. Breese, J.S., Heckerman, D., Kadie, C.: Empirical analysis of predictive algorithms for collaborative filtering. In: Proc. of the 14th Annual Conf. on Uncertainty in Artificial Intelligence, pp. 43-52. Morgan Kaufmann (1998)
20. Hofmann, T.: Collaborative filtering via Gaussian probabilistic latent semantic analysis. In: SIGIR 03: Proc. of the 26th Annual Int. ACM SIGIR Conf. on Research and Development in Information Retrieval, pp. 259-266. ACM, New York, NY, USA (2003)
21. Zitnick, C.L., Kanade, T.: Maximum entropy for collaborative filtering. In: AUAI 04: Proc. of the 20th Conf. on Uncertainty in Artificial Intelligence, pp. 636-643. AUAI Press, Arlington, Virginia, United States (2004)
22. Pazzani, M.J.: A framework for collaborative, content-based and demographic filtering. Artificial Intelligence Review 13 (5-6), 393-408 (1999)
23. Bridge, D., Goker, M., McGinty, L., Smyth, B.: Case-based recommender systems. The Knowledge Engineering review 20 (3), 315-320 (2006)
24. Sinha, R.R., Swearingen, K.: Comparing recommendations made by online systems and friends. In: DELOS Workshop: Personalisation and Recommender Systems in Digital Libraries (2001)
25. Groh, G., Ehmig, C.: Recommendations in taste related domains: collaborative filtering vs. social filtering. In: GROUP 07: Proceedings of the 2007 international ACM conference on Supporting group work, pp. 127-136. ACM, New York, NY, USA (2007)
26. Sarwar, B., Karypis, G., Konstan, J., Riedl, J.: Incremental singular value decomposition algorithms for highly scalable recommender systems. In: Proceedings of the 5th International Conference in Computers and Information Technology (2002)
27. Ramakrishnan, N., Keller, B.J., Mirza, B.J., Grama, A., Karypis, G.: When being weak is brave: Privacy in recommender systems. IEEE Internet Computing cs.CG/0105028 (2001)
28. Herlocker, J., Konstan, J., Borchers, A., Riedl, J.. *An Algorithmic Framework for Performing Collaborative Filtering*. Proceedings of the 1999 Conference on Research and Development

in Information Retrieval. Aug. 1999.
29. *Cascading Pipes* http://docs.cascading.org/cascading/1.2/javadoc/cascading/pipe/Pipe.html
30. Singhal, Amit. *Modern Information Retrieval: A Brief Overview*. Bulletin of the IEEE Computer Society Technical Committee on Data Engineering 24 (4): 35-43, 2001
31. Tan, Pang-Ning; Steinbach, Michael; Kumar, Vipin, *Introduction to Data Mining*, ISBN 0-321-32136-7, 2001
32. Yule, G.U and Kendall, M.G., *An Introduction to the Theory of Statistics*, 14th Edition (5th Impression 1968). Charles Griffin & Co. pp 258-270, 1950
33. Cai-Nicolas Ziegler, Book-Crossing dataset, [Online] Available: http://www2.informatik.uni-freiburg.de/ cziegler/BX/

301

索 引

索引中的页码为英文原书页码，与书中页边标注的页码一致。

A

Agglomerative algorithms（凝聚算法），169

amazon ec2（亚马逊 ec2 云服务器），97

Application Layer（应用层），14

B

Beowulf cluster（集群），12

bernoulli（伯努利分布），204

binning（分箱），204

block（块），42

Body-Area Network（体域网），9

C

Cascading（级联），105

cascading（级联），37

Categorical Data Clustering（分类数据聚类），170

checksum（校验），45

class prior（类先验），204

cloud computing（云计算），26

Cluster Computing（集群计算），11

clustering（聚类），168

collaboration（协作），13

Collaborative filtering（协同过滤），280

collective layer（汇聚层），14

Community-based（基于社区），281

Congnitive Cost（认知成本），278

Connectivity Layer（连接层），13

Content-based（基于内容），279

crawler（爬虫），34

D

data-centered architectures（数据中心结构），14

datanode（数据节点），41

Demographic（人口统计），281

Density-Based Clustering（基于密度的聚类），169

Divisive Algorithms（分裂算法），169

Drell（谷歌 Drell），37

DrQL（基于 sql 的查询语言），37

E

Ethernet（以太网），20

euclidean distance（欧几里得距离），168

event-based architectures（基于事件的结构），15

F

Fabric Layer（构造层），13

Fabric Layer（拟合），235

forecasted value（预测值），235

forecasting（预测），231

framework（框架），35

G

gaussian（高斯），204

getIterator（遍历），81

Grid Computing（网格计算），11

grid middleware（网格中间件），14

Grid-Based Clustering（基于网格的聚类），169

H

hadoop（文本搜索库），34

Hadoop streaming（Hadoop 流），69

HBase（分布式的、面向列的数据库），36

HdfsTextFile（分布式文件系统的文本文件），81

heatbeat（心跳），44

Hierarchical algorithm（层次聚类算法），169

Hierarchical algorithm（家庭网络），9

homogeneity（同质性），12

I

independent variable（自变量），231

J

JobTracker（工作路径），47

K

k-means（K 均值），172
Knowledge-based（基于知识），281

L

least squares（最小二乘），234
lineage（重复父分区），76
linux，69
Lists（表），195
locality-aware（位置感知），75

M

Manhattan Distance（曼哈顿距离），168
map（映射），47
mapper（被称为 mapper 的函数），47
mapreduce（简单的软件框架），34，47
Matrices（矩阵），195
mean（均值），200
mesos（通用集群管理器），97
middleware（中间件），12
model fitting（模型拟合），234
Model-Based Clustering（基于模型的聚类），169
Monetory Cost（货物成本），278
multi-class classification（多分类），197

N

namenode（名字节点），41
namespace（名字空间），41
NDFS（分布式文件系统），34
Nutch（Apache Nutch（项目）），34

O

object distributed shared memory（对象分布式共享内存），76
object-based architectures（基于对象的结构），14
openness（开放性），20

P

partition clustering（划分聚类），168
pig（开发大型数据集的数据流语言和执行环境），76
pipe（管道），69
pipeline（流水线），46
predicted（预测），235
prediction（预测），231
price-performance（价格曲线），35
probability density function（概率密度函数），199
probability mass function（概率质量函数），199
probability model（概率模型），202

R

random variable（随机变量），199
RDD（弹性分布式数据集），75
Recommender Systems（推荐系统），275
reduce（化简），47
regression（回归分析），231
replication（复制），42
Resilient Distributed Datasets（弹性分布式数据集），75
resource（资源），6
resource layer（资源层），13

S

scalding（基于 Scala 的库），105
Scalding（Scala API），37
sensor network（传感器网络），10
Sets（集合），195
shared virtual memory（共享虚拟存储器），76
Spark（数据处理引擎），75
standalone（单机），97
standar deviation（标准差），201
structure estimation（结构估计），198
system architecture（系统架构），14

T

tasktracker（守护进程），55
transformed（转换），234

U

ubiquitous computing（普适计算），25

V

variance（方差），201
vectors（向量），195

Y

YARN（Hadoop 2 版本的另一个资源管理器），97

Z

Zookeeper（一个分布式的，高度可用的协调服务），37